华晟经世"一课双师"校企融合系列教材

第四代移动通信技术

凌永发　薛庆吉
樊建文　姜善永

主编 ▶

人民邮电出版社
北　京

图书在版编目（CIP）数据

第四代移动通信技术 / 凌永发等主编. -- 北京：
人民邮电出版社，2019.5
华晟经世"一课双师"校企融合系列教材
ISBN 978-7-115-51024-2

Ⅰ．①第… Ⅱ．①凌… Ⅲ．①移动通信－通信技术－
高等学校－教材 Ⅳ．①TN929.5

中国版本图书馆CIP数据核字(2019)第058042号

内 容 提 要

本书全面介绍了第四代移动通信技术的基本原理及应用。

全书分为 3 篇，即基础篇、实践篇和拓展篇，共 8 个项目。基础篇为项目 1～项目 4，内容包括 LTE 背景与概述认知、LTE 系统架构与接口协议设计、LTE 关键技术与物理层设计及基本过程解析。实践篇为项目 5 和项目 6，内容包括初探 LTE 基站设备和基站开通调测与维护实例剖析。拓展篇为项目 7 和项目 8，内容包括 5G 移动通信技术和常见典型工程案例解析。

本书可以作为电子信息类相关专业学生以及工程技术人员的教材和参考书。

◆ 主　　编　凌永发　薛庆吉　樊建文　姜善永
　 责任编辑　王建军
　 责任印制　彭志环
◆ 人民邮电出版社出版发行　　北京市丰台区成寿寺路 11 号
　 邮编　100164　　电子邮件　315@ptpress.com.cn
　 网址　http://www.ptpress.com.cn
　 固安县铭成印刷有限公司印刷
◆ 开本：787×1092　1/16
　 印张：18　　　　　　　　　　　2019 年 5 月第 1 版
　 字数：440 千字　　　　　　　　2019 年 5 月河北第 1 次印刷

定价：59.00 元

读者服务热线：(010)81055493　印装质量热线：(010)81055316
反盗版热线：(010)81055315

前言

　　本教材是华晟经世教育面向 21 世纪应用型本科、高职高专学生以及工程技术人员所开发的系列教材之一。本教材以经世教育服务型专业建设理念为指引，同时贯彻 MIMPS 教学法、工程师自主教学的要求，遵循"准、新、特、实、认"五字开发标准，其中"准"即理念、依据、技术细节都要准确；"新"即形式和内容都要有所创新，表现、框架和体例都要新颖、生动、有趣，具有良好的读者体验，让人耳目一新；"特"即要做出应用型的特色和企业的特色，体现出校企合作在面向行业、企业需求人才培养方面的特色；"实"即实用，切实可用，既要注重实践教学，又要注重理论知识学习，做一本理实结合且平衡的实用型教材；"认"即做一本教师、学生及业界都认可的教材。我们力求使抽象的理论具体化、形象化，减少学生学习的枯燥感，激发学生的学习兴趣。

　　本书在编写过程中，主要形成了以下特色。

　　1. "一课双师"校企联合开发教材。本教材是由华晟经世教育工程师、各个项目部讲师协同开发，融合了企业工程师丰富的行业一线工作经验、高校教师深厚的理论功底与丰富的教学经验，共同打造的紧跟行业技术发展、精准对接岗位需求、理论与实际深度结合以及符合教育发展规律的校企融合教材。

　　2. 以"学习者"为中心设计教材。教材内容的组织强调以学习行为为主线，构建了"学"与"导学"的逻辑。"学"是主体内容，包括项目描述、任务解决及项目总结；"导学"是引导学生自主学习、独立实践的部分，包括项目引入、交互窗口、思考练习、拓展训练。本教材强调动手和实操，以解决任务为驱动，做中学，学中做。本教材还强调任务驱动式的学习，可以让学习者遵循一般的学习规律，由简到难、循环往复、融会贯通，同时加强动手训练，在实操中学习更加直观和深刻。本教材还融入了最新的技术应用知识，使学习者能够结合真实应用场景来解决现实性的客户需求。

　　3. 以项目化的思路组织教材内容。本教材"项目化"的特点突出，列举了大量的项目案例，理论联系实际，图文并茂、深入浅出，特别适合于应用型本科院校学生、高职高专学生以及工程技术人员的自学或参考。篇章以项目为核心载体，强调知识输入，经过问题的解决与训练，再到技能输出；采用项目引入、知识图谱、技能图谱等形式还原工作场景，展示项目进程，嵌入岗位、行业认知，融入工作的方法和技巧，传递一种解决问题的思路和理念。

　　本教材由凌永发、薛庆吉、樊建文、姜善永老师主编，黄广杰、徐二军、徐东勤进行编写和修订工作。本教材从开发总体设计到每个细节，团队精诚协作、细心打磨，以专业的精神力求呈现最专业的知识内容。在本教材的编写过程中，编者得到了华晟经世教育领导、高校领导的关心和支持，更得到了广大教育同仁的无私帮助及家人的温馨支持，在此向他们表示诚挚的谢意。由于编者水平和学识有限，书中难免存在不妥和错误之处，还请广大读者批评指正。

编　者

2019 年 3 月

目录

基 础 篇

项目1 LTE背景与概述认知 ··· **3**

1.1 任务一：认知移动通信的发展与概述 ······················· 4

1.1.1 初识通信概述 ··· 4

1.1.2 细数移动通信发展史 ·· 6

1.1.3 初探移动通信的标准化组织 ······································· 12

1.1.4 走近 LTE 标准化演进历程 ··· 14

1.2 任务二：分析 LTE 需求目标与技术特点 ················· 16

探求 LTE 主要指标和需求 ·· 16

项目2 LTE系统架构与接口协议设计 ································· **21**

2.1 任务一：LTE 系统架构的设计 ································· 21

2.1.1 求索 LTE 系统网络架构 ·· 22

2.1.2 划分 EUTRAN 与 EPC 网元功能单元 ······················ 24

2.2 任务二：接口与协议的实现 ··································· 27

2.2.1 网络接口与协议认知 ·· 27

2.2.2 常用网络接口介绍 ·· 34

项目3 LTE关键技术知多少 ··· **43**

3.1 任务一：认识无线信道特性 ··································· 44

3.1.1 衰落与损耗 ··· 44

3.1.2 时间与频率选择性衰落 ·· 50

3.2 任务二：走近双工方式 ··· 53

3.2.1 认识 FDD ·· 54

3.2.2 认识 TDD ·· 55

3.2.3　TDD–LTE 与 FDD–LTE 的区别 ························· 56

3.3　任务三：详解 OFDM 多址技术　58

3.3.1　OFDM 技术基本原理 ····························· 58

3.3.2　同步技术 ································· 65

3.3.3　信道估计 ································· 67

3.3.4　降峰均比技术 ······························· 67

3.3.5　OFDM 在下行链路中的应用 ······················ 69

3.3.6　OFDM 在上行链路中的应用 ······················ 70

3.4　任务四：MIMO 多天线技术　74

3.4.1　MIMO 基本概念 ······························ 74

3.4.2　MIMO 基本原理 ······························ 76

3.4.3　MIMO 的应用 ······························· 84

3.4.4　MIMO 模型概述 ······························ 86

3.4.5　典型应用场景 ······························· 88

3.4.6　MIMO 系统性能分析 ··························· 91

3.5　任务五：AMC 和 HARQ　94

3.5.1　调制技术 ································· 94

3.5.2　信道编码技术 ······························· 96

3.5.3　自适应调制与编码 ···························· 98

3.5.4　HARQ 混合自动重传请求 ······················ 101

项目4　物理层设计及基本过程解析　**109**

4.1　任务一：认知 LTE 无线帧结构　111

4.1.1　无线传输帧结构 ····························· 112

4.1.2　特殊时隙的设计 ····························· 113

4.1.3　同步信号设计 ······························ 114

4.1.4　上下行配比选项 ····························· 114

4.1.5　TDD–LTE 与 FDD–LTE 的差异 ··················· 116

4.2　任务二：初识物理资源和信道　118

4.2.1　物理资源 ································ 118

4.2.2　物理信道及处理流程 ·························· 121

4.2.3　传输信道 ································ 142

4.2.4　逻辑信道 ································ 143

4.2.5　信道间映射 ······························· 143

4.3　任务三：物理信号的设计　144

4.3.1　上下行物理信号与功能 ························ 144

4.3.2 上下行物理信号资源映射 147

4.4 任务四：物理层基本过程的分析 149

4.4.1 小区搜索与同步 149

4.4.2 UE 开机流程 150

4.4.3 随机接入过程 151

4.4.4 移动性管理 154

实 践 篇

项目5 初探LTE基站设备 **165**

5.1 任务一：基站设备知多少 166

5.1.1 4G 基站的分类及应用环境 167

5.1.2 中兴基站设计及解决方案 169

5.1.3 4G 基站设备组成 BBU 180

5.1.4 4G 基站设备组成 RRU 185

5.2 任务二：eNode B 基站系统设备开局调测的实现 190

5.2.1 网络拓扑规划 190

5.2.2 虚拟机房配置 191

5.2.3 LMT 配置 194

5.2.4 EMS 配置 196

5.2.5 软件版本管理的实现 203

5.2.6 数据同步与业务拨测 203

项目6 基站开通调测与维护实例剖析 **207**

6.1 任务一：基站开通调测与维护知多少 208

6.1.1 内容介绍 208

6.1.2 基站开通流程 209

6.2 任务二：如何进行网管启动与登录 210

6.2.1 实验室相关设备 210

6.2.2 网管的启动与登录 211

6.3 任务三：网管数据配置的实现 212

6.3.1 网元和运营商数据配置 212

6.3.2 设备数据配置 214

6.3.3 传输数据配置 217

6.3.4 无线参数配置 219

6.4 任务四：业务测试的实现 220

6.4.1　TDD-LTE 数据管理 ································· 221

6.4.2　手机上网和拨号测试 ·························· 223

6.5　任务五：故障处理的解析 ·························· 225

拓 展 篇

项目7　5G移动通信技术 ······················· **231**

7.1　任务一：什么是5G ···························· 232

7.1.1　5G 的技术特点 ····························· 233

7.1.2　5G 与 4G 的性能比较 ······················ 233

7.1.3　5G 标准化历程 ····························· 234

7.2　任务二：5G 频谱和关键技术 ···················· 236

7.2.1　5G 频谱 ································ 236

7.2.2　5G 关键技术 ····························· 236

7.3　任务三：5G 的应用场景 ························· 243

7.3.1　5G 组网应用 ····························· 243

7.3.2　5G 应用场景 ····························· 247

项目8　常见典型工程案例解析 ················· **251**

8.1　任务一：BBU 相关故障剖析 ···················· 251

8.1.1　BBU 相关故障处理思路 ····················· 251

8.1.2　案例一：偶联建立失败 ······················ 254

8.1.3　案例二：S1 断链 ··························· 257

8.2　任务二：RRU 相关故障剖析 ···················· 262

8.2.1　RRU 相关故障处理思路 ····················· 262

8.2.2　案例一：RRU 链路异常 ····················· 263

8.2.3　案例二：RRU 驻波比告警 ···················· 266

8.3　任务三：操作维护相关故障剖析 ·················· 266

8.3.1　操作维护相关故障处理思路 ··················· 267

8.3.2　案例一：eNode B 与 OMC 断链 ················· 268

8.3.3　案例二：网管服务器无法启动 ·················· 269

8.4　任务四：业务类相关故障剖析 ··················· 270

8.4.1　业务类相关故障处理思路 ···················· 270

8.4.2　案例一：小区建立故障 ······················ 271

8.4.3　案例二：UE 无法接入 ······················· 273

参考文献 ································· **277**

缩略语 ·································· **279**

基 础 篇

项目1　LTE背景与概述认知

项目2　LTE系统架构与接口协议设计

项目3　LTE关键技术知多少

项目4　物理层设计及基本过程解析

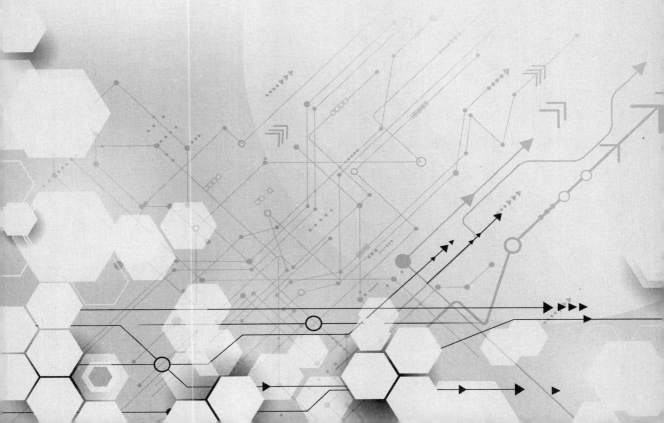

项目1 LTE背景与概述认知

项目引入

2015年2月27日下午,在中国移动领跑4G一年多后,工业和信息化部(以下简称"工信部")正式向中国电信和中国联通发放FDD制式4G牌照,中国移动并未拿到FDD牌照,这意味着这两家运营商可以在全国范围内全面展开4G业务的运营,而中国移动将继续独自坚守TDD-LTE。

工信部通过官方微博宣布:经过对申请企业财务能力、技术能力和运营能力等方面的综合审查,向中国电信和中国联通发放"LTE/第四代数字蜂窝移动通信业务(LTE FDD)"经营许可,支持企业结合自身实际情况,统筹推进4G融合发展,促进信息消费。

4G指的是第四代移动通信技术,国际标准共包含TDD-LTE和LTE FDD两种制式。按照国际电信联盟的定义,4G技术需满足如下条件:静态传输速率达到1Gbit/s,用户在高速移动状态下可以达到100Mbit/s。

2013年12月4日,工信部发布公告,正式向三大运营商发放首批4G牌照,制式均为TDD-LTE。在随后的2014年中,工信部又分4次向中国电信和中国联通颁发"LTE/第四代数字蜂窝移动通信业务(LTE FDD)"试商用经营许可,批准两家在试点城市展开试验,系统验证LTE FDD和TDD-LTE混合组网的发展模式。

通信专家表示,随着FDD制式4G牌照的正式发放,中国电信和中国联通将可以突破试点城市的限制,从而在全国各地大规模展开4G业务,如此可以改善这两家运营商在4G业务上远远落后中国移动的情况。

> Willa:师父,我看了这新闻怎么一点感觉都没有呀!
>
> Wendy:没感觉就对了,因为你还是通信"小白"呀,是个大好消息,不过对于通信人,可没好事,意味着你又要学习新的技术了,通信行业发展快,新技术层出不穷,选择了通信基本意味着终身学习了。
>
> Willa:啊,原来这样呀,还没开始就被浇一盆凉水的感觉,不过阻挡不了我勇攀通信高峰,成为通信大拿的决心!

Wendy：这就对了，技多不压身，这些新知识新技能会给你带来新的挑战。

Willa：好。

Wendy：千里之行，始于足下，让我们先从了解移动通信的发展开始吧！

学习目标

1. 识记：LTE 的技术特点与需求目标。
2. 领会：移动通信发展历史；
   移动通信的标准化组织及架构。
3. 应用：LTE 的标准化演进过程。

1.1 任务一：认知移动通信的发展与概述

【任务描述】

在学习 LTE 原理之前，大家需要对移动通信的演进历史有全面的了解，为后续更好地理解 LTE 的原理、关键技术打下坚实的基础。

项目启动之后，你将更全面地了解整个蜂窝移动通信的发展与演进过程，了解 LTE 的前世今生，更好地理解 LTE 的技术背景和发展趋势。

1.1.1 初识通信概述

通信就是信息的传递，是指由一地向另一地进行信息的传输与交换，其目的是传输消息，然而随着社会生产力的发展，人们对传递消息的要求也越来越高。

按照传输介质分，通信传输分为有线通信与无线通信。

有线通信是指传输媒质为导线、电缆、光缆、波导、纳米材料等形式的通信，主要指借助一定的有形媒质进行信息传递，如通过金属导线、光纤等将抽象图像、文字、声音以光或电的形式表达出来。其特点是：媒质能看得见，摸得着（明线通信、电缆通信、光缆通信）。

无线通信是指传输媒质看不见、摸不着（如电磁波）的一种通信形式（微波通信、短波通信、移动通信、卫星通信、散射通信），主要是利用电磁波信号在空间中自由传播的特性，进行信息交换的一种通信方式，在信息领域中应用较为广泛，而且发展速度较快。

有线通信信号环境比较稳定，抗干扰效果好，而且通过有形的媒质使通信速度大大提高，对人体产生的辐射危害较小，因此更加可靠。但由于受线路束缚，通信往往会局限在狭小的空间之内。另外，媒质的使用，如电缆等一定程度上增加了投资成本。

1. 有线通信及其特点分析

有线通信就是在进行文字、图片、音频以及视频传播过程中通过光纤、金属导线等媒介，将其转化为对应的电信号以及光学信号，也就是说，在信息传输过程中必须要依靠实体的媒介作为传输的载体。有线通信需要满足发出点、接收点以及网络协议三方面的要素，且在应用中，具有传输稳定、安全、快速、抗干扰能力强等优势。有线通信对于工作环境要求较低，因而在多种环境中均可采用，而且在信息传输中，发生故障时较易解决问题。与此同时，有线通信依靠实体媒介进行传播，整体产生的辐射较小，对人体的影响较小，可减少对人体的辐射，保证使用者的身体健康。

无线通信技术方面，一般通过信号发射塔为工作和生活提供了便利，但受其电磁环境影响，信号传输过程中很容易受到干扰，影响传递信息的效果，而且在信息传递过程中，会产生大量的辐射，会对人体健康造成一定的危害。

移动通信系统由移动台、基台、移动交换局组成，移动通信网络拓扑示意如图1-1所示。

2. 无线通信及其特点分析

无线通信就是在信息传输过程中不需要依靠实体介质，而是通过无线传输的形式实现信息交流。在无线通信中，常用的主要是卫星通信以及微波通信，其中微波属于一种无线电波，传输距离从几米到几十千米不等。同时，微波的频带较宽，可满足大容量的通信需求，因而一般的通信都可以满足，但是由于微波传输距离有限，在实际应用过程中需要根据微波的传输距

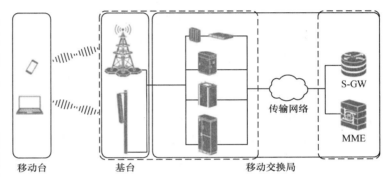

图1-1　移动通信网络拓扑示意

离，建立微波中继站，从而保证了微波继续传播，达到了信息传输的速度和准确性要求。卫星通信传输的距离较远，在通信中，通信卫星作为通信过程中的中继站，覆盖范围更广，传输更加简便，但是在传输中速度较慢。

3. 有线通信的优势与劣势

有线通信有以下优点。

一是受外界干扰比较小，可靠性强。因为有线通信用有形的媒介传递信息，而在建设中，这些有形的媒介，如光缆，都得到了必要的保护。例如，电话座机只要架设好电话线，在任何环境下，几乎都可以使用，如雷雨天气、封闭的办公室、地下室，即使在断电的情况下以及偏远的地区，都是可以近乎无障碍地使用。对于办公通信、军事通信来说，座机电话仍然有其必要性。

二是保密性与安全性好。因为信息传递是在做好防护的有形线缆之中，就不容易遭受外界自然攻击和人为攻击。对于需要保密传递的信息，如机密电话、网络视频，使用有线通信传递更不容易被截取破获。闭路电视要保存大量视频，确保不遗漏，也需要有线通信才能实现。

有线通信的不足之处主要有以下几点。

一是敷设成本高。如果要覆盖我国全部乡村，对资源和资本都是巨大的消耗。

二是不能方便地进行空间移动。例如，固定座机不能方便地随着用户移动。

4. 无线通信的优势与劣势

无线通信的优点主要有以下几点。

一是造价低廉。无线通信的主要成本在于感知器和信号站，其造价要比有线通信便宜很多。无线通信的建造工期较短，节省了人力资源，提高了竣工速度。

二是较好的适应性和扩展性。当无线信号一旦建立起来，可以同时接入多台设备，不需要像有线一样接入设备还要进行布线工作。

三是维护方便。当无线通信发生故障时，只要对信号源以及接收设备进行检修，就能排查问题进行修复，而如果是有线通信发生故障，则需要全线检修。

但是，就如同一枚硬币的两面，便捷的无线网络也存在以下不足。

一是信号不稳定。当多台设备同时接入时，会出现信号不稳定、频道拥挤的问题。在地下室等封闭环境内，也会有通信不畅的情况，最典型的就是 GPS 信号经常在郊外或地下通道出现无信号情况。

二是面临安全威胁，尤其是无线网络中的信号和资源，例如频道会被黑客偷袭、抢占资源。

三是信号延迟问题，也就是没有有线通信迅速。例如，联通 3G 最小的延迟也要有 150ms。"网速慢"成为无线通信的关键问题。

5. 无线通信发展的现状

从有线通信技术发明的那一刻开始，无线通信技术就随着有线通信的发展而发展开来。人们生活的地域越来越不受限制，正是由于无线通信的方便和不受地域限制的优点，无线通信技术在我国得到了飞速的发展。无线通信技术广泛地运用于不同的领域，最显著地就是促进了我国手机行业的发展。同时，无线通信又在现代农业的发展中发挥着重要的作用，现代农业大量运用无线电技术。在未来的发展中，无线通信会不断地注重于无线网络泛在化、宽带无线接入、网络融合性增强、网络安全性进一步增强这些方面。

移动通信发展的终极目标是实现完全的个人通信（Personal Communication），这可描述为 5 个"W"，即任何用户（Whoever）可以在任何时间（Whenever）、任何地点（Wherever）和另一任何用户（Whomever）实现任何方式（Whatever）安全、可靠、快速的全范围通信业务。

1.1.2 细数移动通信发展史

随着科学技术发展，通信技术也得到迅猛的发展和应用。它在推动社会经济的同时也改变了人们的生活方式。移动通信特别是蜂窝小区的发展，使用户实现完全的个人移动性、可靠的传输手段和联系方式，逐渐演变成社会进步必不可少的工具。

目前，我国移动通信技术经历了第一代以语音为主的模拟移动通信技术；第二代数字的以语音和短信为主的窄带移动通信技术；第三代以数据互联网业务和多媒体业务为目的的宽带移动通信技术；到第四代以高速宽带的多媒体业务为主的 LTE 技术也已经商用；第五代移动通信技术正在大力的研究和试验中。

1. 第一代移动通信系统

第一代移动通信技术（1G）是指采用蜂窝技术组网，仅支持模拟语音通信的移动电话标准，其制定于 20 世纪 80 年代，主要采用的是模拟技术和频分多址（Frequency Division Multiple Access，FDMA）技术。以美国的高级移动电话系统（Advanced Mobile Phone System，AMPS）、英国的全接入移动通信系统（Total Access Communications System，TACS）以及日本的 JTAGS 为代表，各标准彼此不能相容，无法互通，不能支持移动通信的长途漫游，只能是一种区域性的移动通信系统。

第一代移动通信系统的主要特点有以下几点。

① 模拟话音直接调频。

② 多信道共用和 FDMA 接入方式。

③ 频率复用的蜂窝小区组网方式和越区切换。

④ 无线信道的随机变参特征使信号受多径衰落和阴影衰落的影响。

⑤ 环境噪声与多类电磁干扰。

⑥ 无法与固定电信网络迅速向数字化推荐相适应。

📖 大开眼界

第一代移动通信系统（1G）开始于 20 世纪 70 年代。1971 年 2 月，美国联邦通讯委员会（Federal Communications Commission，FCC）接受 Bell 公司建立蜂窝移动通信系统的建议，在 850 MHz 频段提供了 40 MHz 频谱资源，在 1978 年安装，1983 年开始商业服务。在 20 世纪 80 年代演变成了美国模拟系统的国家标准高级移动电话系统（Advanced Mobile Phone Systern，AMPS）。与此同时，英国则于 1985 年开发出频段在 900MHz 的全接入通信系统（Total Access Communications System，TACS）。这两个移动通信系统是世界上最具影响力的第一代移动通信系统（1G）。第一代移动通信系统的主要技术是模拟调频、频分多址，以模拟方式工作，使用频段为 800/900 MHz。第一代模拟移动通信系统特点是频谱利用率低，业务种类有限，无高速数据业务，保密性差，易被窃听和盗号，设备成本高，体积大，重量大。具有代表性的终端设备就是"大哥大"。

2. 第二代移动通信系统

由于模拟移动通信系统本身的缺陷，如频谱效率低、网络容量有限、业务种类单一、保密性差等，已使得其无法满足人们的需求。20 世纪 90 年代初期开发了基于数字技术的移动通信系统——数字蜂窝移动通信系统，即第二代移动通信系统（2G）。第二代移动通信系统主要采用时分多址（Time Division Multiple Access，TDMA）技术或者是窄带码分多址（Code Division Multiple Access，CDMA）技术。最具代表性的是全球移动通信系统（Global System of Mobile Communication，GSM）和 CDMA 系统。这两大系统在目前世界移动通信市场占据着主要的份额。

GSM 是由欧洲提出的第二代移动通信标准，较其他以前标准最大的不同是其信令和语音信道都是数字式的。CDMA 移动通信技术是由美国提出的第二代移动通信系统标准，其最初是被军用通信所采用，其突出的特点是直接扩频和抗干扰性。第二代移动通信系统的核心网仍然以电路交换为基础，因此语音业务仍然是其主要承载的业务。随着各种增值业务的不断增多，第二代移动通信系统也可以传输低速的数据业务。目前，第二代移动通信系统得到了广泛的应用。

第二代数字移动通信有下述特征。

① 有效利用频谱。数字方式比模拟方式能更有效地利用有限的频谱资源。随着更好的语音信号压缩算法的推出，每信道所需的传输带宽越来越窄。

② 高保密性。模拟系统使用调频技术，很难进行加密，而数字调制是在信息本身编

码后再进行调制，故容易引入数字加密技术。

③可灵活地进行信息变换及存储。

大开眼界

从 20 世纪 80 年代中期开始，为了解决第一代模拟通信系统中存在的技术缺陷，数字移动通信技术应运而生，并且发展壮大，这就是以 GSM 和 IS-95 CDMA 为代表的第二代移动通信系统。

第二代移动通信系统以传输语音和低速数据业务为目的，因此又称为窄带数字通信系统。其相对于第一代的模拟移动通信，提高了频谱利用率，支持多种业务服务，并与 ISDN 等兼容。由于第二代移动通信以传输语音和低速数据业务为目的，从 1996 年开始，为了解决中速数据传输问题，又出现了 2.5 代的移动通信系统，如 GPRS 和 IS-95B。

3. 第三代移动通信系统

尽管基于语音业务的移动通信网已经足以满足人们对语音移动通信的需求，但是随着社会经济的发展，人们对数据通信业务的需求日益增多，已不再满足以语音业务为主的移动通信网所提供的服务。第三代移动通信系统（3G）是在第二代移动通信技术基础上进一步演进的，以宽带 CDMA 技术为主，并能同时提供语音和数据业务。

3G 与 2G 的主要区别是在传输语音和数据速率上的提升，它能够在全球范围内更好地实现无线漫游、处理图像、音乐、视频流等多种媒体形式，提供包括网页浏览、电话会议、电子商务等多种信息服务，同时也要考虑与已有第二代系统的兼容性。目前，国内持国际电联确定的 3 个无线接口标准，分别是中国电信运营的 CDMA2000（Code Division Multiple Access 2000），中国联通运营的 WCDMA（Wideband Code Division Multiple Access）和中国移动运营的 TD-SCDMA（Time Division-Synchronous Code Division Multiple Access）。TD-SCDMA 由我国信息产业部电信研究院提出，采用不需配对频谱的时分双工 TDD（Time Division Duplexing）工作方式，以及 FDMA/TDMA/CDMA 相结合的多址接入方式，载波带宽为 1.6MHz，对支持上下行不对称业务有优势。TD-SCDMA 系统还采用了智能天线、同步 CDMA、自适应功率控制、联合检测及接力切换等技术，使其具有频谱利用率高，抗干扰能力强，系统容量大等特点。WCDMA 源于欧洲，同时与日本的几种通信技术相融合，是一个宽带直扩码分多址（DS-CDMA）系统。其核心网是基于演进的 GSM/GPRS 网络技术，载波带宽为 5MHz，可支持 384kbit/s~2Mbit/s 不等的数据传输速率。在同一传输信道中，WCDMA 可以同时提供电路交换和分组交换的服务，提高了无线资源的使用效率。WCDMA 支持同步 / 异步基站运行模式、采用上下行快速功率控制、下行发射分集等技术。

CDMA2000 由美国高通北美公司为主导提出，是在 IS-95 基础上进一步发展而来。分两个阶段，即 CDMA2000 1XEV-DO（Evolution-Data Only）发展 - 只是数据和 CDMA 2000 1xEV-DV（Evolution-Data and Voice）发展 - 数据和语音。CDMA2000 的空中接口保持了许多 IS-95 空中接口设计的特征，为了支持高速数据业务，还提出了许多新技术，和前向发射分集、前向快速功率控制以及增加了快速寻呼信道和上行导频信道等。

第三代移动通信具有如下基本特征。

①具有更高的频谱效率、更大的系统容量。

②能提供高质量业务，具有多媒体接口：快速移动环境，最高速率达 144kbit/s；室外到室内或系统环境，最高速率达 384kbit/s；室内环境，最高速率达 2Mbit/s。

③具有更好的抗干扰能力。这是由于其宽带特性，可以通过扩频通信抵抗干扰。

④支持频间无缝切换，从而支持多层次小区结构。

⑤经过 2G 向 3G 的过渡、演进，并与固网兼容。

📖 大开眼界

2009 年 1 月 7 日，中国工业和信息化部为中国移动、中国电信和中国联通发放 3 张第三代移动通信（3G）牌照。中国移动使用我国具有自主知识产权的 3G 标准 TD-SCDMA；中国电信获得 CDMA2000 牌照；中国联通获得 WCDMA 牌照。2009 年成为中国 3G 正式商用元年。

4. 3GPP 长期演进（LTE：Long Term Evolution）

3GPP 长期演进项目是近两年来 3GPP 启动的最大的新技术研发项目，这种以 OFDM/FDMA 为核心的技术可以被看作"准 4G"技术或 3.9G。LTE 是目前为止最接近 4G 的技术，是 3G 与 4G 技术之间的一个过渡，也称为 3.9G 的全球标准。LTE 改良并强化了 3G 的无线接入技术，采用 OFDM 和 MIMO 作为其无线网络演进的唯一标准，在 20 MHz 频谱带宽下能够提供下行 100Mbit/s 与上行 50Mbit/s 的峰值速率，解决了小区边缘用户的覆盖差和干扰信号多的问题，相对于 3G 网络，大大提高了小区的容量，同时将网络延迟大大降低。与传统的 3G 技术相比，LTE 在技术上更加具备优势，具体体现在高数据速率、分组传送、延迟降低、广域覆盖和向下兼容等方面。3GPP LTE 项目的主要性能目标包括：在 20MHz 频谱带宽能够提供下行 100Mbit/s、上行 50Mbit/s 的峰值速率、改善小区边缘用户的性能、提高小区容量、降低系统延迟、用户平面内部单向传输时延低于 5ms、控制平面从睡眠状态到激活状态迁移时间低于 50ms、从驻留状态到激活状态的迁移时间小于 100ms、支持 100Km 半径的小区覆盖、能够为 350Km/h 高速移动用户提供大于 100kbit/s 的接入服务、支持成对或非成对频谱并可灵活配置 1.25 ~ 20MHz 的多种带宽。LTE 是新一代宽带无线移动通信技术。与 3G 采用的 CDMA 技术不同，LTE 以正交频分多址（OFDM）和多输入多输出天线（MIMO）技术为基础，频谱效率是 3G 增强技术的 2 ~ 3 倍。LTE 包括 FDD 和 TDD 两种制式。LTE 的增强技术（LTE-Advanced）是国际电联认可的第四代移动通信标准。第四代移动通信系统（4G）可称为宽带接入和分布式网络，其网络结构将是一个采用全 IP 的网络结构。

📖 大开眼界

第四代移动通信系统的标准 LTE-Advanced 是 LTE 的演进，从 2008 年 3 月开始，到 2008 年 5 月确定需求。它满足 ITU-R 的 IMT-Advanced 技术征集的需求，LTE-A 不仅是 3GPP 形成欧洲 IMT-Advanced 技术提案的一个重要来源，还是一个后向兼容的技术，完全兼容 LTE，是演进而不是革命。LTE-A 在加强 OFDM 和 MIMO 技术的基础上，采用了载波聚合（Carrier Aggregation）、上 / 下行多天线增强（Enhanced UL/DL MIMO）、多点协作传输（Coordinated Multi-point Tx&Rx）、中继（Relay）、异构网干扰协调增强（Enhanced Inter-cell Interference Coordination for Heterogeneous Network）等关键技术，能大大提高无线通信系统的峰值数据速率、峰值频谱效率、小区平均谱效率以及小区边界用户性能，同时也能提高整个网络的组网效率。这使得LTE和LTE-A系统成为未来几年内无线通信发展的主流。

正因为LTE技术的整体设计都非常适合承载移动互联网业务，因此运营商都非常关注LTE，并已成为全球运营商网络演进的主流技术。

第四代移动通信系统具有如下特征。

① 具有很高的传输速率和传输质量。未来的移动通信系统应该能够承载大量的多媒体信息，因此要具备50 ~ 100Mbit/s的最大传输速率、非对称的上下行链路速率、地区的连续覆盖、QoS机制、很低的比特开销等功能。

② 灵活多样的业务功能。未来的移动通信网络应能使各类媒体、通信主机及网络之间进行"无缝"连接，使得用户能够自由地在各种网络环境间无缝漫游，并觉察不到业务质量上的变化，因此新的通信系统要具备媒体转换、网间移动管理及鉴权、Ad hoc网络（自组网）、代理等功能。

③ 开放的平台。未来的移动通信系统应在移动终端、业务节点及移动网络机制上具有"开放性"，使得用户能够自由地选择协议、应用和网络。

④ 高度智能化的网络。未来的移动通信网将是一个高度自治、自适应的网络，具有很好的重构性、可变性、自组织性等，以便于满足不同用户在不同环境下的通信需求。

5. 第五代移动通信系统

5G是面向2020年以后移动通信需求而发展的新一代移动通信系统。根据移动通信的发展规律，5G将具有超高的频谱利用率和能效，在传输速率和资源利用率等方面较4G移动通信提高一个量级或更高，其无线覆盖性能、传输时延、系统安全和用户体验也将得到显著的提高。5G移动通信将与其他无线移动通信技术密切结合，构成新一代无所不在的移动信息网络，以满足未来10年移动互联网流量增加1000倍的发展需求。因此，需要我们开展研究，明确5G的业务和关键技术指标，为5G技术发展和系统设计指引方向。

5G移动通信技术特点。

① 频谱利用率高。在5G移动通信技术中，高频段的频谱资源将被应用地更为广泛，但是在目前的科技水平条件下，由于会受到高频段无线电波的穿透能力影响，高频段频谱资源的利用效率还是会受到某种程度的限制，但这不会影响光载无线组网、有线与无线宽带技术的融合等技术的普遍应用。

② 通信系统性能有很大提高。传统的通信系统理念，是将信息编译码、点与点之间的物理层面传输等技术作为核心目标，而5G移动通信技术的不同之处在于它将更加广泛的将多点、多天线、多用户、多小区的相互协作、相互组网作为重点研究的突破点，以大幅度提高通信系统的性能。

③ 设计理念先进。在通信业务中，占据主导地位的是室内通信业务的应用。5G移动通信系统的优先设计目标定位在室内无线网络的覆盖性能及其业务支撑能力上，这将改变

传统移动通信系统的设计理念。

④ 能耗和运营成本降低。5G 无线网络的"软"配置设计,将是未来该技术的重要研究、探索方向。网络资源可以由运营商根据动态的业务流量变化而实时调整,这样可以有效降低能耗和网络资源的运营成本。

⑤ 主要的考量指标。5G 通信网络技术的研究,将更为注重用户体验,交互式游戏、3D、虚拟实现、传输延时、网络的平均吞吐速度和效率等指标将成为考量 5G 网络系统性能的关键指标。

5G 有六大关键技术,分别为高频段传输技术、新型多天线传输技术、同时同频全双工技术、D2D 技术、密集组网和超密集组网技术以及新型网络架构技术等。

目前移动通信还在向第五代移动通信继续发展,尽管还没有实现全球完全兼容的标准以及理想的传输速率和容量,但是,随着相关技术的发展,如全 IP、蜂窝、卫星、WLAN、Bluetooth、OFDM、智能天线、软件无线电等,未来的移动通信系统定能实现"任何人(Whoever)在任何地点(Wherever)、任何时间(Whenever)可以同任何对方(Whomever)进行任何形式(Whatever)的 5W 通信"这一目标。

📖 大开眼界

5G 的频段具体是多少呢?

我国工信部下发通知,明确了我国的 5G 初始中频频段:3.3 ~ 3.6GHz、4.8 ~ 5GHz 两个频段。同时,24.75 ~ 27.5GHz、37 ~ 42.5GHz 高频频段正在征集意见,目前国际上主要使用 28GHz 进行试验(这个频段也有可能成为 5G 最先商用的频段)。

移动通信技术的发展历程,目前回顾起来可以分为 4 个阶段,具体见表 1-1。

表1-1　移动通信系统的发展历程

1G	2G		3G	3.9G/4G
模拟通信	数字通信		多媒体业务	宽带移动互联网
模拟调制技术 小区制 硬切换 网络规划	数字调制技术 数据压缩 软切换 差错控制 短信息 高质量语音业务		多媒体业务 100kbit/s数据速率 分组数据业务 动态无线资源管理	随时随地的无线接入 无线业务提供 网络融合与重用 多媒体终端 10Mbit/s数据速率 基于全IP核心网
AMPS TACS NMT	GSM　　HSCSD/GPRS IS-136　IS-136+ PDC　　EDGE IS-95A　IS-95B		WCDMA HSPA/HSPA+ TD-SCDMA CDMA 2000　1X EV Wibro	IMT-Advanced 3GPP-LTE 3GPP2-LTE
0kbit/s	9.6kbit/s ~ 171.2kbit/s ~ 384kbit/s		384kbit/s ~ 2Mbit/s ~ 10Mbit/s	100Mbit/s ~ 1Gbit/s

1.1.3 初探移动通信的标准化组织

在移动通信世界，两个通信实体之间进行通信，其接口（两个相邻实体之间的连接点）必须符合一定的"规矩"，按照统一的标准研制的不同厂家的通信设备才可以互联互通。制定这些标准的组织就是移动通信标准化组织。通过对国际上主流的移动通信标准化组织的学习和了解，将有助于你更好地了解移动通信的标准化过程。

1. ITU（国际电信联盟）

ITU 是世界各国政府电信主管部门之间协调电信事务的一个国际组织，成立于 1965 年 5 月 7 日。国际电联总部设于瑞士日内瓦，其成员包括 193 个成员国和 700 多个部门成员及部门准成员和学术成员。ITU 是联合国的 15 个专门机构之一，但在法律上不是联合国附属机构，它的决议和活动不需联合国批准，但每年要向联合国提出工作报告。

ITU 的工作宗旨是保持和发展国际合作、促进各种电信业务的研发和合理使用，促使电信设施地更新和最有效地利用，提高电信服务的效率，增加利用率和尽可能达到大众化、普遍化，协调各国工作，达到共同目的。

ITU 的组织结构主要分为电信标准化部门（ITU-T）、无线电通信部门（ITU-R）和电信发展部门（ITU-D），如图 1-2 所示。ITU 每年召开 1 次理事会，每 4 年召开 1 次全权代表大会、世界电信标准大会和世界电信发展大会，每 2 年召开 1 次世界无线电通信大会。

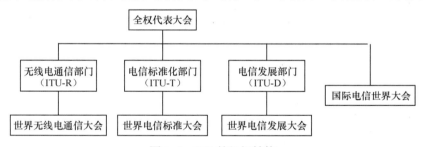

图 1-2　ITU 的组织结构

（1）电信标准化部门（ITU-T）

目前电信标准化部门主要活动的有 10 个研究组，其每个组主要业务如下。

SG2：业务提供和电信管理的运营问题。

SG3：相关电信经济和政策问题的资费及结算原则。

SG5：环境和气候变化。

SG9：电视和声音传输及综合宽带有线网络。

SG11：信令要求、协议和测试规范。

SG12：性能、服务质量（QoS）和体验质量（QoE）。

SG13：移动和下一代网络（NGN）等的未来网络。

SG15：光传输网络及接入网基础设施。

SG16：多媒体编码、系统和应用。

SG17：安全。

（2）无线电通信部门（ITU-R）

目前无线电通信部门主要活动的有 6 个研究组，其每个组主要业务如下。

SG1：频谱管理。

SG3：无线电波传播。

SG4：卫星业务。

SG5：地面业务。

SG6：广播业务。

SG7：科学业务。

（3）电信发展部门（ITU-D）

电信发展部门由原来的电信发展局（BDT）和电信发展中心（CDT）合并而成。其职责是鼓励发展中国家参与电联的研究工作，组织召开技术研讨会，使发展中国家了解电联的工作，尽快应用电联的研究成果；鼓励国际合作，为发展中国家提供技术援助，在发展中国家建设和完善通信网。

目前 ITU-D 设立了 2 个研究组，其每个组主要业务如下。

SG1：电信发展政策和策略研究。

SG2：电信业务、网络和 ICT 应用的发展和管理。

2. 3GPP

3GPP（第三代合作伙伴计划）成立于 1998 年 12 月，多个电信标准组织签署了《第三代伙伴计划协议》。3GPP 最初的工作范围是为第三代移动通信系统制定全球适用的技术规范和技术报告。第三代移动通信系统基于的是发展的 GSM 核心网络和它们所支持的无线接入技术，主要是 UMTS。随后 3GPP 的工作范围得到了改进，增加了对 UTRA 长期演进系统的研究和标准制定。目前，欧洲的 ETSI、美国的 TIA、日本的 TTC、日本的 ARIB、韩国的 TTA 以及我国的 CCSA 作为 3GPP 的 6 个组织伙伴（OP）。目前其独立成员有 300 多家，此外还有 TD-SCDMA 产业联盟（TDIA）、TD-SCDMA 论坛、CDMA 发展组织（CDG）等 13 个市场伙伴。3GPP 的组织结构如图 1-3 所示。

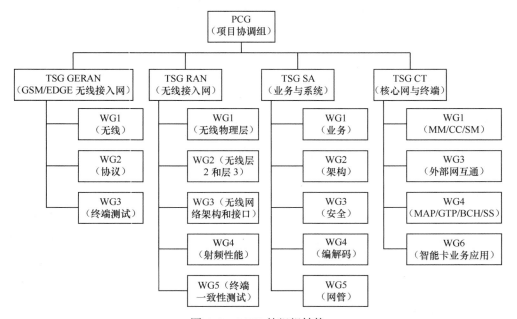

图 1-3　3GPP 的组织结构

在 3GPP 的组织结构中，最上面的是项目协调组（PCG），由 ETSI、TIA、TTC、ARIB、TTA 和 CCSA 6 个 OP 组成，对技术规范组（TSG）进行管理和协调。3GPP 共分为 4 个 TSG（之前为 5 个 TSG，后 CN 和 T 合并为 CT），分别为 TSG GERAN（GSM/EDGE 无线接入网）、TSG RAN（无线接入网）、TSG SA（业务与系统）、TSG CT（核心网与终端）。每一个 TSG 下面又分为多个工作组。例如，负责 LTE 标准化的 TSG RAN 分为 RAN WG1（无线物理层）、RAN WG2（无线层 2 和层 3）、RAN WG3（无线网络架构和接口）、RAN WG4（射频性能）和 RAN WG5（终端一致性测试）5 个工作组。

3GPP 制定的标准规范以 Release 作为版本进行管理，平均一到两年就会完成一个版本的制定，从建立之初的 R99，到之后的 R4，目前已经发展到 R10。

3GPP 对工作的管理和开展以项目的形式展开，最常见的形式是 Study Item 和 Work Item。3GPP 对标准文本采用分系列的方式进行管理，如常见的 WCDMA 和 TD-SCDMA 接入网部分标准在 25 系列中，核心网部分标准在 22、23 和 24 等系列中，LTE 标准在 36 系列中等。

3. 3GPP2

3GPP2（第三代合作伙伴计划 2）成立于 1999 年 1 月，由美国 TIA、日本的 ARIB、日本的 TTC、韩国的 TTA 4 个标准化组织发起，中国无线通信标准研究组（CWTS）于 1999 年 6 月在韩国正式签字加入 3GPP2，成为这个当前主要负责第三代移动通信 CDMA2000 技术的标准组织的伙伴。中国通信标准化协会（CCSA）成立后，CWTS 在 3GPP2 的组织名称更名为 CCSA。

美国的 TIA、日本的 ARIB、日本的 TTC、韩国的 TTA 和中国的 CCSA 这些标准化组织在 3GPP2 中称为 SDO。3GPP2 中的项目组织伙伴 OP 由各个 SDO 的代表组成，OP 负责进行各国标准之间的对接和管理工作。除此之外，CDMA 发展组织（CDG）、Ipv6 论坛作为 3GPP2 的市场合作伙伴，给 3GPP2 提供一些市场化的建议，并对 3GPP2 中的一些新项目提出市场需求，如业务和功能需求等。

3GPP2 下设 4 个技术规范工作组，即 TSG-A（接入网接口）、TSG-C（无线接入）、TSG-S（业务和系统方面）和 TSG-X（核心网）。这些工作组向项目指导委员会（SC）报告本工作组的工作进展情况。SC 负责管理项目的进展情况，并进行一些协调管理工作。

1.1.4 走近 LTE 标准化演进历程

1. LTE 的提出

TDD-LTE 是 TDD 版本的 LTE 技术，FDD-LTE 的技术是 FDD 版本的 LTE 技术。TDD 和 FDD 的区别就是 TD 采用的是不对称频率是用时间进行双工的，而 FDD 是采用对称频率来进行双工的。

2. LTE R8 版本

3GPP 于 2008 年 12 月发布 LTE 第一版（Release 8），R8 版本为 LTE 标准的基础版本。目前，R8 版本已非常稳定。R8 版本重点针对 LTE/SAE 网络的系统架构、无线传输关键技术、接口协议与功能、基本消息流程、系统安全等方面均进行了细致的研究和标准化。

在无线接入网方面，将系统的峰值数据速率提高至下行 100Mbit/s、上行 50Mbit/s；在核心网方面，引入了纯分组域核心网系统架构，并支持多种非 3GPP 接入网技术接入统一的核心网。

从 2004 年年底概念的提出，到 2008 年年底发布 R8 版本，LTE 的商用标准文本制定及发布整整经历了 4 年时间。对于 TDD 的方式而言，在 R8 版本中，明确采用 type2 类型作为唯一的 TDD 物理层帧结构，并且规定了相关物理层的具体参数，即 TDD-LTE 方案，这为今后其后续技术的发展，打下了坚实的基础。

3. LTE R9 版本

2010 年 3 月发布第二版（Release 9）LTE 标准，R9 版本为 LTE 的增强版本。R9 版本与 R8 版本相比，将针对 SAE 紧急呼叫、增强 MBMS（E-MBMS）、基于控制面定位业务及 LTE 与 WiMAX 系统间的单射频切换优化等课题进行标准化。

另外，R9 版本还将开展一些新课题的研究与标准化工作，包括公共告警系统（Public Warning System，PWS）、业务管理与迁移（Service Alignment and Migration，SAM）、个性回铃音 CRS、多 PDN 接入及 IP 流的移动性、Home eNode B 安全性及 LTE 技术的进一步演进与增强（LTE-Advanced）等。

4. LTE 未来演进

2008 年 3 月，在 LTE 标准化终于接近于完成之时，一个在 LTE 基础上继续演进的项目——先进的 LTE-Advanced 项目在 3GPP 拉开了序幕。LTE-A 是在 LTE R8/R9 版本的基础上进一步演进和增强的标准。它的一个主要目标是满足 ITU-R 关于 IMT-A C（4G）标准的需求。

同时，为了维持 3GPP 标准的竞争力，3GPP 制定的 LTE 技术需求指标要高于 IMT-A 的指标。LTE 相对于 3G 技术，名为"演进"，实为"革命"，但是 LTE-Advanced 将不会成为再一次的"革命"，而是作为 LTE 基础上的平滑演进。LTE-Advanced 系统应自然地支持原 LTE 的全部功能，并支持与 LTE 的前后向兼容性，即 R8 LTE 的终端可以介入未来的 LTE-Advanced 系统，LTE-Advanced 系统也可以接入 R8 LTE 系统。

在 LTE 基础上，LTE-Advanced 的技术发展更多地集中在 RRM 技术和网络层的优化方面，主要使用了如下一些新技术。

载波聚合：核心思想是把连续频谱或若干离散频谱划分为多个成员载波（Component Carrier，CC），允许终端在多个子频带上同时进行数据收发。通过载波聚合，LTE-A 系统可以支持最大 100MHz 带宽，系统 / 终端最大峰值速率可达 1 Gbit/s 以上。

增强上下行 MIMO：LTE R8/R9 下行支持最多 4 数据流的单用户 MIMO，上行只支持多用户 MIMO。LTE-A 为提高吞吐量和峰值速率，在下行支持最高 8 数据流单用户 MIMO，上行支持最高 4 数据流单用户 MIMO。

中继（Relay）技术：基站不直接将信号发送给 UE 而是先发给一个中继站（Relay Station，RS），然后再由 RS 将信号转发给 LTE 无线中继，很好地解决了传统直放站的干扰问题，不但可以为蜂窝网络带来容量上的提升、覆盖扩展等性能增强，还可以提供灵活、快速的部署，弥补回传链路缺失的问题。

协作多点传输技术（Coordinative Multiple Point，CoMP）：CoMP 是 LTE-A 中为了实现干扰规避和干扰利用而进行的一项重要研究。它包括两种技术：小区间干扰协调技术（Coordinated Scheduling），也称为"干扰避免"；协作式 MIMO 技术（Joint Processing），也称为"干扰利用"。两种方式通过不同的技术降低小区间干扰，提高小区边缘用户的服务质量和系统的吞吐量。

针对室内和热点场景进行优化：未来移动网络中除了传统的宏蜂窝、微蜂窝，还有微微蜂窝以及家庭基站。这些新节点的引入使得网络拓扑结构更加复杂，形成了多种类型节点共同竞争相同无线资源的全新干扰环境。LTE-Advanced 的重点工作之一应该放在对室内场景进行优化方面。

1.2 任务二：分析 LTE 需求目标与技术特点

【任务描述】

通过本次任务学习,让我们对 LTE 技术特点有更深入地了解,包括频谱划分、系统带宽、峰值数据速率、用户面 / 控制面时延、频率效率和用户吞吐量等。

探求 LTE 主要指标和需求

3GPP 要求 LTE 支持的主要指标和需求如图 1-4 所示。

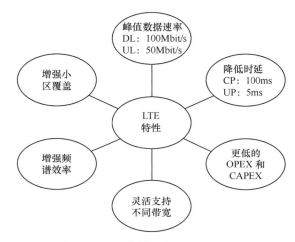

图 1-4　LTE 支持的主要指标和需求

1. 频谱划分

频率是移动运营商的基础和核心资源，目前 LTE 的频段划分见表 1-2。

表1-2　LTE频段

LTE频段分布			
EUTRAN 频段	UL频段（BS接收，UE发送）	DL频段（BS发送，UE接收）	双工模式
1	1920 ~ 1980 MHz	2110 ~ 2170 MHz	FDD
2	1850 ~ 1910 MHz	1930 ~ 1990 MHz	FDD
3	1710 ~ 1785 MHz	1805 ~ 1880 MHz	FDD
4	1710 ~ 1755 MHz	2110 ~ 2155 MHz	FDD
5	824 ~ 849 MHz	869 ~ 894 MHz	FDD
6	830 ~ 840 MHz	865 ~ 875 MHz	FDD
7	2500 ~ 2570 MHz	2620 ~ 2690 MHz	FDD
8	880 ~ 915 MHz	925 ~ 960 MHz	FDD
9	1749.9 ~ 1784.9 MHz	1844.9 ~ 1879.9 MHz	FDD

（续表）

LTE频段分布			
EUTRAN 频段	UL频段（BS接收，UE发送）	DL频段（BS发送，UE接收）	双工模式
10	1710 ~ 1770 MHz	2110 ~ 2170 MHz	FDD
11	1427.9 ~ 1447.9 MHz	1475.9 ~ 1495.9 MHz	FDD
12	698 ~ 716 MHz	728 ~ 746 MHz	FDD
13	777 ~ 787 MHz	746 ~ 756 MHz	FDD
14	788 ~ 798 MHz	758 ~ 768 MHz	FDD
15	Reserved	Reserved	
16	Reserved	Reserved	
17	704 ~ 716 MHz	734 ~ 746 MHz	FDD
18	815 ~ 830 MHz	860 ~ 875 MHz	FDD
19	830 ~ 845 MHz	875 ~ 890 MHz	FDD
20	832 ~ 862 MHz	791 ~ 821 MHz	FDD
21	1447.9 ~ 1462.9 MHz	1495.9 ~ 1510.9 MHz	FDD
22	3410 ~ 3500 MHz	3510 ~ 3600 MHz	FDD
23 ~ 32	暂无定义	暂无定义	
33	1900 ~ 1920 MHz	1900 ~ 1920 MHz	TDD
34	2010 ~ 2025 MHz	2010 ~ 2025 MHz	TDD
35	1850 ~ 1910 MHz	1850 ~ 1910 MHz	TDD
36	1930 ~ 1990 MHz	1930 ~ 1990 MHz	TDD
37	1910 ~ 1930 MHz	1910 ~ 1930 MHz	TDD
38	2570 ~ 2620 MHz	2570 ~ 2620 MHz	TDD
39	1880 ~ 1920 MHz	1880 ~ 1920 MHz	TDD
40	2300 ~ 2400 MHz	2300 ~ 2400 MHz	TDD
41	2545 ~ 2575 MHz	2545 ~ 2575 MHz	TDD

在我国，中国移动获得 130MHz 频谱资源，分别为 1880 ~ 1900MHz、2320 ~ 2370MHz、2575 ~ 2635MHz；中国联通获得 40MHz 频谱资源，分别为 2300 ~ 2320MHz、2555 ~ 2575MHz；中国电信获得 40MHz 频谱资源，分别为 2370 ~ 2390MHz、2635 ~ 2655MHz。

2. 峰值数据速率

在 20MHz 下行链路频谱分配的条件下，下行链路的瞬时峰值数据速率可以达到 100Mbit/s（5 bit/s/Hz）（网络侧 2 发射天线，UE 侧 2 接收天线条件下）。

在 20MHz 上行链路频谱分配的条件下，上行链路的瞬时峰值数据速率可以达到 50Mbit/s（2.5 bit/s/Hz）（UE 侧 1 发射天线情况下）。

宽频带、MIMO、高阶调制技术都是提高峰值数据速率的关键所在。

3. 控制面延迟

从驻留状态到激活状态，也就是类似于从 Release 6 的空闲模式到 CELL_DCH 状态，控制面的传输延迟时间小于 100ms，这个时间不包括寻呼延迟时间和 NAS 延迟时间。

从睡眠状态到激活状态，也就是类似于从 Release 6 的 CELL_PCH 状态到 CELL_DCH 状态，控制面传输延迟时间小于 50ms，这个时间不包括 DRX 间隔。

另外控制面容量频谱分配是 5MHz 的情况下，期望每小区至少支持 200 个状态激活的用户。在更高的频谱分配情况下，期望每小区至少支持 400 个状态激活的用户。

4. 用户面延迟

用户面延迟定义为一个数据包从 UE/RAN 边界节点（RAN edge node）的 IP 层传输到 RAN 边界节点 UE 的 IP 层的单向传输时间。这里所说的 RAN 边界节点指的是 RAN 和核心网的接口节点。

在"零负载"（即单用户、单数据流）和"小 IP 包"（即只有一个 IP 头，而不包含任何有效载荷）的情况下，期望的用户面延迟不超过 5ms。

5. 用户吞吐量

（1）下行链路

① 在 5% CDF（累计分布函数）处的每 MHz 用户吞吐量应达 R6 HSDPA 的 2~3 倍。

② 每 MHz 平均用户吞吐量应达到 R6 HSDPA 的 3~4 倍。此时 R6 HSDPA 是 1 发 1 收，而 LTE 是 2 发 2 收。

（2）上行链路

① 在 5% CDF 处的每 MHz 用户吞吐量应达到 R6 HSUPA 的 2~3 倍。

② 每 MHz 平均用户吞吐量应达到 R6 HSUPA 的 2~3 倍。此时 R6 HSUPA 是 1 发 2 收，LTE 也是 1 发 2 收。

6. 频谱效率

① 下行链路：在一个有效负荷的网络中，LTE 频谱效率（用每站址、每 Hz、每秒的比特数衡量）的目标是 R6 HSDPA 的 3~4 倍。此时 R6 HSDPA 是 1 发 1 收，而 LTE 是 2 发 2 收。

② 上行链路：在一个有效负荷的网络中，LTE 频谱效率（用每站址、每 Hz、每秒的比特数衡量）的目标是 R6 HSUPA 的 2~3 倍。此时 R6 HSUPA 是 1 发 2 收，LTE 也是 1 发 2 收。

7. 移动性

EUTRAN 能为低速移动（0~15km/h）的移动用户提供最优的网络性能，能为 15~120km/h 的移动用户提供高性能的服务，对 120~350km/h（甚至在某些频段下，可以达 500km/h）速率移动的移动用户能够保持蜂窝网络的移动性。

在 R6 CS 域提供的话音和其他实时业务在 EUTRAN 中将通过 PS 域支持，这些业务应该在各种移动速度下都能够达到或者高于 UTRAN 的服务质量。EUTRAN 系统内切换造成的中断时间应等于或者小于 GERAN CS 域的切换时间。

超过 250km/h 的移动速度是一种特殊情况（如高速列车环境），EUTRAN 的物理层参数设计应该能够在最高 350km/h 的移动速度（在某些频段甚至应该支持 500km/h）下保持用户和网络的连接。

8. 系统覆盖

EUTRAN 系统应该能在重用目前 UTRAN 站点和载频的基础上灵活地支持各种覆盖场景，实现上述用户吞吐量、频谱效率和移动性等性能指标。

EUTRAN 系统在不同覆盖范围内的性能要求如下。

① 若覆盖半径在 5km 内，则上述用户吞吐量、频谱效率和移动性等性能指标必须完全满足；

② 若覆盖半径在 30km 内，则用户吞吐量指标可以略有下降，频谱效率指标可以下降、

但仍在可接受范围内，移动性指标仍应完全满足。

③ 覆盖半径最大可达 100km。

9. 频谱灵活性

频谱灵活性一方面支持不同大小的频谱分配，比如 EUTRAN 可以在不同大小的频谱中部署，包括 1.4 MHz、3 MHz、5 MHz、10 MHz、15 MHz 以及 20 MHz，支持成对和非成对频谱；另一方面支持不同频谱资源的整合。

10. 与现有 3GPP 系统的共存和互操作

EUTRAN 与其他 3GPP 系统的互操作需求包括以下几点。

① EUTRAN 和 UTRAN/GERAN 多模终端支持对 UTRAN/GERAN 系统的测量，并支持 EUTRAN 系统和 UTRAN/GERAN 系统之间的切换。

② EUTRAN 应有效支持系统间测量。

③ 对于实时业务，EUTRAN 和 UTRAN 之间的切换中断时间应低于 300ms。

④ 对于非实时业务，EUTRAN 和 UTRAN 之间的切换中断时间应低于 500ms。

⑤ 对于实时业务，EUTRAN 和 GERAN 之间的切换中断时间应低于 300ms。

⑥ 对于非实时业务，EUTRAN 和 GERAN 之间的切换中断时间应低于 500ms。

⑦ 处于非激活状态（类似 R6 Idle 模式或 Cell_PCH 状态）的多模终端只需监测 GERAN，UTRA 或 EUTRAN 中一个系统的寻呼信息。

11. 减小 CAPEX 和 OPEX

体系结构的扁平化和中间节点的减少使得设备成本和维护成本得以显著降低。

知识总结

1．通信定义：通信（Communication）就是信息的传递，是指由一地向另一地进行信息的传输与交换，其目的是传输消息。

2．无线通信特点：移动性、电波传播条件复杂、噪声和干扰严重、系统和网络结构复杂，要求频带利用率高、设备性能好。

3．移动通信标准组织：3GPP、3GPP2、ITU 等。3GPP 的工作范围是基于 GSM 核心网络和它们所支持的无线接入技术的第三代移动通信系统制定全球适用技术规范和技术报告。3GPP2 主要是负责第三代移动通信 CDMA2000 技术的标准组织。

4．移动通信发展历程与各代通信技术业务性能对比见表 1-3。

表1-3　移动通信技术业务性能对比

1G	2G	3G	3.9G/4G
模拟通信	数字通信	多媒体业务	宽带移动互联网
模拟调制技术 小区制 硬切换 网络规划	数字调制技术 数据压缩 软切换 差错控制 短信息 高质量语音业务	多媒体业务 100kbit/s数据速率 分组数据业务 动态无线资源管理	随时随地的无线接入 无线业务提供 网络融合与重用 多媒体终端 10M数据速率 基于全IP核心网

（续表）

1G	2G		3G	3.9G/4G
AMPS TACS NMT	GSM IS-136 PDC IS-95A	HSCSD/GPRS IS-136+ EDGE IS-95B	WCDMA HSPA/HSPA+ TD-SCDMA CDMA2000 1X EV Wibro	IMT-Advanced 3GPP-LTE 3GPP2-LTE
0kbit/s	9.6kbit/s ~ 14.4kbit/s ~ 171.2kbit/s		384kbit/s ~ 2Mbit/s ~ 10Mbit/s	100Mbit/s ~ 1Gbit/s

5．LTE 技术优势总结：三高、两低、一平。高峰值速率、高频谱效率、高移动性；低时延、低成本；网络结构扁平化。

6．LTE 的频谱灵活性支持 1.4 MHz、3 MHz、5 MHz、10 MHz、15 MHz 以及 20 MHz 这 6 种系统带宽

7．LTE 的下行链路的瞬时峰值数据速率在 20MHz 下行链路频谱分配的条件下，可以达到 100Mbit/s，LTE 的上行链路的瞬时峰值数据速率在 20MHz 上行链路频谱分配的条件下，可以达到 50Mbit/s（2.5bit/s/Hz）。

8．系统带宽、MIMO、高阶调制技术都是提高峰值数据速率的关键所在。

思考与练习

1．LTE 中文名称是_____。

2．3G 代表的制式有_____、_____、_____。

3．LTE 上下行理论峰值速率各为_____、_____。

4．LTE 三高、两低、一平指的是什么？

5．移动通信标准组织有哪些？

6．移动通信发展的终极目标：实现完全的个人通信（Personal Communication），可描述为 5 个"W"，该"W"指什么。

7．LTE 支持哪几种系统带宽。

实践活动：调研5G的发展现状

一、实践目的

1. 熟悉 5G 发展情况。

2. 了解 5G 的关键技术、应用场景、技术特点以及和其他几代移动通信相比优势所在。

二、实践要求

各学员通过调研、查阅资料完成，字数不少于 500 字。

三、实践内容

1. 第五代移动通信特点。

2. 5G 所用到的关键技术。

3. 我国 5G 行业市场发展现状及发展趋势分析。

项目 2 LTE 系统架构与接口协议设计

Willa：师父，我前面了解了移动通信的发展历史和发展趋势。我现在信心满满，师父，再教我一点别的吧。

Wendy：可以啊，今天我们对比之前的移动通信系统，来学习 4G 的网络架构，先从整体上认知一下 4G 全网的概貌。

Willa：网络架构？是不是就像人的骨架结构？

Wendy：差不多这个意思，不过这可是两码事。

Willa：那网络架构是什么呢？真的好期待，让我们现在就开始学习吧。

在了解了移动通信的基础上，本章我们就来学习一下 LTE 系统的网络架构，包括网络系统的组成单元，即网元，以及这些网元之间的接口协议和各个网元设备的功能。通过本章的学习旨在使读者对 4G 网络结构有一个总体的认知。

学习目标

1. 识记：LTE 系统网元及功能、网元间主要接口名称。
2. 领会：LTE 系统网络结构、网络接口协议架构。
3. 应用：空中接口及其实现。

▶ 2.1 任务一：LTE 系统架构的设计

【任务描述】

通过 2/3G 移动通信技术的学习，我们知道其网络架构为：基站（BTS/Node B）→基站控制器（BSC/RNC）→核心网（CS/PS）。而 LTE 相对于 2/3G 性能上的提升是多方面的，其是否也会采用与 2/3G 相同的网络架构呢？接下来让我们一起来学习和掌握 LTE 系统网络架构的演变吧。

2.1.1　求索 LTE 系统网络架构

图 2-1 所示为 LTE 整体架构。

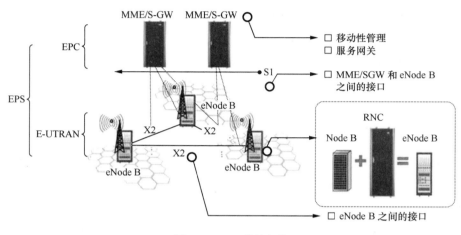

图 2-1　LTE 整体架构

与 UMTS 系统相比，LTE/SAE 网络中无线传输技术、空中接口协议和系统结构等方面都发生了革命性的变化。对应的无线网络和核心网被称为 EUTRAN 和 EPC（Evolved Packet Core），并将整个网络系统命名为演进的分组系统（Evolved Packet System，EPS）。

在 EUTRAN 中，eNode B 之间底层采用 IP 传输，在逻辑上通过 X2 接口相互连接，也就是常说的 Mesh 型网络。这样的网络结构设计，可以有效地支持 UE 在整个网络内的移动性，保证用户的无缝切换。

每个 eNode B 通过 S1 接口与 MME/S-GW 相连接，而 S1 接口也是采用了全部或部分 Mesh 型的连接形式，即一个 eNode B 可用于多个 MME/S-GW 互连，反之亦然。

可以看出，与 UTRAN 系统相比，EUTRAN 系统将 Node B 和 RNC 融合为一个网元 eNode B。因此，系统中将不再存在 Iub 接口，而 X2 接口类似于原系统中的 Iur 接口，S1 接口类似于 Iu 接口。

具体来讲，eNode B 是指在 UMTS 系统 Node B 原有功能的基础上，增加了 RNC 的物理层、MAC 层、RRC 层以及调度、接入控制、承载控制、移动性管理和小区间无线资源管理等功能，即 eNode B 实现了接入网的全部功能。MME/S-GW 则可以看成一个边界节点，作为核心网的一部分，类似于 UMTS 系统中的 SGSN。

综上所述，新的网络结构可以带来以下好处。

● 网络扁平化使得系统延时减少，从而改善了用户体验，可开展更多业务。

● 网元数目减少，使得网络部署更为简单，网络的维护更加容易。

● 取消了 RNC 的集中控制，避免单点故障，有利于提高网络稳定性。

　　LTE 采用了与 2G、3G 均不同的空中接口技术，即基于 OFDM 技术的空中接口技术，并对传统 3G 的网络架构进行了优化，采用扁平化的网络架构，亦即接入网 EUTRAN 不再包含 RNC，仅包含节点 eNB，提供 EUTRAN 用户面 PDCP/RLC/MAC/ 物理层协议的功能和控制面 RRC 协议的功能。EUTRAN 的系统结构如图 2-2 所示。

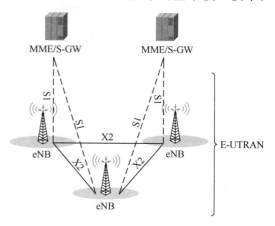

图 2-2　EUTRAN 结构

　　eNB 之间由 X2 接口互连，每个 eNB 又和演进型分组核心网 EPC 通过 S1 接口相连。S1 接口的用户面终止在服务网关（S-GW）上，S1 接口的控制面终止在移动性管理实体 MME 上。控制面和用户面的另一端终止在 eNB 上。LTE 网络架构及接口示意如图 2-3 所示。

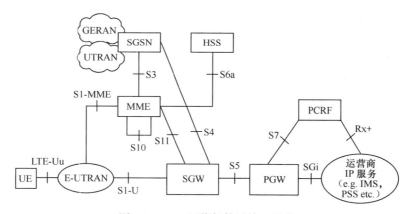

图 2-3　LTE 网络架构及接口示意

　　LTE 采用扁平化的网络结构，无线接入网 EUTRAN 部分仅包含 3G 接入网中的 Node B 网元（3G 的无线接入网元包含控制器（RNC）、基站（Node B）两部分）。整个 LTE/SAE 系统由核心网（EPC）、基站（eNB）和用户设备。

　　LTE 网络架构特点所述如下。

　　① 承载全 IP 化。2/3G 核心网内部均采用全 IP 承载方式。2/3G 核心网分组域与无线接入网之间是多种承载方式并存，即 TDM/ATM/IP 同时存在。

　　LTE/EPC 阶段，网络结构将全 IP 化，即用 IP 完全取代传统 ATM 及 TDM。

　　② 控制承载分离。EPC 核心网网络架构秉承了控制与承载分离的理念，将 2/3G 分组域中 SGSN 的控制面功能与用户面功能相分离，分别由 2 个网元来完成，其中 MME 负责移动性管理、信令控制等控制面功能，SGW 负责媒体流处理及转发等用户面功能。

　　GGSN 的用户面功能不变，由 PGW 承担原 GGSN 的职能。

　　③ 网络扁平化。在 2/3G 核心网分组域中，用户数据处理经过"Node B → RNC → GGSN →外部数据网"4 个节点，数据每经过一个节点都需要经过拆包再重新打包。这种

结构既增加成本又增加时延。

在 HSPA R7 阶段，3GPP 提出了针对性的解决方案，即 DT（直接隧道）技术，用户平面增加 Node B 通过 RNC 经直接隧道连接 GGSN 的通道。在 Flat HSPA+R7 中，取消 RNC，将部分 RNC 的功能直接融入基站，Node B 基站经直接隧道连接 GGSN。这个阶段，用户数据仅需要经过两次处理。

EPC 网络架构继承了 DT 思路，省去传统的基站控制器（RNC、BSC）。基站控制器的大部分功能转移到基站 eNode B 实现，核心网侧最少只需 SAE-GW 一个网元实现用户面处理。原来的 4 级架构演变为 "eNode B → SAE-GW →外部数据网"，体现了扁平化的演进思路。

2.1.2　划分 EUTRAN 与 EPC 网元功能单元

LTE 网络分为无线接入网（EUTRAN）和演进核心网（EPC）组成。EUTRAN 由基站构成，EPC 主要由 MME、SGW、PGW、HSS 构成。

（1）接入网和核心网功能划分

① EUTRAN 提供空中接口功能（包含物理层、MAC、RLC、PDCP、RRC 功能）以及小区间的 RRM 功能、RB 控制、连接的移动性控制、无线资源的调度、对 eNB 的测量配置、对空口接入的接纳控制等。

② EPC 通过 MME、SGW 和 PGW 等控制面节点和用户面节点完成 NAS 信令处理和安全管理、空闲的移动性管理、EPS 承载控制以及移动锚点功能、UE 的 IP 地址分配、分组过滤等功能。

（2）各网元节点的功能划分

我们都知道，我们终端（如手机或者平板）数据的下载和上传是由基站发送和接收完成无线信号的传送。LTE 网络中基站叫 eNode B（Evolved Node B），即演进型 Node B 简称 eNB。那么 eNode B 具体有什么功能呢？

1）eNB 功能

LTE 的 eNB 除了具有原来 Node B 的功能之外，还承担了原来 RNC 的大部分功能，包括有物理层功能、MAC 层功能（包括 HARQ）、RLC 层（包括 ARQ 功能）、PDCP 功能、RRC 功能（包括无线资源控制功能）、调度、无线接入许可控制、接入移动性管理以及小区间的无线资源管理功能等。

具体包括以下几点。

① 无线资源管理：无线承载控制、无线接纳控制、连接移动性控制、上下行链路的动态资源分配（即调度）等功能。

② 负责无线接入功能以及 EUTRAN 的地面接口功能，包括实现无线承载控制、无线许可控制和连接移动性控制。

③ 完成上下行 UE 的动态资源分配（调度）。

④ IP 头压缩及用户数据流加密。

⑤ UE 附着时的 MME 选择。当从提供给 UE 的信息无法获知到 MME 的路由信息时，选择 UE 附着的 MME。

⑥ SGW 用户数据的路由选择，路由用户面数据到 SGW。

⑦ MME 发起的寻呼和广播消息的调度传输；调度和传输从 MME 发起的寻呼消息，调度和传输从 MME 或 O&M 发起的广播信息，调度和传输从 MME 发起的 ETWS（即地震和海啸预警系统）消息。

⑧ 完成有关移动性配置和调度的测量和测量报告。

2）MME 功能

MME（Mobility Management Entity，移动管理实体）为控制面功能实体，临时存储用户数据的服务器，负责管理和存储 UE 相关信息，如 UE 用户标识、移动性管理状态、用户安全参数，为用户分配临时标识。当 UE 驻扎在该跟踪区域或者该网络时负责对该用户进行鉴权，处理 MME 和 UE 之间的所有非接入层消息。

MME 是 SAE 的控制核心，主要负责用户接入控制、业务承载控制、寻呼、切换控制等控制信令的处理。

MME 功能与网关功能分离，这种控制平面 / 用户平面分离的架构，有助于网络部署、单个技术的演进以及全面灵活的扩容。

具体包括如下几点。

① NAS 信令。

② NAS 信令安全。

③ AS 安全控制。

④ 3GPP 无线网络的网间移动信令。

⑤ idle 状态 UE 的可达性（包括寻呼信号重传的控制和执行）。

⑥ 跟踪区列表管理。

⑦ PGW 和 SGW 的选择。

⑧ 切换中需要改变 MME 时的 MME 选择。

⑨ 切换到 2G 或 3GPP 网络时的 SGSN 选择。

⑩ 漫游。

⑪ 鉴权。

⑫ 包括专用承载建立的承载管理功能。

⑬ 支持 ETWS 信号传输。

3）服务网关 SGW 功能

SGW 为用户面实体，负责用户面数据路由处理，终结处于空闲状态的 UE（用户终端设备）的下行数据，管理和存储 UE 的承载信息。SGW 网元的功能相对简单，它只需要在 MME 的控制下进行数据包的路由和转发，即将接收到的用户数据转发给指定的 PGW 网元，又因为接收和发送的均为 GTP 数据包，从而也不需要对数据包进行格式转换，简单来讲 SGW 就是 GTP 数据包的双向传输通道。

SGW 作为本地基站切换时的锚定点，主要负责以下功能：在基站和公共数据网关之间传输数据信息；为下行数据包提供缓存；基于用户的计费等。

具体包括以下几点。

① eNB 间切换时，本地的移动性锚点。

② 3GPP 系统间的移动性锚点。

③EUTRAN idle 状态下，下行包缓冲功能以及网络触发业务请求过程的初始化。

④合法侦听。

⑤包路由和前转。

⑥上、下行传输层包标记。

⑦运营商间计费时，基于用户和 QCI 粒度统计。

⑧分别以 UE、PDN、QCI 为单位的上下行计费。

4）PGW（分组数据网网关）功能

在 EPC 系统中引入的 PGW 网元实体，其英文全称为 PDN Gateway。它类似于 GGSN 网元的功能，为 EPC 网络的边界网关，提供用户的会话管理和承载控制、数据转发、IP 地址分配以及非 3GPP 用户接入等功能。它是 3GPP 接入和非 3GPP 接入公用数据网络 PDN 的锚点。所谓 3GPP 接入是指 3GPP 标准家族出来的无线接入技术，比如目前中国移动和中国联通的手机，就是 3GPP 接入技术。所谓非 3GPP 接入就是 3GPP 标准家族以外的无线接入技术，典型的如中国电信的 CDMA 接入技术以及目前流行的 Wi-Fi 接入技术等。也就是说，在 EPC 网络中，移动终端如果是非 3GPP 接入，它可以不经过 MME 网元和 SGW 网元，但一定会经过 PGW 网元，才能接入到 PDN。

公共数据网关 PGW 作为数据承载的锚定点，提供以下功能：包转发、包解析、基于业务的计费、业务的 QoS 控制以及负责和非 3GPP 网络间的互联等。

具体包括以下几点。

①基于每用户的包过滤（如借助深度包探测方法）。

②合法侦听。

③UE 的 IP 地址分配。

④下行传输层包标记。

⑤上下行业务级计费、门控和速率控制。

⑥基于聚合最大比特速率（AMBR）的下行速率控制。

5）HSS（Home Subscriber Server，归属签约用户服务器）

HSS 是 3GPP 在 R5 引入 IMS 时提出的概念，其功能与 HLR 类似，但更加强大，支持更多接口，可以处理更多的用户信息。

HSS 所提供的功能包括 IP 多媒体功能、PS 域必需的 HLR 功能及 CS 域必需的 HLR 功能。HSS 可处理的信息包括以下几点。

①用户识别、编号和地址信息。

②用户安全信息，即针对鉴权和授权的网络接入控制信息。

③用户定位信息，即 HSS 支持用户登记、存储位置信息。

④用户清单信息。

6）PCRF（Policy and Charging Rule Functionality，策略和计费规则功能实体）

PCRF 功能实体主要根据业务信息和用户签约信息以及运营商的配置信息产生控制用户数据传递的 QoS（Quality of Service，服务质量）规则以及计费规则。该功能实体也可以控制接入网中承载的建立和释放。

EUTRAN 和 EPC 之间的功能划分，如图 2-4 所示，可以从 LTE 在 S1 接口的协议栈结构图来描述，图中各框为逻辑节点，无底色的框内为控制面功能实体，有底色的框内为无线协议层。

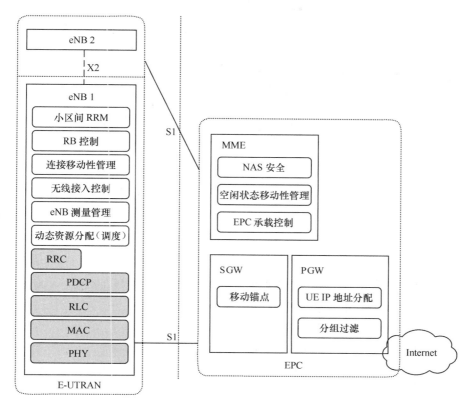

图 2-4 EUTRAN 和 EPC 的功能划分

2.2 任务二：接口与协议的实现

【任务描述】

通过学习，我们知道网络拓扑结构中是由不同网元连接起来的，网元之间通过运行相关的协议相互通信，传送信令和业务，称为网元间接口。新的 LTE 架构中，没有了原有的 Iu 接口和 Iub 接口以及 Iur 接口，取而代之的是新接口 S1 和 X2。

2.2.1 网络接口与协议认知

LTE 网络分为两个子网，分别是核心网和无线接入网。核心网主要由 MME、SGW、PGW、HSS、PCRF 设备组成，无线接入网主要由 eNode B 组成。这些网元相互连接，使用相对应的接口相互通信。不同网元设备之间的接口不同。

图 2-5 所示的是网络接口与数据流关系。

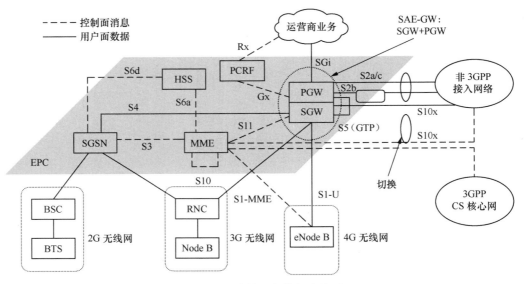

图 2-5　网络接口与数据流关系

1. Uu 接口

LTE 的 Uu 空中接口是实现 UE 和 EUTRAN 的通信，可支持 1.4MHz、3MHz、5MHz、10 MHz、15 MHz、20MHz 的可变带宽。

Uu 接口实现的交互数据可分为如下两类。

一是用户面数据，即用户业务数据，如上网、语音、视频等。

二是控制面数据，主要指 RRC（无线资源控制）消息，实现对 UE 的接入、切换、广播、寻呼等有效控制。

2. S1 接口

S1 控制平面接口位于 eNode B 和 MME 之间，传输网络层是利用 IP 传输，这点类似于用户平面。为了可靠地传输信令消息，在 IP 层之上添加了 SCTP，应用层的信令协议为 S1AP。用户平面接口位于 eNode B 和 SGW 之间，S1 接口用户平面（S1-UP）的协议栈如图 2-7 所示。S1-UP 的传输网络层基于 IP 传输，UDP/IP 之上的 GTP-U 用来传输 SGW 与 eNB 之间的用户平面 PDU。S1 控制面板协议如图 2-6 所示，S1 用户面板协议如图 2-7 所示。

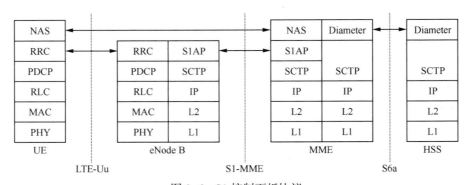

图 2-6　S1 控制面板协议

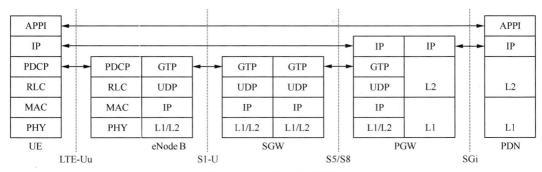

图 2-7　S1 用户面板协议

控制面功能有如下几点。

①SAE 承载服务管理功能（包括 SAE 承载建立、修改和释放）。

②S1 接口 UE 上下文释放功能。

③LTE_ACTIVE 状态下 UE 的移动性管理功能（包括 Intra-LTE 切换和 Inter-3GPP-RAT 切换）。

④S1 接口的寻呼。

⑤NAS 信令传输功能。

⑥S1 接口管理功能（包括复位、错误指示以及过载指示等）。

⑦网络共享功能。

⑧漫游于区域限制支持功能。

⑨NAS 节点选择功能。

⑩初始上下文建立过程。

⑪S1 接口的无线网络层不提供流量控制和拥塞控制功能。

S1 用户面无线网络层协议功能有如下几点。

①在 S1 接口目标节点中指示数据分组所属的 SAE 接入承载。

②移动性过程中尽量减少数据的丢失。

③错误处理机制。

④MBMS 支持功能。

⑤分组丢失检测机制。

3. S11 接口

S11 接口为 MME 与 SGW 之间的接口，用于创建 / 删除会话、建立 / 删除承载消息。

4. S6a 接口

S6a 接口为 MME 与 HSS 之间的接口，其主要功能包括如下几点。

一是签约数据。包括用户标识（IMSI、MSISDN 等）、签约业务 APN、服务等级 QoS、接入限制 ARD、用户位置、漫游限制等信息。该类信息通过 S6a 接口的位置更新、插入用户数据等操作进行交互。

二是认证数据。包括鉴权参数（Rand、Res、Kasme、AUTN 四元组）。该类信息通过 S6a 接口的鉴权操作进行交互。

5. S5/S8 接口

S5 接口是本地 SGW 连接到本地 PDN-GW 时使用的接口，S8 是与外地 PDN-GW 连接使用的接口。

LTE/EPC 网络中涉及的主要接口及接口协议见表 2-1。

表2-1　LTE/EPC网络中涉及的主要接口及接口协议

接口名称	连接网元	接口功能描述	主要协议
S1-MME	eNode B-MME	用于传送会话管理（SM）和移动性管理（MM）信息，即信令面或控制面信息	S1AP
S1-U	eNode B - SGW	在GW与eNode B设备间建立隧道，传送用户数据业务，即用户面数据	GTP-U
X2-C	eNode B-eNode B	基站间控制面信息	A2AP
X2-U	eNode B-eNode B	基站间用户面信息	GTP-U
S3	SGSN—MME	在MME和SGSN设备间建立隧道，传送控制面信息	GTPV2-C
S4	SGSN—SGW	在SGW和SGSN设备间建立隧道，传送用户面数据和控制面信息	GTPV2-C GTP-U
S5	SGW—PGW	在GW设备间建立隧道，传送用户面数据和控制面信息（设备内部接口）	GTPV2-C GTP-U
S6a	MME—HSS	完成用户位置信息的交换和用户签约信息的管理，传送控制面信息	Diameter
S8	SGW—PGW	漫游时，归属网络PGW和拜访网络SGW之间的接口，传送控制面和用户面数据	GTPV2-C GTP-U
S9	PCRF—PCRF	控制面接口，传送QoS规则和计费相关的信息	Diameter
S10	MME—MME	在MME设备间建立隧道，传送信令，组成MME Pool，传送控制面数据	GTPV2-C
S11	MME—SGW	在MME和GW设备间建立隧道，传送控制面数据	GTPV2-C
S12	RNC—SGW	传送用户面数据，类似Gn/Gp SGSN控制下的UTRAN与GGSN之间的Iu-u/Gn-u接口	GTP-U
S13	MME—EIR	用于MME和EIR中的UE认证核对过程	GTPV2-C
Gx（S7）	PCRF—PGW	提供QoS策略和计费准则的传递，属于控制面信息	Diameter
Rx	PCRF-IP承载网	用于AF传递应用层会话信息给PCRF，传送控制面数据	Diameter
SGi	PGW-外部互联网	建立隧道，传送用户面数据	DHCP/Radius/IPSEC/L2TP/GRE
SGs	MME - MSC	传递CSFB的相关信息	SGs-AP
Sv	MME - MSC	传递SRVCC的相关信息	GTPv2-C
Gy	P-GW - OCS	传送在线计费的相关信息	Diameter

根据接口功能的不同，LTE 系统接口可以分为两类，即信令接口和数据接口。纯 LTE 接入情景下，网络架构及相应接口协议如图 2-8 所示。

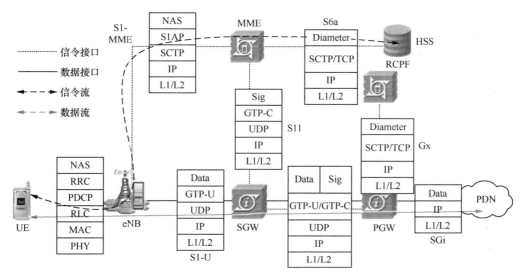

图 2-8 纯 LTE 网络结构图

LTE 核心网接口协议根据功能不同，可分为控制面协议和用户面协议。

1. 控制面协议

控制面协议实现 EUTRAN 和 EPC 之间的信令传输，包括 RRC（Radio Resource Control，无线资源控制）信令、S1AP 信令以及 NAS（Non Access Stratum，非接入层）信令。控制面协议栈如图 2-9 所示。

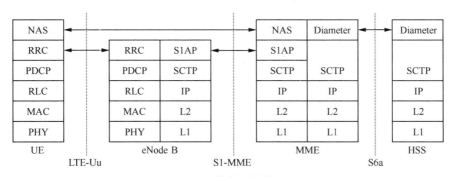

图 2-9 控制面协议栈

① NAS 是完全独立于接入技术的功能和过程，是 UE 和 MME 之间的所有信令交互，包括 EMM（EPS Mobility Management，EPS 移动性管理）消息和 ECM（EPS Session Management，EPS 会话管理）消息。这些过程都是在非接入层信令连接建立的基础上才发起的，也就是说，这些过程对于无线接入是透明的，仅仅由 UE 与 EPC 核心网之间的交互过程。

② RRC 信令和 S1AP 信令作为 NAS 信令的底层承载。RRC 支撑所有 UE 和 eNode B

之间的信令过程，包括移动过程和终端连接管理。当 S1AP 支持 NAS 信令传输过程时，UE 和 MME 之间的信令传输对于 eNode B 来说是完全透明的。

③ S6a 是 HSS 与 MME 之间的接口。此接口也是信令接口，主要实现用户鉴权、位置更新、签约信息管理等功能。

2. 用户面协议

用户面协议展示了 UE 与外部应用服务器之间通过 LTE/EPC 网络进行应用层数据交互的整个过程。用户面协议最左端是 UE，最右端的是应用服务器，EPS 的用户面处理节点包括 eNode B、SGW 及 PGW。用户面协议栈如图 2-10 所示。

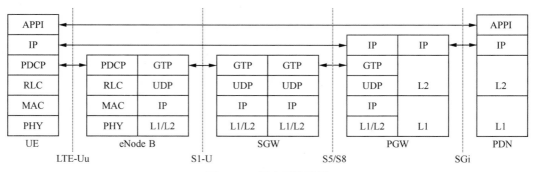

图 2-10　用户面协议栈

① 应用层数据不仅包括用户语音和网页浏览的数据，还包括应用层相关的 SIP 和 RTCP 协议。

② 应用层数据通过 IP 层进行路由，在到达目的地之前通过核心网中的网关（SGW 和 PGW）路由。

③ GTP（GPRS 隧道协议），GTP 隧道对于终端和服务器是完全透明的，仅仅更新 EPC 和 EUTRAN 节点间的中间路由信息。

3. S1AP 介绍

（1）定义

S1AP 提供 EUTRAN 和演进型分组核心网 EPC 之间（即 eNode B 和 MME 之间）的信令服务。

（2）S1AP 主要功能

① UE 上下文管理：包括承载的建立、修改和释放。

② 承载管理：包括用户在不同 eNode B 间和不同 3GPP 技术移动时的 S1 接口切换。

③ NAS 信令传输过程：对应 UE 和 MME 间的信令传输，对于无线侧此过程完全透明。

④ 寻呼：当用户做被叫时使用。

（3）S1AP 协议栈

S1AP 协议栈如图 2-11 所示。

（4）S1 控制面基本过程

S1 控制面的基本过程见表 2-2。

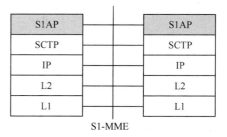

图 2-11　S1AP 协议栈

表2-2　S1控制面基本过程

基本过程	相关消息
NAS传输过程	初始化UE
	上行NAS传输
	下行NAS传输
寻呼过程	寻呼消息
承载管理	承载的建立、修改和释放
用户上下文管理	上下文建立
切换管理	包括用户在不同eNode B间和不同3GPP技术移动时的S1接口切换

4. GTP 介绍

GTP（GPRS Tunnel Protocl，GPRS 隧道协议）的基本功能是提供网络节点之间的隧道建立，分为 GTP-C 和 GTP-U 两类。GTP 应用如图 2-12 所示。

① GTP-C（GTP- 控制面）负责传送路径管理、隧道管理、移动性管理和位置管理等相关信令消息，用于对传送用户数据的隧道进行控制。

② GTP-U（GTP- 用户面）用于对所有用户数据进行封装并进行隧道传输。

③ 在 EPC 网络中，GTP-C 使用 GTPV2 版本，GTP-U 使用 GTPV1 版本。

④ 在 EPC 网络中，使用 GTP-C 的接口包括 S11、S3、S4、S10 以及 S5/S8；使用 GTP-U 的接口包括 S1-U 和 S12。

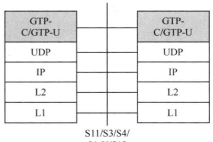

图 2-12　GTP 应用

5. Diameter 协议

（1）Diameter 协议定义

Diameter 协议是用于 AAA（鉴权、认证和计费）的基本协议和一组应用。基本协议提供可靠传输、消息传送和差错处理的基本机制。

（2）Diameter 协议功能

① Diameter 协议用于 PGW 与 PCRF 之间传递用户的 QoS 规则以及计费规则。

② Diameter 协议用于 MME 与 HSS 之间完成鉴权、授权、位置管理以及用户数据管理等功能，主要消息包括：鉴权消息，完成用户合法性检查；位置更新消息，记录或更新用户的位置信息；HSS 发起清除 MME 中的用户记录；HSS 发起的插入用户签约数据；HSS 发起删除 MME 中保存的所有或者部分用户数据；MME 通知 HSS 删除去附着用户的签约数据和 MM 上下文；当用户状态变化、终端改变或者用户当前 APN（接入点名）的 PGW 信息改变时，MME 向 HSS 发通知请求消息。

（3）Diameter 协议应用

Diameter 协议用于 MME 和 HSS 之间 S6a 接口，具体协议应用如图 2-13 所示。

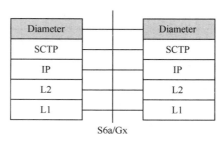

图 2-13　Diameter 协议应用

2.2.2　常用网络接口介绍

1. 空中无线接口协议

空中接口是指终端与接入网之间的接口，简称 Uu 接口，通常也称为无线接口。在 TDD-LTE 中，空中接口是终端和 eNode B 之间的接口。空中接口协议主要是用来建立、重新配置和释放各种无线承载业务的。空中接口是一个完全开放的接口，只要遵守接口规范，不同制造商生产的设备就能够互相通信。图 2-14 所示的是空中接口协议栈结构。

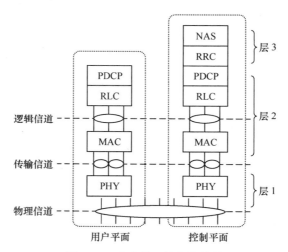

图 2-14　空中接口协议栈结构

空中接口协议栈主要分为三层两面。三层是指物理层、数据链路层、网络层；而两面是指用户平面和控制平面。从用户平面看，主要包括物理层、MAC 层、RLC 层、PDCP 层；而从控制平面看，除了以上层外，还包括 RRC 层、NAS 层。RRC 协议实体位于 UE 和 eNB 网络实体内，主要负责对接入层的控制和管理。NAS 控制协议位于 UE 和移动管理实体 MME 内，主要负责对非接入层的控制和管理。

层 1：主要指物理层（PHY），采用多址技术，通过信道编码和基本物理层过程，完成传输信道和物理信道之间的映射，向空中接口接收和发送无线数据。

层 2：包括 MAC（Media Access Control，媒体接入控制）、RLC（Radio Link Control，无线链路控制）和 PDCP（Packet Data Convergence Protocol，分组数据汇聚协议）等子层。

层 3：在控制面协议栈结构中包含 RRC（Radio Resource Control）和 NAS 子层。

2. 空中接口物理层结构

LTE 的空中接口采用 OFDM 技术为基础的多址方式，每 15kHz 的频率为一个子载波宽带，通过不同的子载波数目组合（72~1200），实现灵活可变的系统带宽（1.4 ～ 20MHz）。

（1）OFDM

OFDM（Orthogonal Frequency Division Multiplexing）即正交频分复用技术，实际上 OFDM 是 MCM（Multi Carrier Modulation，多载波调制）的一种。

（2）OFDM 主要思想

将信道分成若干正交子信道，将高速数据信号转换成并行的低速子数据流，调制到每个子信道上进行传输。正交信号可以通过在接收端采用相关技术来分开，这样可以减少子信道之间的相互干扰（ISI）。每个子信道上的信号带宽小于信道的相干带宽，因此每个子信道上可以看成平坦性衰落，从而可以消除码间串扰，而且由于每个子信道的带宽仅仅是原信道带宽的一小部分，信道均衡变得相对容易。

3. EUTRAN 系统的空中接口协议栈

EUTRAN 系统的空中接口协议栈根据用途可以分为用户平面协议栈和控制平面协议栈。

（1）控制面协议结构

控制平面负责用户无线资源的管理，无线连接的建立，业务的 QoS 保证和最终的资源释放。空中接口控制平面协议栈如图 2–15 所示。

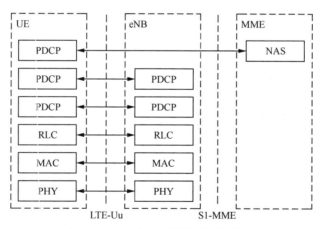

图 2–15　空中接口控制平面协议栈

控制平面协议栈主要包括非接入层（NAS）、RRC、PDCP、RLC、MAC、PHY 层。其中，PDCP 层提供加密和完整性保护功能，RLC 及 MAC 层中控制平面执行的功能与用户平面一致。RRC 层协议终止于 eNode B，主要提供广播、寻呼、RRC 连接管理、无线承载（RB）控制、移动性管理、UE 测量上报和控制等功能。NAS 子层则终止于 MME，主要实现 EPS 承载管理、鉴权、空闲状态下的移动性处理、寻呼消息以及安全控制等功能。

图 2–16 简要描述了 LTE 协议不同层次的结构、主要功能以及各层之间的交互流程。该图给出的是 eNode B 侧协议架构，UE 侧的协议架构与之类似。

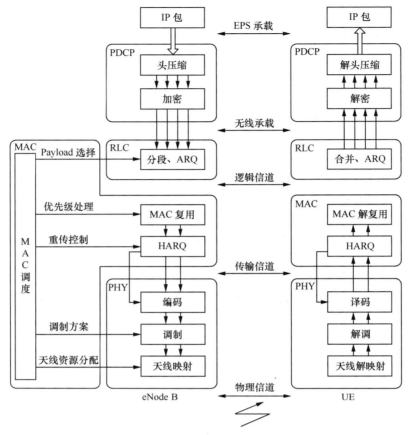

图 2-16　LTE 协议架构示意图（下行）

与 UMTS 系统及大多数移动通信系统类似，LTE 系统的数据处理过程被分解成不同的协议层。上图阐述了 LTE 系统下行传输的总体协议架构，下行数据以 IP 包的形式进行传送，在空中接口传送之前，IP 包将通过多个协议层实体进行处理，具体描述如下。

● PDCP 层：负责执行头压缩以减少无线接口必须传送的比特流量。头压缩机制基于 ROHC，ROHC 是一个标准的头压缩算法，已被应用于 UMTS 及多个移动通信规范中。PDCP 层同时负责传输数据的加密和完整性保护功能。在接收端，PDCP 协议将负责执行解密及解压缩功能。对于一个终端每个无线承载有一个 PDCP 实体。

● RLC 层：负责分段与连接、重传处理以及对高层数据的顺序传送。与 UMTS 系统不同，LTE 系统的 RLC 协议位于 eNode B，这是因为在 LTE 系统对无线接入网的架构进行了扁平化，仅仅只有一层节点 eNode B。RLC 层以无线承载的方式为 PDCP 层提供服务，其中，每个终端的每个无线承载配置一个 RLC 实体。

● MAC 层：负责处理 HARQ 重传与上下行调度。MAC 层将以逻辑信道的方式为 RLC 层提供服务。

● PHY 层：负责处理编译码、调制解调、多天线映射以及其他电信物理层功能。物理层以传输信道的方式为 MAC 层提供服务。

（2）用户面协议结构

用户平面协议栈用于执行无线接入承载业务，主要负责用户发送和接收的所有信息的处理。与 UMTS 系统相似，主要包括物理（PHY）层、媒体访问控制（MAC）层、无线链路控制（RLC）层以及分组数据汇聚（PDCP）层 4 个层次。这些子层在网络侧均终止于 eNode B 实体。用户面协议结构如图 2-17 所示。

用户面 PDCP、RLC、MAC 在网络侧均终止于 eNB，主要实现头压缩、加密、调度、ARQ 和 HARQ 功能。

PDCP 主要任务是头压缩，用户面数据加密。

MAC 子层实现与数据处理相关的功能，包括信道管理与映射、数据包的封装与解封装。HARQ 功能是据调度、逻辑信道的优先级管理等。

RLC 实现的功能包括数据包的封装和解封装，ARQ 过程，数据的重排序和重复检测，协议错误检测和恢复等。

4. S1 和 X2 接口

（1）S1 接口

S1 接口定义为 EUTRAN 和 EPC 之间的接口。S1 接口包括两部分：控制面 S1-MME 接口和用户面 S1-U 接口。

图 2-18 所示为 S1-MME 接口的协议栈结构，图 2-19 为 S1-U 接口的协议栈结构。

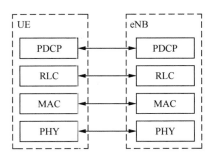

图 2-17　用户面协议栈结构

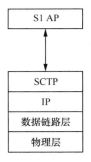

图 2-18　S1 接口控制面（eNB-MME）

S1-MME 接口定义为 eNB 和 MME 之间的接口，与用户面类似，传输网络层建立在 IP 传输基础上；不同之处在于 IP 层之上采用 SCTP 层来实现信令消息的可靠传输。应用层协议栈可参考 S1AP（S1 应用协议）。

在 IP 传输层，PDU 的传输采用点对点方式。每个 S1-MME 接口实例都关联一个单独的 SCTP，与一对流指示标记作用于 S1-MME 公共处理流程中；只有很少的对流指示标记作用于 S1-MME 专用处理流程中。

MME 分配的针对 S1-MME 专用处理流程的 MME 通信上下文指示标记，以及 eNode B 分配的针对 S1-MME 专用处理流程的 eNode B 通信上下文指示标记，都应当对特定 UE 的 S1-MME 信令传输承载进行区分。通信上下文指示标记在各自的 S1AP 消息中单独传送。

S1-U 定义为 eNB 和 SGW 之间的接口，提供 eNode B 和 SGW 之间用户面协议数据单元（Protocol Date Unite，PDU）的非保障传

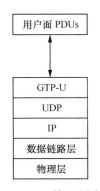

图 2-19　S1 接口用户面（eNB-SGW）

输。S1-U 的传输网络层建立在 IP 层之上，UDP/IP 之上采用 GPRS 用户面隧道协议（GPRS Tunneling Protocol for User Plane，GTP-U）来传输 SGW 和 eNode B 之间的用户面 PDU。

S1 接口主要具备以下几点功能。

① EPS 承载服务管理功能，包括 EPS 承载的建立、修改和释放。

② S1 接口 UE 上下文管理功能。

③ EMM-CONNECTED 状态下针对 UE 的移动性管理功能，包括 Intra-LTE 切换、Inter-3GPP-RAT 切换。

④ S1 接口寻呼功能。寻呼功能支持向 UE 注册的所有跟踪区域内的小区中发送寻呼请求。基于服务 MME 中 UE 的移动性管理内容中所包含的移动信息，寻呼请求将被发送到相关 eNode B。

⑤ NAS 信令传输功能，提供 UE 与核心网之间非接入层的信令的透明传输。

⑥ S1 接口管理功能，如错误指示、S1 接口建立等。

⑦ 网络共享功能。

⑧ 漫游与区域限制支持功能。

⑨ NAS 节点选择功能。

⑩ 初始上下文建立功能。

已经确定的 S1 接口的信令过程有如下几点。

① E-RAB 信令过程，即 E-RAB 建立过程、E-RAB 修改过程、MME 发起的 E-RAB 释放过程、eNB 发起的 E-RAB 释放过程。

② 切换信令过程，即切换准备过程、切换资源分配过程、切换结束过程、切换取消过程。

③ 寻呼过程。

④ NAS 传输过程，即上行直传(初始 UE 消息)、上行直传(上行 NAS 传输)、下行直传(下行 NAS 传输)。

⑤ 错误指示过程，即 eNB 发起的错误指示过程、MME 发起的错误指示过程。

⑥ 复位过程，即 eNB 发起的复位过程、MME 发起的复位过程。

⑦ 初始上下文建立过程。

⑧ UE 上下文修改过程。

⑨ S1 建立过程。

⑩ eNB 配置更新过程。

⑪ MME 配置更新过程。

⑫ 位置上报过程，即位置上报控制过程、位置报告过程、位置报告失败指示过程。

⑬ 过载启动过程。

⑭ 过载停止过程。

⑮ 写置换预警过程。

⑯ 直传信息转移过程。

图 2-20 所示的是一个 S1 接口信令初始上下文建立过程示例。

S1 接口和 X2 接口类似的地方是 S1-U 和 X2-U 使用同样的用户面协议，以便于 eNB 在数据反传（data forward）时，减少协议处理。

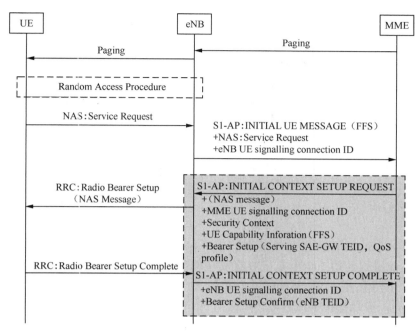

图 2-20　初始上下文建立过程灰底部分 in Idle-to-Active procedure

（2）X2 接口

X2 接口定义为各个 eNB 之间的接口。X2 接口包含 X2CP 和 X2-U 两部分，X2CP 是各个 eNB 之间的控制面接口，传输网络层是建立在 SCTP 上，SCTP 是在 IP 上。应用层的信令协议表示为 A2AP（X2 应用协议）。X2-U 是各个 eNB 之间的用户面接口，与 S1-UP 协议栈类似，X2-UP 的传输网络层基于 IP 传输，UDP/IP 之上采用 GTP-U 来传输 eNode B 之间的用户面 PDU。图 2-21 和图 2-22 分别为 X2CP 和 X2-U 接口的协议栈结构。

X2CP 支持以下功能。

① 支持 UE 在 EMM-CONNECTED 状态时的 LTE 接入系统内的移动性管理功能。如在切换过程中由源 eNB 到目标 eNB 的上下文传输；源 eNB 与目标 eNB 之间用户平面隧道的控制；切换取消等。

② 上行负载管理功能。

③ 一般性的 X2 管理和错误处理功能，如错误指示等。

已经确定的 X2CP 接口的信令过程包括有以下几点。

① 切换准备。

② 切换取消。

③ UE 上下文释放。

④ 错误指示。

⑤ 负载管理。

小区间负载管理通过 X2 接口来实现。

LOAD INDICATOR 消息用做 eNB 间的负载状

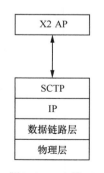

图2-21　X2接口控制面

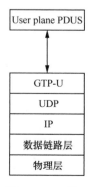

图2-22　X2接口用户面

态通信，如图 2-23 所示。

A2AP 提供如下几点功能。

① 移动性管理。此功能允许 eNB 将对特定 UE 的承载转移到另一个 eNB 上。用户面数据前向传输，状态传输以及 UE 文本发布功能都是移动性管理的一部分。

② 负载管理。此功能允许 eNB 互相通知资源状态、过载以及传输负载。

③ X2 复位。此功能用于重置 X2 接口。

④ 配置 X2。此功能用于为 eNB 交换必要数据，以便于配置 X2 接口以及执行 X2 的复位。

⑤ eNB 配置更新。此功能允许更新 2 个 eNB 需求的应用层数据，以保证 X2 接口上的正确交互。

（3）X2 接口配置

① 综述

进程 X2 Setup procedure 的目的是交换 2 个 eNB 所需的应用层数据，以实现 X2 接口上正确的交互。此进程清楚 2 个节点已存在的任何应用层配置数据，并用接收到的新数据来替换。此进程还会像 Reset procedure 一样重置 X2 接口。此进程使用非 UE 相关的信令。

② X2 建立，成功操作如图 2-24 所示。

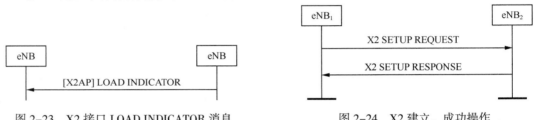

图 2-23　X2 接口 LOAD INDICATOR 消息　　　　图 2-24　X2 建立，成功操作

eNB 通过发送 X2 SETUP REQUEST message 到一个候选 eNB 来触发此进程。备用 eNB 响应 X2 SETUP RESPONSE message。发起 eNB 传输一个服务小区列表和一个支持的 GU 分组 ID 列表（如果可用）给候选 eNB。候选 eNB 响应一个服务小区列表并且包含一个支持的 GU 分组 ID（如果可用）。

发起 eNB 可能会在 X2 SETUP REQUEST message 中包含 Neighbour Information IE。候选 eNB 可能也会在 X2 SETUP RESPONSE message 中包含 Neighbour Information IE。在上报的 eNB 的 Neighbour Information IE 中应只包含与小区直接相邻的 EUTRAN 小区。该临小区可以为 eNB$_2$ 的任意相邻 eNB 的任意小区，即使 UE 还没有报告该小区。

发起 eNB 可以包含 Number of Antenna Ports IE 于 X2 SETUP REQUEST message 当中。候选 eNB 也可包含 Number of Antenna Ports IE 于 X2 SETUP RESPONSE message 当中。收到该 IE 的 eNB 使用该 IE。

③ X2 建立，未成功操作如图 2-25 所示。

如果候选 eNB 不能接受此配置，应该响应一个具有适当值的 X2 SETUP FAILURE message。

如果 X2 SETUP FAILURE message 包含 Time To Wait IE，在重启对同一个 eNB 的 X2 Setup procedure 之前，发起 eNB 应该至少等待一段指示的时间。

图 2-25　X2 建立，未成功操作

④ 异常情况

如果第一个接收到的与特定 TNL 关联的消息不是 X2 SETUP REQUEST message，在此后的 X2 SETUP RESPONSE，or X2 SETUP FAILURE，则应该被认为是一个逻辑错误。

如果发起 eNB₁ 没有接收到 X2 SETUP RESPONSE message 或 X2 SETUP FAILURE message，eNB₁ 可能重启对同一 eNB 的 X2 Setup procedure，假设新 X2 SETUP REQUEST message 的内容与先前未响应的 X2 SETUP REQUEST message 一样。

如果发起 eNB₁ 收到相同 X2 接口对等实体的 X2 SETUP REQUEST message，则若 eNB₁ 应答 X2 SETUP RESPONSE message，然后收到了 X2 SETUP FAILURE，eNB₁ 将认为该 X2 接口没有成功建立，该流程依据相关协议描述结束。若 eNB₁ 应答 X2 SETUP FAILURE message，然后收到了 X2 SETUP RESPONSE message，eNB₁ 将忽略 X2 SETUP RESPONSE message，并认为该 X2 接口没有成功建立。

知识总结

1. LTE 网络拓扑结构

LTE 网络分为无线接入网（EUTRAN）和演进核心网（EPC）。EUTRAN 由基站构成，EPC 主要由 MME、SGW、PGW、HSS 构成。LTE 网络拓扑结构如图 2-3 所示。

2. LTE 网元及功能

① EUTRAN 提供空中接口功能（包含物理层、MAC、RLC、PDCP、RRC 功能）以及小区间的 RRM 功能、RB 控制、连接的移动性控制、无线资源的调度、对 eNB 的测量配置、对空口接入的接纳控制等。

② EPC 通过 MME、SGW 和 PGW 等控制面节点和用户面节点完成 NAS 信令处理和安全管理、空闲的移动性管理、EPS 承载控制以及移动锚点功能、UE 的 IP 地址分配、分组过滤等功能。

3. LTE 网络接口与协议（见表 2-1）

4. LTE 常用网络接口协议

（1）空中接口

空中接口协议栈主要分为三层两面。三层是指物理层、数据链路层、网络层，而两面是指控制平面和用户平面。从用户平面看，主要包括物理层、MAC 层、RLC 层、PDCP 层，而从控制平面看，除了以上层外还包括 RRC 层，NAS 层。RRC 协议实体位于 UE 和 eNB 网络实体内，主要负责对接入层的控制和管理。NAS 控制协议位于 UE 和移动管理实体 MME 内，主要负责对非接入层的控制和管理。

（2）S1 接口

S1 接口定义为 EUTRAN 和 EPC 之间的接口。S1 接口包括两部分：控制面 S1-MME 接口和用户面 S1-U 接口。

S1-MME 接口定义为 eNB 和 MME 之间的接口，与用户面类似，传输网络层建立在 IP 传输基础上；不同之处在于 IP 层之上采用 SCTP 层来实现信令消息的可靠传输。应用层协议栈可参考 S1AP（S1 应用协议）。

S1-U 定义为 eNB 和 SGW 之间的接口，提供 eNode B 和 SGW 之间用户面协议数据单元（Protocol Date Unite，PDU）的非保障传输。S1-U 的传输网络层建立在 IP 层之上，UDP/IP 之上采用 GPRS 用户面隧道协议（GPRS Tunneling Protocol for User Plane，GTP-U）来传输 SGW 和 eNode B 之间的用户面 PDU。

（3）X2 接口

X2 接口定义为各个 eNB 之间的接口。X2 接口包含 X2CP 和 X2-U 两部分，X2CP 是各个 eNB 之间的控制面接口，传输网络层是建立在 SCTP 上，SCTP 是在 IP 上。应用层的信令协议表示为 A2AP（X2 应用协议）。X2-U 是各个 eNB 之间的用户面接口。与 S1-UP 协议栈类似，X2-UP 的传输网络层基于 IP 传输，UDP/IP 之上采用 GTP-U 来传输 eNode B 之间的用户面 PDU。

思考与练习

1. LTE 网络分为 EUTRAN 和 EPC，EUTRAN 由_____网元组成，EPC 主要由_____、_____、_____、_____组成。

2. UE 和 eNode B 之间的接口是_____；MME 和 SGW 之间的接口是_____；S11 是_____和_____之间的接口；S6a 是_____和_____之间的接口。

3. 相对于 2/3G，4G LTE 取消网元_____，这样使网络更加的_____。
A．BTS/Node B B．核心网 C．交换机 D．BSC/RNC E．复杂 F．密集 G．扁平

4. 画出 LTE 网络结构图。

5. LTE 网络空中接口层次结构为_____。

6. LTE 网络中接口根据功能划分为_____和_____。

7. MME 和 SGW 之间的接口是_____，采用的协议为_____。

8. MME 和 HSS 之间的接口是_____，采用的协议为_____。

9. 画出 LTE 协议栈结构三层两面结构图。

10. 画出 LTE 控制面的协议栈接口。

11. 简述 LTE 系统网络结构及各网元功能。

12. 简述各个网元之间接口及接口功能。

实践活动：LTE网线故障分析处理

一、实践目的

1. 熟悉 LTE 网络架构，包含网络拓扑结构、网元及功能、接口功能。

2. 了解故障定位和排查的基本方法与原理。

二、实践要求

各学员通过调研、搜集网络数据等方式完成。

三、实践内容

故障分析：小明按照局方规划参数完成基站开通调测后，告警台无告警，现场工程师拨测时发现，信号满格，但是发现无法上网、在线视频无法播放等业务。请根据本节所学知识分析该现象故障可能存在的原因。

项目 3　LTE 关键技术知多少

项目引入

　　Willa：师父，我已经找到学习的感觉了，4G 的网络架构确实比以前的通信系统扁平化了，还有没有别的？

　　Wendy：任何移动通信系统的商用都离不开大量关键技术的采用，4G 也不例外，我们就从关键技术开始学起吧。

　　Willa：好呀，一切行动听指挥！我现在的学习劲头还足以撑到我学完关键技术没问题吧？

　　Wendy：试试就知道了。

　　Willa：我已经准备好了。

　　Wendy：细数一下，关键技术还真不少，下面我就开始一一跟你讲解吧，别打瞌睡，听到没？

　　Willa：关键技术，怎么打瞌睡，赶紧吧，师父，我都等不及了。

　　LTE 是包含 FDD 和 TDD 的 LTE 技术，相比 3GPP 之前制定的技术标准，其在物理层传输技术方面有较大的改进。为了便于理解 LTE 系统的核心所在，本章将在掌握 LTE 移动通信技术原理基础上重点介绍 LTE 系统中采用的多种关键技术，如 OFDM 多址技术、MIMO 多天线技术、HARQ 混合自动重传、链路自适应、干扰协调等。希望读者通过本章的学习，对 LTE 的物理层技术有一个全面的了解。

学习目标

　　1. 识记：路径损耗、阴影衰落、多径效应等基本概念和现象。

　　2. 了解：时间频率选择性衰落、频率选择性衰落的基本概念。

　　3. 领会：时间频率选择性衰落、频率选择性衰落对移动通信的影响及克服方法。

　　4. 熟悉：TDD、FDD 两种基本的双工通信方式。

5. 深入：学习多天线技术原理，下行多用户 MIMO、波束赋形和上行虚拟 MIMO 应用。

6. 领会：编码、调制、自适应、混合自动重传的选择和设计。

7. 应用：OFDM 及其在 LTE 中的应用和意义。

▶▶ 3.1 任务一：认识无线信道特性

【任务描述】

与其他通信信道相比，移动信道是最为复杂的一种。电波传播的主要方式是空间波，即直射波、折射波、散射波以及它们的合成波。再加之移动台本身的运动，使得移动台与基站之间的无线信道多变并且难以控制。通过本任务的学习让我们一起来了解移动通信面临哪些困难。

3.1.1 衰落与损耗

信号通过无线信道时，会遭受到各种衰落的影响，通常接收信号的功率可以表述为：

$$P(d) = |d|^{-n} S(d) R(d) \qquad (3-1)$$

式中，d 为移动台与基站的距离向量；|d| 为移动台与基站的距离。

根据式（3-1），无线信道对信号的影响可以分为以下 3 种。

① 电波在自由空间内的传播损耗 $|d|^{-n}$，也被称作大尺度衰落，其中 n 的取值一般为 3 ~ 4。

② 阴影衰落 S(d) 表示由于传播环境的地形起伏，建筑物和其他障碍物对地波的阻塞或遮蔽而引起的衰落，被称作中等尺度衰落。

③ 多径衰落 R(d) 表示由于无线电波在空间传播会存在反射、绕射、衍射等情况，因此造成信号可以经过多条路径到达接收端，而每个信号分量的时延、衰落和相位都不相同，因此在接收端对多个信号的分量叠加时会造成同相增加，异相减小的现象，这也被称作小尺度衰落。

图 3-1 可以清晰地说明 3 种衰落情况。

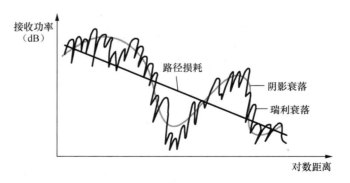

图 3-1 信号在无线信道中的传播特性

此外，由于移动台的运动，还会使得无线信道呈现出时变性，其中一种具体表现就是会出现多普勒频移。自由空间的传播损耗和阴影衰落主要影响到无线区域的覆盖，通过合理的设计就可以消除这种不利影响。

1. 大尺度衰落

无线电波在自由空间内传播，其信号功率会随着传播距离的增加而减小，这会对数据速率以及系统的性能带来不利影响。最简单的大尺度路径损耗模型可以表示为：

$$L = \frac{\overline{P_r}}{P_i} = K\frac{1}{d^r} \qquad (3\text{-}2)$$

式中，P_i 为本地平均发射信号功率；P_r 为接收功率；d 为发射机与接收机之间的距离。

对于典型环境来说，路径损耗指数 r 一般在 2 ~ 4 中选择。由此可以得到平均的信号噪声比（SNR）为：

$$SNR = \frac{\overline{P_r}}{P_i} = K\frac{P_i}{d^r}\frac{1}{N_0 B} \qquad (3\text{-}3)$$

式中，N_0 为单边噪声功率谱密度；B 为信号带宽，K 为独立于距离、功率和带宽的常数。

如果为保证可靠接收，要求 $SNR \geqslant SNR_0$，其中 SNR_0 表示信噪比门限，则路径损耗会为比特速率带来限制：

$$B \leqslant \frac{KP_r}{d^r N_0 SNR_0} \qquad (3\text{-}4)$$

以及对信号的覆盖范围带来限制：

$$d \leqslant \left(\frac{KP_r}{N_0 B SNR_0}\right)^{1/r} \qquad (3\text{-}5)$$

可见，如果不采用其他特殊技术，则数据的符号速率以及电波的传播范围都会受到很大的限制，但是在一般的蜂窝系统中，由于小区的规模相对较小，所以这种大尺度衰落对移动通信系统的影响并不需要单独加以考虑。

2. 阴影衰落

当电磁波在空间传播受到地形起伏、高大建筑物的阻挡，在这些障碍物后面会产生电磁场的阴影，造成场强中值的变化，从而引起衰落，被称作阴影衰落。与多径衰落相比，阴影衰落是一种宏观衰落，是以较大的空间尺度来衡量的，其中衰落特性符合对数正态分布，其中接收信号的局部场强中值变化的幅度取决于信号频率和障碍物状况。频率较高的信号比低频信号更加容易穿透障碍物，而低频信号较高频率的信号具备更强的绕射能力。

3. 多径衰落

无线移动信道的主要特征就是多径传播，即接收机所接收到的信号是通过不同的直射、反射、折射等路径到达接收机，如图 3-2 所示。

由于电波通过各个路径的距离不同，因而各条路径中发射波的到达时间、相位都不相同。不同相位的多个信号在接收端叠加，如果同相叠加则会使信号幅度增强，而反相叠加则会削弱信号幅度。这样，接收信号的幅度将会发生急剧变化，就会产生衰落。

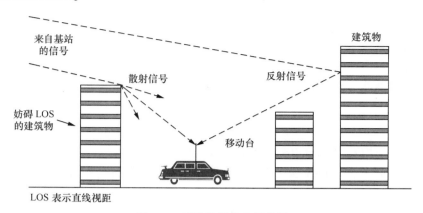

图 3-2　无线信号的多径传播

例如，发射端发生一个窄脉冲信号，则在接收端可以收到多个窄脉冲，每一个窄脉冲的衰落和时延以及窄脉冲的个数都是不同的。对应一个发送脉冲信号，图 3-3 给出接收端所接收到的信号情况。这样就造成了信道的时间弥散性（Time Dispersion），其中 τ_{max} 被定义为最大时延扩展。

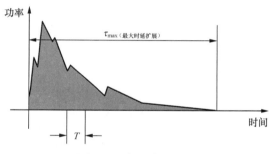

图 3-3　多径接收信号

在传输过程中，由于时延扩展，接收信号中的一个符号的波形会扩展到其他符号当中，造成符号间干扰（Inter Symbol Interference，ISI）。为了避免产生 ISI，应该令符号速率要先于最大时延扩展的倒数。由于移动环境十分复杂，不同地理位置、不同时间所测量到的时延扩展都可能是不同的，因此需要采用大量测量数据的统计平均值。

表 3-1 给出了不同信道环境下的时延扩展值。

表3-1　不同信道环境下的时延扩展值

环境	最大时延扩展	最大到达路径差
室内	40 ~ 200ns	12 ~ 16m
室外	1 ~ 20μs	300 ~ 5000m

在频域内，与时延扩展相关的另一个重要概念是相干带宽，是应用中通常用最大时延扩展的倒数来定义相干带宽，即

$$(\Delta B)_c \approx \frac{1}{\tau_{max}}$$

（3-6）

从频域角度观察，多径信号的时延扩展可以导致频率选择性衰落（frequency-selective fading），即针对信号中不同的频率成分，无线传输信道会呈现出不同的随机响应。由于信号中不同频率分量的衰落是不一致的，所以经过衰落之后，信号波形就会发生畸变。由此可以看到，当信号的频率较高，信号带宽超过无线信道的相干带宽时，信号通过无线信道后各频率分量的变化是不一样的，引起信号波形的失真，造成符号间干扰，此时就认为发生了频率选择性衰落。反之，当信号的传输速率较低，信道带宽小于相干带宽时，信号通过无线信道后各频率分量都受到相同的衰落，因而衰落波形不会失真，没有符号间干扰，则认为信号只是经历了平衰落，即非频率选择性衰落。相干带宽是无线信道的一个特性，至于信号通过无线信道时，是出现频率选择性衰落还是平衰落，这取决于信号本身的带宽。

4. 无线信道的时变性以及多普勒频移

当移动台在运动中进行通信时，接收信号的频率会发生变化，称为多普勒效应。这是任何波动过程都具有的特性。以可见光为例，假设一个发光物体在远处以固定的频率发出光波，我们可以接收到的频率应该是与物体发出的频率相同。现在假定该物体开始向我们运动，当发光物体发出第二个波峰时，它距我们的距离应该要比发出第一个波峰到达我们的时间长，因此两个波峰到达我们的时间间隔变小了，与此相应我们接收到的波的频率就会增加；相反，当发光物体远离我们而去的时候，我们接收到的频率就要减小，这就是多普勒效应的原理。在天体物理学中，天文学家利用多普勒效应可以判断出其他星系的恒星都在远离我们而去，从而得出宇宙是在不断膨胀的结论。这种称为多普勒效应的频率和速率的关系是我们日常熟悉的。例如，我们在路边听汽车汽笛的声音，当汽车接近我们时，其汽笛音调变高（对应频率增加）。而当它驶离我们时，汽笛音调又会变低（对应频率减小）。

📖 大开眼界

你可以在火车经过时听出刺耳声的变化，同样的情况还有警车的警报声和赛车的发动机声。

多普勒效应（Doppler Effect）把声波视为有规律间隔发射的脉冲。可以想象，若你每走一步，便发射了一个脉冲，那么在你之前的每一个脉冲都比你站立不动时更接近你自己，而在你后面的声源则比原来不动时远了一步。或者说，在你之前的脉冲频率比平常变高，而在你之后的脉冲频率比平常变低了。

所谓多普勒效应就是当发射源与接收体之间存在相对运动时，接收体接收的发射源发射信息的频率与发射源发射信息频率不相同，这种现象称为多普勒效应，接收频率与发射频率之差称为多普勒频移。

声音的传播也存在多普勒效应。当声源与接收体之间有相对运动时，接收体接收的声波频率 f' 与声源频率 f 存在多普勒频移 Δf（Doppler Shift），即 $\Delta f = f' - f$。

当接收体与声源相互靠近时，接收频率 f' 大于发射频率 f，即 $\Delta f > 0$。

当接收体与声源相互远离时，接收频率 f' 小于发射频率 f，即 $\Delta f < 0$。

可以证明，若接收体与声源相互靠近或相互远离的速度为 v，声速为 c，则接收体接收声波的多普勒频率为 $f' = f \pm f \cdot v/c$，括号中的加、减运算分别为"接近"和"远离"之意。

考虑夹角后，多普勒频移最基本的计算公式是：$f_m = \dfrac{\text{移动台的移动速度} v \times (\text{载波频率}) \times \cos\alpha}{\text{光速}}$

例如，在一个运动速度为 100 km/h 的列车上，使用 GSM 900 MHz 的手机进行通话，假设发射频率为 900 MHz，则最大的多普勒频移为

$f_m = [(100\ 000/3\ 600)/(3 \times 10^8)] \times (900 \times 10^6) \times \cos(0) = [(100\ 000/3\ 600)/300] \times 900 \times 1 = 83\ Hz$，此时，列车移动的方向与无线电波发射的方向一致。如果列车运动的方向与发射方向成 90°，则无多普勒频移；夹角在两者之间时，为 0 ~ 83 Hz 的范围值。如列车移动方向与无线电波发射的方向相反或呈 90° ~ 180° 角，则频移为负值，范围为 -83 ~ 0Hz。无线通话中频率误差的标准一般为百万分之 0.05，则 900 MHz 允许的频率误差为 900 × 0.05 = 45 Hz。

可以看出，列车运动时通话接收频率的误差经常会超过频率误差，多普勒频移已经影响到了通话质量。因此，消除或降低多普勒频移对无线通信的影响，是高速运动中进行无线通信必须解决的问题。

解决这个问题通常采用的方法是估算多普勒频移，并对估算的频率偏差进行补偿。尤其是多普勒效应影响非常大的水中无线通信，业界和学术界已经有很多研究成果，采用的方法大多都是通过某些算法进行多普勒频移的消除或补偿。

信道的时变性是指信道的传递函数是随时间而变化的，即在不同的时刻发送相同的信号，在接收端收到的信号是不相同的，如图 3-4 所示。

时变性在移动通信系统中的具体体现之一就是多普勒频移（Doppler Shift），即单一频率信号经过时变衰落信道之后会呈现为具有一定带宽和频率包络的信号，如图 3-5 所示。这可称为信道的频率弥散性（Frequency Dispersion）。

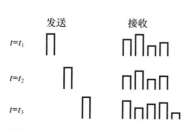

图 3-4　多径造成的信道时变性

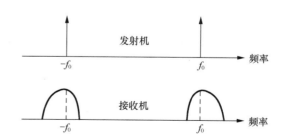

图 3-5　多普勒频移造成的信道频率弥散性

当移动台向入射波方向移动时，多普勒频移为正，即移动台接收到的信号频率会增加。

如果背向入射波方向移动，则多普勒频移为负，即移动台接收到的信号频率会减小。由于存在多普勒频移，所以当单一频率信号（f_0）到达接收端的时候，其频谱不再是位于频率轴 $\pm f_0$ 处的单纯 δ 函数，而是分布在（f）内的、存在一定宽度的频谱。表 3-2 给出两种载波情况下不同移动速度时的最大多普勒频移数值。

表3-2　最大多普勒频移数值（Hz）

载波 \ 速度	100km/h	75km/h	50km/h	25km/h
900MHz	83	62	42	21
2GHz	185	139	93	46

从时域来看，与多普勒频移相关的另一个概念就是相干时间，即相干时间是信道冲击响应维持不变的时间间隔的统计平均值。换句话说，相干时间就是指一段时间间隔，在此间隔内，两个到达信号有很强的幅度相关性。如果基带信号带宽的倒数，一般指符号宽度大于无线信道的相干时间，那么信号的波形就可能会发生变化，造成信号的畸变，产生时间选择性衰落，也称为快衰落。反之，如果符号的宽度小于相干时间，则认为是非时间选择性衰落，即慢衰落。

知识引申

相干时间是用来表征信道变化的快慢的，这个是理解的重点。相干时间越短，说明信道的特性变化得很快。实际环境中，移动台移动越快，则它的信道就变化得快，所以相干时间越短。

例如，当移动台静止不动，同时周围物体亦不动的情况下，这时信道的特性是不变的，也就是说，此时是恒参信道，因为信道没有变化，这时相干时间肯定是无穷大了。相干时间是从时间角度来衡量无线信道的，应该说频率选择性是信道的固有属性，相干时间是一个人为确定的量，能够反映信道是时选特性。在统计上，从频率自相关函数的方面去理解，信道在不同频点有不同的衰落的特性。给定两个频点，都能从统计上估计这两个频率分量的衰落相关性。

相关时间一般是用来划分时间非选择性衰落信道和时间选择性衰落信道，或叫慢衰落信道和快衰落信道的量化参数（见图3-6）。如果信道的最大多普勒频移为 f_m，相干时间与最大的多普勒频移成反比，那么信道的相干时间 $T_c=0.423/f_m$。若发射信号的符号周期 $T<T_c$，那么认为接收信号经历的是慢衰落，即 $h(t)$ 在若干个符号间隔内保持不变；若发射信号的符号周期 $T>T_c$，那么认为接收信号经历的是快衰落，即 $h(t)$ 的变化速度快于符号速率，此时如果对信道进行比较精确的估计或是均衡都是十分困难的。

相干时间就是信道保持恒定的最大时间差范围。发射端的同一信号（有多路）在相干时间之内到达接收端，信号的衰落特性完全相似，接收端认为是一个信号。如果该信号的自相关性不好，还可能引入干扰，类似照相照出重影让人眼花缭乱。从发射分集的角度来理解：时间分集要求两次发射的时间要大于信道的相干时间，即如果发射时间小于信道的相干时间，则两次发射的信号会经历相同的衰落，分集抗衰落的作用就不存在了。

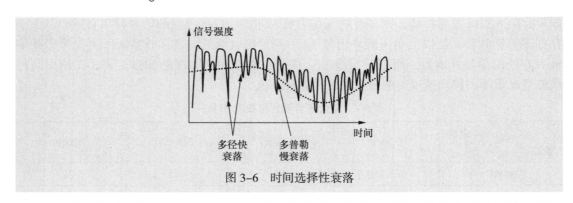

图 3-6　时间选择性衰落

　　自由空间的传播损耗和阴影衰落主要影响到无线区域的覆盖，通过合理的设计就可以消除这种不利影响。在无线通信系统中，重点要解决时间选择性衰落和频率选择性衰落。采用 OFDM 技术可以很好地解决这两种衰落对无线信道传输造成的不利影响。

3.1.2　时间与频率选择性衰落

　　无线信道的衰落分类如图 3-7 所示。

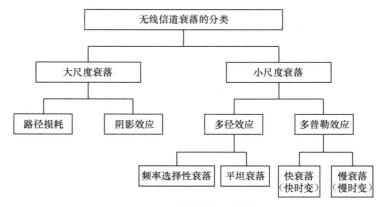

图 3-7　无线信道的衰落分类

1. 解析时间选择性衰落

　　时间选择性衰落是指快速移动在频域上产生多普勒效应而引起频率扩散。在不同的时间衰落特性不一样。由于用户的高速移动在频域引起了多普勒频移，在相应的时域上其波形产生了时间选择性衰落。

　　最有效地克服方法是采用信道交织编码技术，即将由于时间选择性衰落带来的大突发性差错信道改造成为近似性独立差错的 AWGN 信道。

　　相干时间是描述多普勒扩展的。相干时间在时域描述信道的频率色散的时变特性。相干时间与多普勒扩展成反比，是信道冲激响应维持不变的时间间隔的统计平均值。

　　如果基带信号的符号周期大于信道的相干时间，则在基带信号的传输过程中信道可能会发生改变，导致接收信号发生失真，产生时间选择性衰落，也称快衰落；如果基带信号的符号周期小于信道的相干时间，则在基带信号的传输过程中信道不会发生改变，也不会产生时间选择性衰落，也称慢衰落。

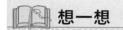

想一想

什么是多径效应，多径效应是怎么产生的呢？

2. 认识多径效应

在无线通信的信道中，电波传播除了直射波和地面反射波之外，在传播过程中还会有各种障碍物所引起的散射波，从而产生多径效应（见图 3-8）。

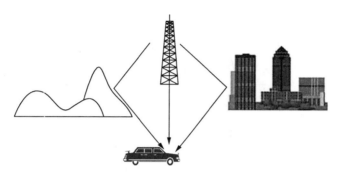

图 3-8   多径信号接收

所谓多径效应是指无线信号在经过短距离传播后其幅度快速衰落，以致大尺度影响可以忽略不计，而这种衰落是由于同一传播信号沿两个或多个路径传播，以微小的时间差到达接收机的信号相互干涉所引起的，这些波称为多径波。接收机天线将它们合成一个幅度和相位都急剧变化的信号，其变化程度取决于多径波的强度、相对传播时间以及传播信号的带宽。

电波经不同路径传播后，各分量场到达接收端时间不同，按各自相位相互叠加而造成干扰，使得原来的信号失真，或者产生错误。例如，电波沿不同的两条路径传播，而这两条路径的长度正好相差半个波长，那么两路信号到达终点时正好相互抵消了（波峰与波谷重合）。移动体（如汽车）往来于建筑群与障碍物之间，其接收信号的强度，将由各直射波和反射波叠加合成。

多径效应引起信号衰落，各条路径的电长度会随时间而变化，故到达接收点的各分量场之间的相位关系也是随时间而变化的。这些分量场的随机干涉，形成总的接收场的衰落。各分量之间的相位关系对不同的频率是不同的。因此，它们的干涉效果也因频率而异，这种特性称为频率选择性频率选择信道如图 3-9 所示。

3. 认识相干带宽

相干带宽是用来表征信道的多径情况的，和相干时间完全没有关系的。它是由时延扩展推导出来的。相干带宽表示相隔相干带宽宽度的频率的单频正弦波在信道平均时延的影响下会相互抵消，造成信号衰落。相干带宽也是无线信道固有的属性，不是人为确定的。

相干带宽意味着在这样一个频带内的各频点之间衰落相关性都比较高，所以相干带宽是信道的一个统计学参数，一般是用来划分平坦衰落信道和频率选择性衰落信道的量化参数。

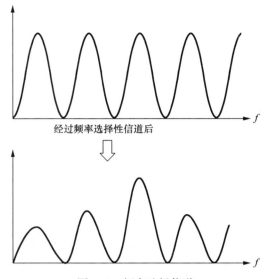

图 3-9 频率选择信道

相干带宽是描述时延扩展的。相干带宽是表征多径信道特性的一个重要参数，它是指某一特定的频率范围，在该频率范围内的任意两个频率分量都具有很强的幅度相关性，即在相干带宽范围内，多径信道具有恒定的增益和线性相位。通常，相干带宽近似等于最大多径时延的倒数。

如果信道的最大多径时延扩展为 T_m，那么信道的相干带宽 $B_c=1/T_m$；若发射信号的射频带宽 $B<B_c$，那么认为接收信号经历的是平坦衰落，此时接收信号的包络起伏变化，但是一般不存在码间串扰，其信号模型为 $r(t)=h(t)s(t)+n(t)$，其中 $h(t)$ 一般为瑞利分布的随机变量。

若发射信号的射频带宽 $B>B_c$，那么认为接收信号经历的是频率选择性衰落，此时除了接收信号的包络起伏变化，一般还存在码间串扰，其信号模型为 $r(t)=h(t-tao0)s(t-tao0)+h(t-tao1)s(t-tao1)+\cdots+n(t)$，其中 $tao0$、$tao1$ 等为可分辨多径的时延，每个 $h(t-tao)$ 一般为瑞利分布的随机变量。

4. 解析频率选择性衰落

多径干扰的频率响应呈现周期性的衰落，这在通信原理中称为"频率选择性衰落"。数字电视广播信道中的多径干扰属于频率选择性的衰落。

从频域看，如果相干带宽小于发送信道的带宽，则该信道特性会导致接收信号波形产生频率选择性衰落，即某些频率成分信号的幅值可以增强，而另外一些频率成分信号的幅值会被削弱。

相干时间和相干带宽都是描述信道特性的参数。当两个发射信号的频率间隔小于信道的相干带宽，那么这两个经过信道后的，受到的信道传输函数是相似的，由于通常的发射信号不是单一频率的，即一路信号也是占有一定带宽的，如果这路信号的带宽小于相干带宽，那么它整个信号受到信道的传输函数是相似的，即信道对信号而言是平坦特性的、非频率选择性衰落的。

同样，在相干时间内，两路信号受到的传输函数也是相似的特性，通常发射的一路信号由于多径效应，有多路到达接收机。若这几路信号的时间间隔在相干时间之内，那么他们具有很强的相关性，接收机都可以认为是有用信号，若大于相干时间，则接收机无法识别，只能认为是干扰信号。

3.2　任务二：走近双工方式

【任务描述】

移动通信技术中使用两种双工通信模式。TDD（Time-division Duplex）模式是指时分双工模式。FDD（Frequency-division Duplex）模式是指频分双工模式。通过本任务的学习，我们要对移动通信两种基本的双工模式的工作原理以及在 LTE 中的应用有所掌握。施主天线与转发天线的发射接收图如图 3-10 所示。

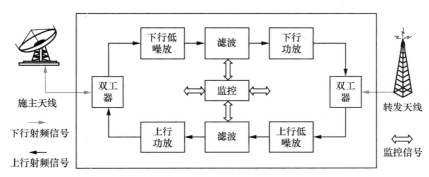

图 3-10　发射接收

TDD 是一种通信系统的双工方式，在移动通信系统中用于分离接收与传送信道（或上下行链路）。TDD 模式的移动通信系统的接收和传送是在同一频率信道即载波的不同时隙，用保证时间来分离接收与传送信道；FDD 模式的移动通信系统的接收和传送是在分离的两个对称频率信道上，用保证频段来分离接收与传送信道。TDD 和 FDD 模式原理图如图 3-11 所示。

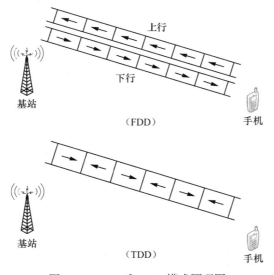

图 3-11　TDD 和 FDD 模式原理图

第四代移动通信系统有两种制式：LTE FDD 与 LTE TDD。移动通信系统从 3G 到 4G 的演进过程如图 3-12 所示。

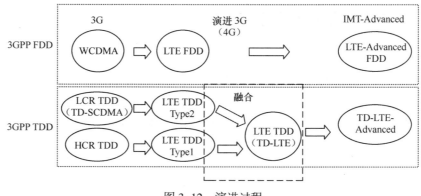

图 3-12　演进过程

3.2.1　认识 FDD

频分双工是指上行链路和下行链路的传输分别在不同的频率上进行。

在频分双工模式中，上行链路和下行链路的传输分别在不同的频率上进行，其原理如图 3-13 所示。f_1 和 f_2 分别为正在进行业务传输的某一移动台的发送频率和接收频率。

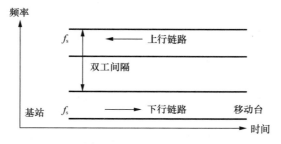

图 3-13　FDD 原理图

FDD 模式的特点是在分离（上下行频率间隔 190MHz）的两个对称频率信道上，系统进行接收和传送，用保护频段来分离接收和传送信道。频分双工（FDD）也称为全双工，操作时需要两个独立的信道。一个信道用来向下传送信息；另一个信道用来向上传送信息。两个信道之间存在一个保护频段，以防止邻近的发射机和接收机之间产生相互干扰。

在固定无线接入系统的频率分配及发放执照的工作中，大部分国家都采用了较适宜于 FDD 方案的初始频率分配。因为这些频率分配方案都具有间隔很宽的信道，或者很宽的连续频段，因此在采用 FDD 方案时，能够保证充分的发送—接收频率间隔，从而克服了 FDD 收发信机中必须将发送信号和接收信号隔离开来的困难。

但是，并非所有的点到多点系统中的频率分配方案都适宜于 FDD。例如，为了有效利用 LMDS 的 B 段频谱，必须满足发送—接收间隔约为 225MHz 的要求。这对于工作于 31GHz 的 FDD 无线电是一个非常大的挑战。近年来，越来越多的频率分配方案已经不再采用传统的成对信道分配方法了，因此为采用 TDD 方案产生了巨大的促进作用。

一般认为，TDD 微波无线系统比 FDD 微波无线系统简单。由于系统的复杂度直接决定了系统成本，因此 TDD 系统成本较低。在 FDD 系统中，造成系统具有较大复杂度和较高成本的一个主要部件是双工器。双工器必须防止高功率的发送信号干扰十分敏感的接收机前端。若发送功率为 +20dBm，接收机 QPSK 门限为 –80dBm（假定噪声功率约为 –90dBm），必须将间隔设计成大于 110dB。在微波和毫米波段，当频谱分配要求发送机和接收机之间具有较小的频率间隔时，满足这个设计目标将是一个十分具有挑战性的难题。这些技术难题，再加上这些系统中滤波器的设计要求将大大增加 FDD 无线系统的复杂度和成本价。

FDD 的优缺点具体有如下几点。

① FDD 必须使用成对的收发频率。在支持对称业务时能充分利用上下行的频谱，但在进行非对称的数据交换业务时，频谱的利用率则大为降低，约为对称业务时的 60%。

② 根据 ITU 对 3G 的要求，采用 FDD 模式系统的最高移动速度可达 500km/h。

③ 收、发采用一定频段间隔的 FDD 系统则难以采用智能天线技术。同时，智能天线技术要求采用多个小功率的线性功率放大器代替单一的大功率线性放大器，其价格远低于单一大功率线性放大器。据测算，TDD 系统的基站设备成本比 FDD 系统的基站成本低约 20%~50%。

④ 在抗干扰方面，使用 FDD 可消除邻近蜂窝区基站和本区基站之间的干扰，但仍存在邻区基站对本区移动机的干扰及邻区移动机对本区基站的干扰。

3.2.2 认识 TDD

时分双工是一种通信系统的双工方式，在移动通信系统中用于分离接收与传送信道。

TDD 模式的移动通信系统的接收和传送是在同一频率信道即载波的不同时隙，用保证时间来分离接收与传送信道；FDD 模式的移动通信系统的接收和传送是在分离的两个对称频率信道上，用保证频段来分离接收与传送信道。

采用不同双工模式的移动通信系统特点与通信效益是不同的。TDD 模式的移动通信系统中上下行信道用同样的频率，因而具有上下行信道的互惠性，这给 TDD 模式的移动通信系统带来许多优势。

在 TDD 模式中，上行链路和下行链路中信息的传输可以在同一载波频率上进行，即上行链路中信息的传输和下行链路中信息的传输是在同一载波上通过时分实现的。

在图 3–14 中，横坐标表示时间，DL 表示下行即基站向移动台发射，UL 表示上行即移动台向基站发射。从图中可知，基站和移动台之间的无线传输是在一个频率信道 F 上，使用不同时隙进行双向传输的。

图 3–14 TDD

TDD 的优缺点具体有如下几点。

① TDD 不需要成对的频率，通信网络可根据实际情况灵活地变换信道上下行的切换点，有效地提高了系统传输不对称业务时的频谱利用率。

② 采用 TDD 模式系统的最高移动速度只有 120km/h。FDD 和 TDD 两者相比，TDD 系统明显稍逊一筹。因为，目前 TDD 系统在芯片处理速度和算法上还达不到更高的标准。

③ 采用 TDD 模式工作的系统，上、下行工作于同一频率，其电波传输的一致性使之很适于运用智能天线技术，通过智能天线具有的自适应波束赋形，可有效减少多径干扰，提高设备的可靠性。

④ 使用 TDD 能引起邻区基站对本区基站、邻区基站对本区移动机、邻区移动机对本区基站及邻区移动机对本区移动机四项干扰。综合起来比较 FDD 和 TDD，可见 FDD 系统的抗干扰性能要好于 TDD 系统。

3.2.3　TDD–LTE 与 FDD–LTE 的区别

TDD–LTE 和 FDD–LTE 分别是 4G 两种不同的制式，一个是时分，一个是频分。简单来说，TDD–LTE 上下行在同一个频点的时隙分配；FDD–LTE 上下行通过不同的频点区分。TDD（Time Division Duplexing）时分双工技术在移动通信技术使用的双工技术之一，与 FDD 相对应。在 TDD 模式的移动通信系统中，基站到移动台之间的上行和下行通信使用同一频率信道（即载波）的不同时隙，用时间来分离接收和传送信道，某个时间段由基站发送信号给移动台，另外的时间由移动台发送信号给基站。基站和移动台之间必须协同一致才能顺利工作。TDD–LTE 上行理论速率为 50Mbit/s，下行理论速率为 100Mbit/s。

FDD 模式的特点是在分离的两个对称频率信道上，进行接收和传送，用保证频段来分离接收和传送信道。LTE 系统中上下行频率间隔可以达到 190MHz。FDD（频分双工）是该技术支持的两种双工模式之一，应用 FDD（频分双工）式的 LTE 即为 FDD–LTE。由于无线技术的差异、使用频段的不同以及各个厂家的利益等因素，FDD–LTE 的标准化与产业发展都领先于 TDD–LTE。FDD–LTE 已成为当前世界上采用的国家及地区最广泛的，终端种类最丰富的一种 4G 标准。FDD–LTE 上行理论速率为 40Mbit/s，下行理论速率为 150Mbit/s。

（1）FDD 与 TDD 的工作原理

频分双工（FDD）和时分双工（TDD）是两种不同的双工方式。如图 3-15 所示，FDD 是在分离的两个对称频率信道上进行接收和发送，用保护频段来分离接收和发送信道。FDD 必须采用成对的频率，依靠频率来区分上下行链路，其单方向的资源在时间上是连续的。FDD 在支持对称业务时，能充分利用上下行的频谱，但在支持非对称业务时，频谱利用率将大大降低。TDD 用时间来分离接收和发送信道。在 TDD 方式的移动通信系统中，接收和发送使用同一频率载波的不同时隙作为信道的承载，其单方向的资源在时间上是不连续的，时间资源在两个方向上进行了分配。某个时间段由基站发送信号给移动台，另外的时间由移动台发送信号给基站，基站和移动台之间必须协同一致才能顺利工作。

TDD 双工方式的工作特点使 TDD 具有如下几点优势。

① 能够灵活配置频率，使用 FDD 系统不易使用的零散频段。

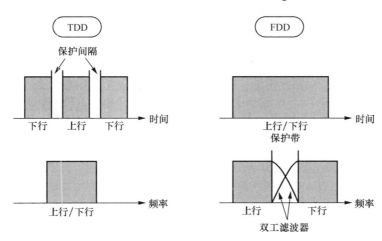

图 3-15 FDD 和 TDD 的工作原理

② 可以通过调整上下行时隙转换点，提高下行时隙比例，很好地支持非对称业务。

③ 具有上下行信道一致性，基站的接收和发送可以共用部分射频单元，降低了设备的成本。

④ 接收上下行数据时，不需要收发隔离器，只需要一个开关即可，降低了设备的复杂度。

⑤ 具有上下行信道互惠性，能够更好地采用传输预处理技术，如预 RAKE 技术、联合传输（JT）技术、智能天线技术等，能有效地降低移动终端的处理复杂性。

但是，TDD 双工方式相较于 FDD，也存在以下几点明显的不足。

① 由于 TDD 方式的时间资源分别分给了上行和下行，因此 TDD 方式的发射时间大约只有 FDD 的一半，如果 TDD 要发送和 FDD 同样多的数据，就要增大 TDD 的发送功率。

② TDD 系统上行受限，因此 TDD 基站的覆盖范围明显小于 FDD 基站。

③ TDD 系统收发信道同频，无法进行干扰隔离，系统内和系统间存在干扰。

④ 为了避免与其他无线系统之间的干扰，TDD 需要预留较大的保护带，影响了整体频谱利用效率。

（2）FDD 和 TDD 技术在 LTE 应用上的优劣

① 使用 TDD 技术时，只要基站和移动台之间的上下行时间间隔不大，小于信道相干时间，就可以比较简单地根据对方的信号估计信道特征。对于一般的 FDD 技术，一般的上下行频率间隔远远大于信道相干带宽，几乎无法利用上行信号估计下行，也无法用下行信号估计上行。这一特点使得 TDD 方式的移动通信体制在功率控制以及智能天线技术的使用方面有明显的优势。但也是因为这一点，TDD 系统的覆盖范围半径要小，由于上下行时间间隔的缘故，基站覆盖半径明显小于 FDD 基站，否则小区边缘的用户信号到达基站时会不能同步。

② TDD 技术可以灵活地设置上行和下行转换时刻，用于实现不对称的上行和下行业务带宽，有利于实现明显上下行不对称的互联网业务。但是，这种转换时刻的设置必须与相邻基站协同进行。

③ 与 FDD 相比，TDD 可以使用零碎的频段，因为上下行由时间区别，不必要求带宽

对称的频段。

④ TDD 技术不需要收发隔离器，只需要一个开关即可。

⑤ 移动台移动速度受限制。在高速移动时，多普勒效应会导致快衰落，速度越高，衰落变换频率越高，衰落深度越深，因此必须要求移动速度不能太高。例如，在使用了 TDD 的 TD-SCDMA 系统中，在目前芯片处理速度和算法的基础上，当数据率为 144kbit/s 时，TDD 的最大移动速度可达 250km/h，与 FDD 系统相比，还有一定差距。一般 TDD 移动台的移动速度只能达到 FDD 移动台的一半甚至更低。

⑥ 发射功率受限。如果 TDD 要发送和 FDD 同样多的数据，但是发射时间只有 FDD 的大约一半，这要求 TDD 的发送功率要大。当然同时也需要更加复杂的网络规划和优化技术。

（3）FDD-LTE 和 TDD-LTE 在全球的发展概况

频分双工（Frequency Division Duplexing，FDD）和时分双工（Time Division Duplexing，TDD）两种方式，但由于无线技术的差异、使用频段的不同以及各个厂家的利益等因素，LTE FDD 支持阵营更加强大，标准化与产业发展都领先于 LTE TDD。据 GSA2018 年 10 月数据显示：在全球 208 个国家中，694 家运营商已商用的 LTE 网络达 715 个，其中包括采用 LTE 来提供移动 /FWA（固定无线接入）服务。其中，拥有 TDD 牌照的运营商有 185 家，至少 121 家已推出了 LTE-TDD 网络。

3.3 任务三：详解 OFDM 多址技术

【任务描述】

在第三代移动通信系统中，几乎所有主流技术标准都采用了 CDMA 多址技术，那么为什么到了第四代移动通信技术标准中又放弃了该技术，转而采用 OFDM 多址技术了呢？CDMA 技术与 OFDM 技术又有哪些区别和联系，到底谁优谁劣呢？通过本任务的学习，我们就来详细地了解 OFDM 技术以及在第四代移动通信技术中的应用。

3.3.1 OFDM 技术基本原理

在传统的 FDM 系统中，为了避免各子载波间的干扰，整个信号频段被划分为 N 个相互不重叠的频率子信道，子信道相邻载波之间需要较大的保护频带，每个子信道传输独立的调制符号，然后再将 N 个子信道进行频率复用。这种避免信道频谱重叠看起来有利于消除信道间的干扰，但是这样又不能有效利用频谱资源，频谱效率较低。OFDM（Orthogonal Frequency Division Multiplexing，正交频分复用）是一种能够充分利用频谱资源的多载波传输方式。OFDM 系统允许各子载波之间紧密相邻，甚至部分重合，通过正交复用方式避免频率间干扰，降低了保护间隔的要求，从而实现很高的频率效率。两种复用方式的频谱使用对比如图 3-16 所示。

1. OFDM 基本原理

OFDM 的主要思想是将信道分成若干正交子信道，将高速数据信号转换成并行的低速子数据流，调制到每个子信道上进行传输，如图 3-17 所示。

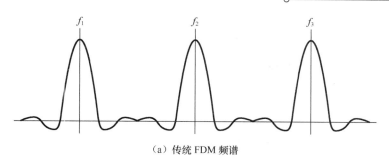

（a）传统 FDM 频谱

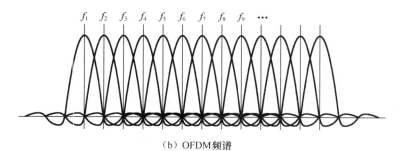

（b）OFDM 频谱

图 3-16　传统 FDM 和 OFDM 频谱使用对比

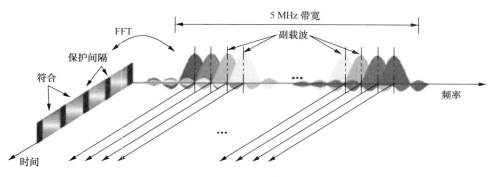

图 3-17　OFDM 基本原理

OFDM 利用快速傅立叶逆变换（IFFT）和快速傅立叶变换（FFT）来实现调制和解调，如图 3-18 所示。

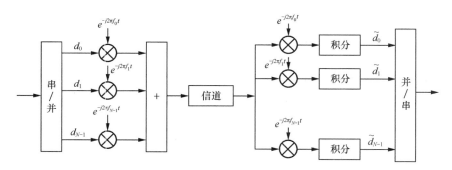

图 3-18　调制解调过程

OFDM 的调制解调流程如下。

① 发射机在发射数据时，将高速串行数据转为低速并行，利用正交的多个子载波进行数据传输。

② 各个子载波使用独立的调制器和解调器。

③ 各个子载波之间要求完全正交、各个子载波收发完全同步。

④ 发射机和接收机要精确同频、同步，准确进行位采样。

⑤ 接收机在解调器的后端进行同步采样，获得数据，然后转为高速串行。

在向 B3G/4G 演进的过程中，OFDM 是关键的技术之一，可以结合分集，时空编码，干扰和信道间干扰抑制以及智能天线技术，最大限度地提高系统性能。

20 世纪 50 年代 OFDM 的概念就已经提出，但是受限于上面流程中的步骤②、步骤③，传统的模拟技术很难实现正交的子载波，因此早期没有得到广泛的应用。随着数字信号处理技术的发展，S.B.Weinstein 和 P.M.Ebert 等人提出采用 FFT 实现正交载波调制的方法，为 OFDM 的广泛应用奠定了基础。此后，为了克服通道多径效应和定时误差引起的 ISI 符号间干扰，A.Peled 和 A.Ruizt 提出了添加循环前缀的思想。

图 3-19 所示的是 TDD-LTE 下行多址接入方式 OFDMA 的示意。发端信号先进行信道编码与交织，然后进行 QAM 调制，将调制后的频域信号进行串 / 并变换以及子载波映射，并对所有子载波上的符号进行逆傅里叶变换（IFFT）后生成时域信号，然后在每个 OFDM 符号前插入一个循环前缀（Cyclic Prefix, CP），以在多径衰落环境下保持子载波之间的正交性。插入 CP 就是将 OFDM 符号尾部的一段复制到 OFDMA 符号之前，CP 长度必须长于主要多径分量的时延扩展，才能保证接收端信号的正确解调。

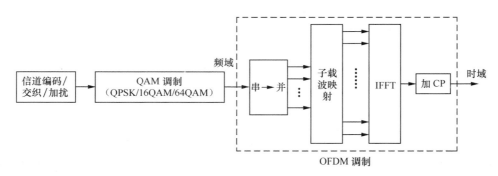

图 3-19　TDD-LTE 下行多址方式 OFDMA 的示意

2. OFDM 的优缺点

OFDM 系统越来越受到人们的广泛关注，其原因在于 OFDM 系统存在如下主要优点。

① 把高速数据流通过串并转换，使得每个子载波上的数据符号持续长度相对增加，从而可以有效地减小无线信道的时间弥散所带来的 ISI，这样就减小了接收机内均衡的复杂度，有时甚至可以不采用均衡器，仅通过采用插入循环前缀的方法消除 ISI 的不利影响。

② 传统的频分多路传输方法中，将频带分为若干个不相交的子频带来传输并行的数据流，在接收端用一组滤波器来分离各个子信道。这种方法的优点是简单、直接，缺点是频谱的利用率低，子信道之间要留有足够的保护频带，而且多个滤波器的实现也有不少困难。但是，OFDM 系统由于各个子载波之间存在正交性，允许子信道的频谱相互重叠，因

此与常规的频分复用系统相比，OFDM 系统可以最大限度地利用频谱资源。常规频分复用与 OFDM 的信道分配情况如图 3-20 所示。由图可以看出，OFDM 至少能够节约 1/2 的频谱资源。

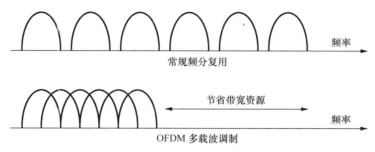

图 3-20　常规频分复用与 OFDM 的信道分配

③ 各个子信道中这种正交调制和解调可以采用快速傅立叶变换（FFT）和快速傅立叶逆变换（IFFT）来实现。随着大规模集成电路技术与 DSP 技术的发展，IFFT 和 FFT 都非常容易实现，如图 3-21 所示。

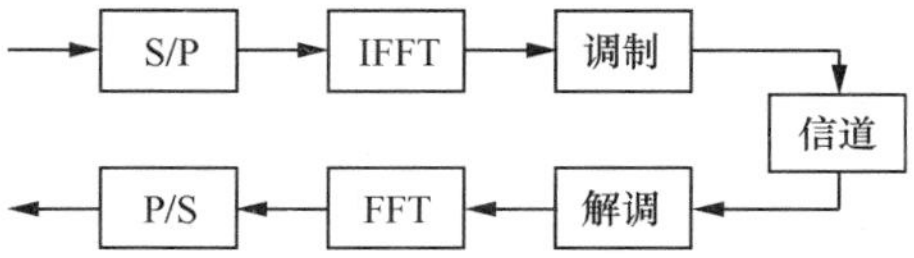

④ 无线数据业务一般都存在非对称性，即下行链路中传输的数据量要远大于上行链路中的数据传输量，如 Internet 业

图 3-21　利用 IFFT 和 FFT 实现 OFDM 的调制和解调

务中的网页浏览、FTP 下载等。另外，移动终端功率一般小于 1W，在大蜂窝环境下传输速率低于 10 ～ 100kbit/s，而基站发送功率可以较大，有可能提供 1Mbit/s 以上的传输速率。因此，无论从用户数据业务的使用需求，还是从移动通信系统自身的要求考虑，都希望物理层支持非对称高速数据传输，而 OFDM 系统可以很容易地通过使用不同数量的子信道来实现上行和下行链路中不同的传输速率。

⑤ 由于无线信道存在频率选择性，不可能所有的子载波都同时处于比较深的衰落情况中，因此可以通过动态比特分配以及动态子信道的分配方法，充分利用信噪比较高的子信道，从而提高系统的性能。同时，对于多用户系统来说，对一个用户不适用的子信道对其他用户可能是性能较好的子信道。因此，除非一个子信道对所有用户来说都不适用，该子信道才会被关闭，但发生这种情况的概率非常小。

⑥ OFDM 系统容易与其他多种接入方法相结合使用，构成 OFDMA 系统，其中包括多载波码分多址 MC-CDMA、跳频 OFDM 以及 OFDM-TDMA 等，使得多个用户可以同时利用 OFDM 技术进行信息的传递。

⑦ 由于窄带干扰只能影响一小部分的子载波，因此 OFDM 系统可以在某种程度上抵抗这种窄带干扰。

但是，OFDM 系统内由于存在多个正交子载波，而且其输出信号是多个子信道的叠加，因此与单载波系统相比，存在以下主要缺点。

① 易受频率偏差的影响。由于子信道的频谱相互覆盖，这就对它们之间的正交性提出了严格的要求。然而，由于无线信道存在时变性，在传输过程中会出现无线信号的频率偏移，如多普勒频移，或者由于发射机载波频率与接收机本地振荡器之间存在的频率偏差，

都会使得 OFDM 系统子载波之间的正交性遭到破坏，从而导致子信道间的信号相互干扰，这种对频率偏差敏感是 OFDM 系统的主要缺点之一。

② 存在较高的峰值平均功率比。与单载波系统相比，由于多载波调制系统的输出是多个子信道信号的叠加，因此如果多个信号的相位一致时，所得到的叠加信号的瞬时功率就会远远大于信号的平均功率，导致出现较大的峰值平均功率比（PAPR）。这就对发射机内放大器的线性提出了很高的要求，如果放大器的动态范围不能满足信号的变化，则会为信号带来畸变，使叠加信号的频谱发生变化，从而导致各个子信道信号之间的正交性遭到破坏，产生相互干扰，使系统性能恶化。

3. OFDM 关键技术

采用 OFDM 的一个主要原因是它可以有效地对抗多径时延扩展。通过把输入的数据流串并变换到 N 个并行的子信道中，使得每个用于调制子载波的数据符号周期可以扩大为原始数据符号周期的 N 倍，因此时延扩展与符号周期的比值也同样降低 N 倍。为了最大限度地消除符号间干扰，还可以在每个 OFDM 符号之间插入保护间隔（Guard Interval），而且该保护间隔长度 T_g 一般要大于无线信道的最大时延扩展，这样一个符号的多径分量就不会对下一个符号造成干扰。在这段保护间隔内，可以不插入任何信号，即是一段空闲的传输时段。然而在这种情况中，由于多径传播的影响，则会产生信道间干扰（ICI），即子载波之间的正交性遭到破坏，不同的子载波之间产生干扰，如图 3-22 所示。

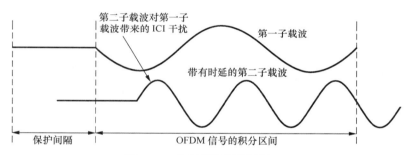

图 3-22　空闲保护间隔引起 ICI

由于每个 OFDM 符号中都包括所有的非零子载波信号，而且也同时会出现该 OFDM 符号的时延信号，因此上图中给出了第一个子载波和第二个子载波的延时信号。从图中可以看出，由于在 FFT 运算时间长度内，第一子载波与带有延时的第二子载波之间的周期个数之差不再是整数，所以当接收机试图对第一子载波进行解调时，第二子载波会对此造成干扰。同样，当接收机对第二子载波进行解调时，有时会存在来自第一子载波的干扰。

为了消除由于多径所造成的 ICI，OFDM 符号需要在其保护间隔内填入循环前缀信号，如图 3-23 所示。这样就可以保证在 FFT 周期内，OFDM 符号的延时副本内包含的波形的周期个数也是整数。这样，时延小于保护间隔 T_g 的时延信号就不会在解调过程中产生 ICI。

多径传播对 OFDM 符号所造成的影响如图 3-24 所示。其中给出了两路径衰落信道中的信号，实线表示经第一路径达到的信号，虚线表第二路径达到的实线信号的时延信号。实际上，OFDM 接收机所能看到的只是这些信号之和，但是为了更加清楚地说明多径的影响，还是分别给出了每个子载波信号。从图中可以看到，OFDM 载波经过 BPSK 调制，即在符号边界处，有可能会发生符号相位 180° 的跳变。对于虚线信号来说，这种相位跳变只能发生在实线信号相位跳变之后，而且由于假设多径时延小于保护保护间隔，所以这就可以保证在 FFT 的运算时间长度内，不会发生信号相位的跳变。因此，OFDM 接收机所看到的仅仅是存在某些相位偏移的、多个单纯连续正弦波形的叠加信号，而且这种叠加也不会破坏子载波之间的正交性。然而，如果多径时延超过了保护间隔，则由于 FFT 运算时间长度内可能会出现信号相位的跳变，因此第一路径信号与第二路径信号的叠加信号内就不再只包括单纯的连续正弦波信号，从而导致子载波之间的正交性有可能遭到破坏。

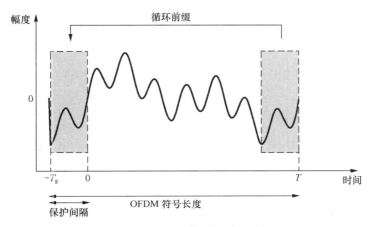

图 3-23　OFDM 符号的循环前缀

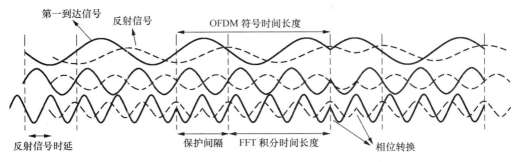

图 3-24　时延信号对 OFDM 符号造成的影响实例

为了更加直观地说明由于多径时延超过保护间隔而对 OFDM 系统所造成的影响，图 3-25 中给出了包括 48 个子载波的 OFDM 系统内，3 种不同保护间隔长度条件下的 16QAM 星座图，其信源符号概率得从 16QAM 星座点中进行选取。

图 3-25（a）表示当多径时延没有超过保护间隔时，星座点没有畸变。

图 3-25（b）表示当多径时延超过了保护间隔，此时子载波之间不再正交，但是其超出时间长度 FFT 运算时间长度的 3%，因此 ICI 仍然比较小，所得到的星座图还比较清楚。

图 3-25（c）表示当多径时延超出保护间隔的长度已经达到了 FFT 运算时间长度的 10%，此时 ICI 干扰非常严重，各个星座点已经不可辨认，会导致令人不能接受的错误概率。

通常，当保护间隔占到 20% 时，功率损失也不到 1dB，但是带来的信息速率损失达 20%，而在传统的单载波系统中存在信息速率（带宽）的损失。但是，插入保护间隔可以消除 ISI 和多径所造成的 ICI 的影响，因此这个代价是值得的。加入保护间隔之后基于 IDFT（IFFT）的 OFDM 系统框图如图 3-26 所示。

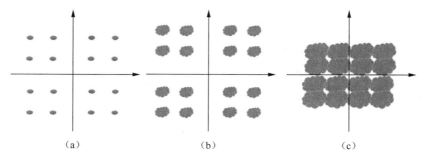

（a）　　　　　　　　（b）　　　　　　　　（c）

图 3-25　时延信号对 OFDM 符号造成的影响实例

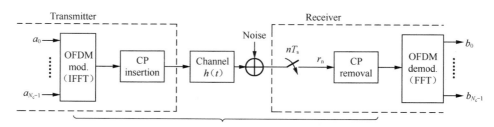

图 3-26　IFFT 实现 OFDM 调制并加入循环前缀

图 3-26 给出了采用 IFFT 实现 OFDM 调制并加入循环前缀的过程。输入串行数据信号，首先经过串 / 并转换，串 / 并转换之后输出的并行数据就是要调制到相应子载波上的数据符号，相应的这些数据可以看成是一组位于频域上的数据。经过 IFFT 之后，出来的一组并行数据是位于离散的时间点上的数据，这样 IFFT 就实现了频域到时域的转换。

下面以一种 QPSK 调制的数据给出了一组 OFDM 符号的传输情况，如图 3-27 所示。

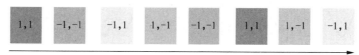

Sequence of QPSK data symbols to be transmitted

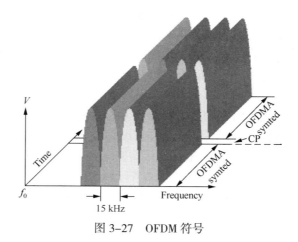

图 3-27　OFDM 符号

3.3.2　同步技术

同步在通信系统中占据非常重要的地位。例如，当采用同步解调或相干检测时，接收机需要提取一个与发射载波同频同相的载波，同时还要确定符号的起始位置等。

一般的通信系统中存在如下几个同步问题。

① 发射机和接收机的载波频率不同。

② 发射机和接收机的采样频率不同。

③ 接收机不知道符号的定时起始位置。

OFDM 符号由多个子载波信号叠加构成，各个子载波之间利用正交性来区分，因此确保这种正交性对于 OFDM 系统来说是至关重要的，因此它对载波同步的要求也就相对严格。

在 OFDM 系统中存在如下几个方面的同步要求。

① 载波同步。接收端的振荡频率要与发送载波同频同相。

② 样值同步。接收端和发射端的抽样频率一致。

③ 符号定时同步。IFFT 和 FFT 起止时刻一致。

与单载波系统相比，OFDM 系统对同步精度的要求更高，同步偏差会在 OFDM 系统中引起 ISI 及 ICI。图 3-28 显示了 OFDM 系统中的同步要求，并且大概给出各种同步在系统中所处的位置。

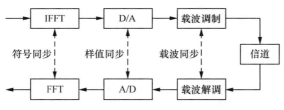

图 3-28　OFDM 系统内的同步示意

1. 载波同步

发射机与接收机之间的频率偏差导致接收信号在频域内发生偏移。如果频率偏差是子载波间隔的 n（n 为整数）倍，虽然子载波之间仍然能够保持正交，但是频率采用值已经偏移了 n 个子载波的位置，造成映射在 OFDM 频谱内的数据符号的误码率高达 0.5。

如果载波频率偏差不是子载波间隔的整数倍，则在子载波之间就会存在能量的"泄漏"，导致子载波之间的正交性遭到破坏，从而在子载波之间引入干扰，使得系统的误码率性能恶化。

图 3-29 给出了载波同步与失步情况下的性能比较。

通常我们通过两个过程实现载波同步，即捕获（Acquisition）模式和跟踪（Tracing）模式。在跟踪模式中，只需要处理很小的频率波动，但是当接收机处于捕获模式时，频率偏差可以较大，可能是子载波间隔的若干倍。

接收机中第一阶段的任务就是要尽快地进行粗略频率估计，解决载波的捕获问题。第二阶段的任务就是能够锁定并且执行跟踪任务。把上述同步任务分为两个阶段的好处是，由于每一阶段内的算法只需要考虑其特定阶段内所要求执行的任务，因此可以在设计同步结构中引入较大的自由度。这也意味着，在第一阶段（捕获阶段）内只需要考虑如何在较大的捕获范围内粗略估计载波频率，不需要考虑跟踪性能如何，在第二阶段（跟踪阶段）内，只需要考虑如何获得较高的跟踪性能。

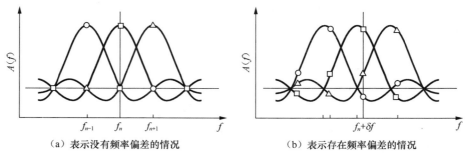

（a）表示没有频率偏差的情况   （b）表示存在频率偏差的情况

图 3-29　载波同步与载波不同步情况示意

2. 符号同步

由于在 OFDM 符号之间插入了循环前缀保护间隔，因此 OFDM 符号定时同步的起始时刻可以在保护间隔内变化，而不会造成 ICI 和 ISI，如图 3-30 所示。

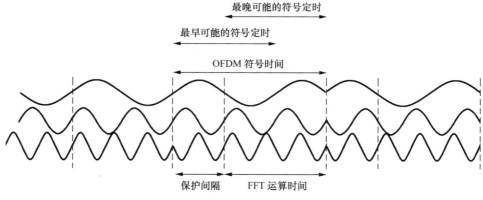

图 3-30　OFDM 符号定时同步的起始时刻

只有当 FFT 运算窗口超出了符号边界，或者落入符号的幅度滚降区间，才会造成 ICI 和 ISI。因此，OFDM 系统对符号定时同步的要求会相对较宽松。但是在多径环境中，为了获得最佳的系统性能，需要确定最佳的符号定时。尽管符号定时的起点可以在保护间隔内任意选择，但是容易得知，任何符号定时的变化，都会增加 OFDM 系统对时延扩展的敏感程度，因此系统所能容忍的时延扩展就会低于其设计值。为了尽量减小这种负面的影响，需要尽量减小符号定时同步的误差。

当前提出的关于多载波系统的符号定时同步和载波同步大都采用插入导频符号的方法，这会导致带宽和功率资源的浪费，降低系统的有效性。实际上，几乎所有的多载波系统都采用插入保护间隔的方法来消除符号间串扰。为了克服导频符号浪费资源的缺点，我们通常利用保护间隔所携带的信息完成符号定时同步和载波频率同步的最大似然估计算法。载波和符号同步方法中使用的 OFDM 框图如图 3-31 所示。

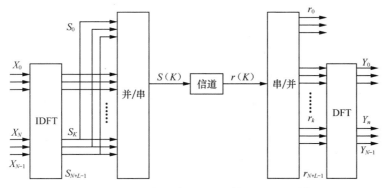

图 3-31 载波和符号同步方法中使用的 OFDM 框图

同步是 OFDM 系统中非常关键的问题，同步性能的优劣直接影响到 OFDM 技术能否真正被用于无线通信领域。在 OFDM 系统中，存在多种级别的同步，即载波同步、符号定时同步以及样值同步，其中每一级别的同步都会对 OFDM 系统性能造成影响。这里我们首先分析了 OFDM 系统内不同级别的同步问题，然后在此基础上介绍了几种分别用于载波同步和符号定时同步的方法。通过分析可以看到，只要合理地选择适当的同步方法，就可以在 OFDM 系统内实现同步，从而为其在无线通信系统中的应用打下坚实的基础。

3.3.3 信道估计

加入循环前缀后的 OFDM 系统可以等效为 N 个独立的并行子信道。如果不考虑信道噪声，N 个子信道上的接收信号等于各自子信道上的发送信号与信道的频谱特性的乘积。如果通过估计方法预先获知信道的频谱特性，将各子信道上的接收信号与信道的频谱特性相除，即可实现接收信号的正确解调。

常见的信道估计方法有基于导频信道和基于导频符号（参考信号）两种。由于多载波系统具有时频二维结构，因此采用导频符号的辅助信道估计更灵活。导频符号辅助方法是在发送端的信号中某些固定位置插入一些已知的符号和序列，在接收端利用这些导频符号和导频序列按照某些算法进行信道估计。在单载波系统中，导频符号和导频序列只能在时间轴方向插入，在接收端提取导频符号估计信道脉冲响应。在多载波系统中，可以同时在时间轴和频率轴两个方向插入导频符号，在接收端提取导频符号估计信道传输函数。只要导频符号在时间和频率方向上的间隔相对于信道带宽足够小，就可以采用二维内插如滤波的方法来估计信道传输函数。

3.3.4 降峰均比技术

除了对频率偏差敏感之外，OFDM 系统的另一个主要缺点就是峰值功率与平均功率比，简称峰均比（PAPR），其值过高的问题。与单载波系统相比，由于 OFDM 符号是由多个独立的经过调制的信号相加而成的，这样的合成信号就有可能产生比较大的峰值功率，由此会带来较大的峰值平均功率比。

信号预畸变技术是最简单、最直接的降低系统内峰均比的方法。在信号被送到放大器之前，首先经过非线性处理，对有较大峰值功率的信号进行预畸变，使其不会超出放大器的动态变化范围，从而避免降低较大的 PAPR 的出现。最常用的信号预畸变技术包括限幅和压缩扩张方法。

1. 限幅方法

信号经过非线性部件之前进行限幅，就可以使得峰值信号低于所期望的最大电平值。尽管限幅非常简单，但是它也会为 OFDM 系统带来相关的问题。首先，对 OFDM 符号幅度进行畸变，会对系统造成自身干扰，从而导致系统的 BER 性能降低。其次，OFDM 信号的非线性畸变会导致带外辐射功率值的增加，其原因在于限幅操作可以被认为是 OFDM 采样符号与矩形窗函数相乘。如果 OFDM 信号的幅值小于门限值时，则该矩形窗函数的幅值为 1。如果信号幅值需要被限幅时，则该矩形窗函数的幅值应该小于 1。根据时域相乘等效于频域卷积的原理，经过限幅的 OFDM 符号频谱等于原始 OFDM 符号频谱与窗函数频谱的卷积，因此其带外频谱特性主要由两者之间频谱带宽较大的信号来决定，也就是由矩形窗函数的频谱来决定。

为了克服矩形窗函数所造成的带外辐射过大的问题，可以利用其他的非矩形窗函数，如图 3-32 所示。

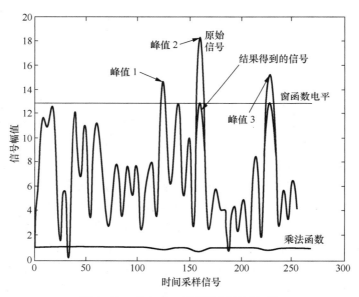

图 3-32　对 OFDM 符号进行时域加窗

总之，选择窗函数的原则是其频谱特性比较好，而且也不能在时域内过长，避免对更多个时域采样信号造成影响。

2. 压缩扩张方法

除了限幅方法之外，还有一种信号预畸变方法就是对信号实施压缩扩张。在传统的扩张方法中，需要把幅度比较小的符号进行放大，而大幅度信号保持不变，一方面增加了系统的平均发射功率；另一方面使得符号的功率值更加接近功率放大器的非线性变化区域，容易造成信号的失真。

因此，下面给出一种改进的压缩扩张变换方法。在这种方法中，把大功率发射信号压缩，而把小功率信号进行放大，从而可以使得发射信号的平均功率相对保持不变。这样不但可以减小系统的 PAPR，而且还可以使得小功率信号抗干扰的能力有所增强。μ 律压缩扩张方法可以用于这种方法中，在发射端对信号实施压缩扩张操作，而在接收端要实施逆操作，恢复原始数据信号。压缩扩张变化的 OFDM 系统基带简图如图 3-33 所示。

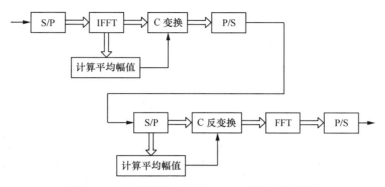

图 3-33 压缩扩张变化的 OFDM 系统基带简图

3.3.5 OFDM 在下行链路中的应用

LTE 系统下行链路采用 OFDMA（Orthogonal Frequency Division Multiple Access，OFDMA 正交频分多址）接入方式，是基于 OFDM 的应用。

OFDMA 将传输带宽划分成相互正交的子载波集，通过将不同的子载波集分配给不同的用户，可用资源被灵活地在不同移动终端之间共享，从而实现不同用户之间的多址接入。这可以看成是一种 OFDM+FDMA+TDMA 技术相结合的多址接入方式。如图 3-34 所示，如果将 OFDM 本身理解为一种传输方式，则图 3-34（a）显示的就是将所有的资源——包括时间、频率都分配给了一个用户。OFDM 融入 FDMA 的多址方式后，如图 3-34（b）所示，就可以将子载波分配给不同的用户进行使用，此时 OFDM+FDMA 与传统的 FDMA 多址接入方式最大的不同就是分配给不同用户的相邻载波之间是部分重叠的。一旦在时间对载波资源加以动态分配就构成了 OFDM+FDMA+TDMA 的多址方式，如图 3-34（c）所示，根据每个用户需求的数据传输速率、当时的信道质量对频率资源进行动态分配。

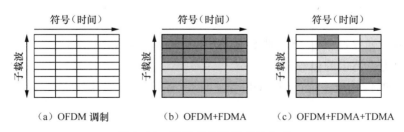

（a）OFDM 调制　　　（b）OFDM+FDMA　　　（c）OFDM+FDMA+TDMA

图 3-34 基于 OFDM 的多址方式

在 OFDMA 系统中，可以为每个用户分配固定的时间 – 频率方格图，使每个用户使用特定的部分子载波，而且各个用户之间所用的子载波是不同的，固定分配子载波的 OFDMA 方案时频示意如图 3-35 所示。

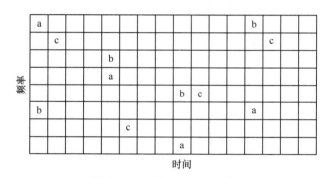

图 3-35　固定分配子载波的 OFDMA 方案时频示意

OFDMA 方案中，还可以很容易地引入跳频技术，即在每个时隙中，可以根据跳频图样来选择每个用户所使用的子载波频率。这样允许每个用户使用不同的跳频图样进行跳频，就可以把 OFDMA 系统变化成为跳频 CDMA 系统，从而可以利用跳频的优点为 OFDM 系统带来好处。跳频 OFDMA 的最大好处在于为小区内的多个用户设计正交跳频图样，从而可以相对容易地消除小区内的干扰，跳频 OFDMA 方案如图 3-36 所示。

图 3-36　跳频 OFDMA 方案

OFDMA 把跳频和 OFDM 技术相结合，构成一种灵活的多址方案，其主要优点在于如下几点。

① OFDMA 系统可以不受小区内干扰的影响，因此 OFDMA 系统可以获得更大的系统容量。

② OFDMA 可以灵活地适应带宽要求。OFDMA 通过简单地改变所使用的子载波数量，就可以适用于特定的传输带宽。

③ 当用户的传输速率提高时，OFDMA 与动态信道分配技术结合使用，可支持高速数据的传输。

3.3.6　OFDM 在上行链路中的应用

OFDM 系统的输出是多个子信道信号的叠加，因此如果多个信号的相位一致，所得到的叠加信号的瞬时功率就会远远高于信号的平均功率。PAPR 高，对发射机的线性度提出了很高的要求。因此在上行链路，基于 OFDM 的多址接入技术并不适合用于 UE 侧。LTE

上行链路所采用的 SC-FDMA 多址接入技术基于 DFT-S-OFDM 传输方案，同 OFDM 相比，它具有较低的峰均比。LTE 上行多址方式示意如图 3-37 所示。

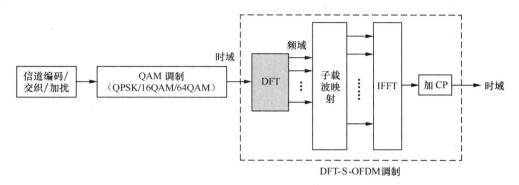

图 3-37　LTE 上行多址方式示意

DFT-S-OFDM 是基于 OFDM 的一项改进技术。在 TDD-LTE 中，之所以选择 DFT-S-OFDM，即 SC-FDMA（单载波）作为上行多址方式，是因为与 OFDM 相比，DFT-S-OFDM 具有单载波的特性，因而其发送信号峰均比较低，在上行功放要求相同的情况下，可以提高上行的功率效率，降低系统对终端的功耗要求。

1. DFT-S-OFDM 多址接入技术

DFT-S-OFDM 的调制过程如图 3-38 所示。

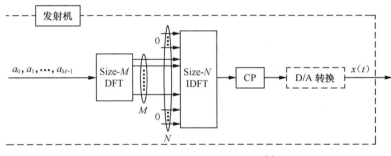

图 3-38　DFT-S-OFDM 调制

DFT-S-OFDM 的调制过程是以长度为 M 的数据符号块为单位完成的。

① 通过 DFT 离散傅里叶变换，获取这个时域离散序列的频域序列。这个长度为 M 的频域序列要能够准确描述出 M 个数据符号块所表示的时域信号。

② DFT 的输出信号送入 N 点的离散傅里叶逆变换 IDFT 中去，其中 $N>M$。因为 IDFT 的长度比 DFT 的长度长，IDFT 多出的那一部分输入为用 0 补齐。

③ 在 IDFT 之后，为避免符号干扰同样为这一组数据添加循环前缀。

从上面的调制过程可以看出，DFT-S-OFDM 同 OFDM 的实现有一个相同的过程，即都有一个采用 IDFT 的过程，所以 DFT-S-OFDM 可以看成是一个加入了预编码的 OFDM 过程。

如果 DFT 的长度 M 等于 IDFT 的长度 N，那么两者级联，DFT 和 IDFT 的效果就互相抵消了，输出的信号就是一个普通的单载波调制信号。当 $N>M$ 并且采用零输入来补齐

IDFT，IDFT 输出的信号具有以下特性。

① 信号的 PAPR 较之于 OFDM 信号较小。

② 通过改变 DFT 输出的数据到 IDFT 输入端的映射情况，可以改变输出信号占用的频域位置。

通过 DFT 获取输入信号的频谱，后面 N 点的 IDFT，或者看成是 OFDM 的调制过程实际上就是将输入信号的频谱信息调制到多个正交的子载波上去。LTE 下行 OFDM 正交的子载波上承载的直接是数据符号。正是因为这点，所以 DFT-S-OFDM 的 PAPR 能够保持与初始的数据符号相同的 PAPR。$N=M$ 时的特例最能体现这一点，DFT-S-OFDM 符号的传输如图 3-39 所示。

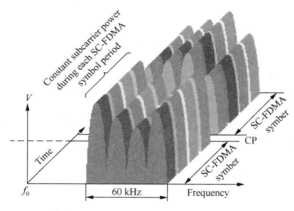

图 3-39　DFT-S-OFDM 符号的传输

通过改变 DFT 的输出到 IDFT 输入端的对应关系，输入数据符号的频谱可以被搬移至不同的位置。下行与上行的两种多址方式，对于其中的"子载波映射"，都存在两种可能的实现方式：一种是集中式（Localized），即 DFT 产生的频域信号按原有顺序集中映射到 IFFT 的输入；另一种是分布式（Distributed），即均匀地映射到间隔为 L 的子载波上，如图 3-40 所示。在 TDD-LTE 系统中，上行 DFT-S-OFDM 不支持分布式的传输模式，而采用帧内（时隙间）或帧间的跳频来获得频率分集的增益。

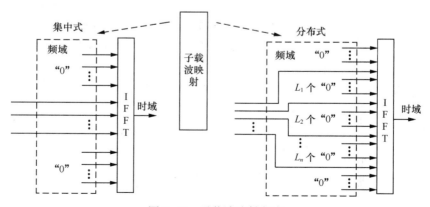

图 3-40　子载波映射方式

图 3-41 给出了集中式和分布式两种映射方式。

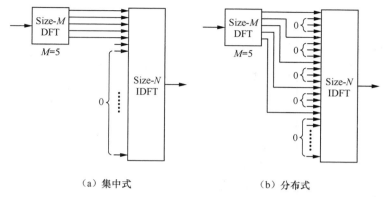

（a）集中式　　　　　　　　　（b）分布式

图 3-41　集中式和分布式的 DFT-S-OFDM 调制方案

图 3-42 给出这两种方式下输出信号的频谱分布。

（a）集中式　　　　　　　　　（b）分布式

图 3-42　集中式和分布式 DFT-S-OFDM 调制出的信号频谱

2. SC-FDMA 多址接入技术

利用 DFT-S-OFDM 的以上特点可以方便地实现 SC-FDMA 多址接入方式。多用户复用频谱资源时只需要改变不同用户 DFT 的输出到 IDFT 输入的对应关系就可以实现多址接入，同时子载波之间具有良好的正交性，避免了多址干扰。

如图 3-43 所示，通过改变 DFT 到 IDFT 的映射关系实现多址，可适应输入信号的数据符号块 M 的不同尺寸，实现频率资源的灵活配置。其中图 3-43（a）为相同数据大小时的处理；图 3-43（b）为不同数据大小时的处理。

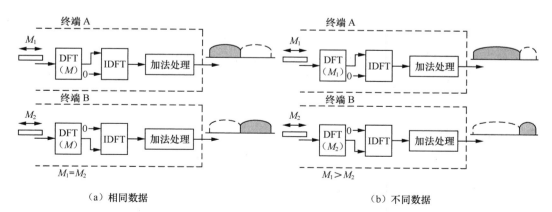

（a）相同数据　　　　　　　　　（b）不同数据

图 3-43　基于 DFTS-OFDM 的频分多址

如图 3-44 所示，SC-FDMA 的两种资源分配方式，即集中式资源分配和分布式资源分配是 3GPP 讨论过的两种上行接入方式，最终为了获得低的峰均比，降低 UE 的负担选择了集中式的分配方式。同时，为了获取频率分集增益，选用上行跳频作为上行分布式传输方式的替代方案。

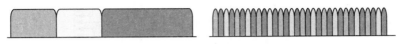

（a）集中式　　　　　　　　　（b）分布式

图 3-44　基于 DFT-S-OFDM 的集中式、分布式频分多址

　　OFDM/OFDMA 技术是 TDD-LTE 系统的技术基础，其主要特点是 OFDM/OFDMA 系统参数设定对整个系统的性能会产生决定性的影响，其中载波间隔又是 OFDM 系统的最基本参数，经过理论分析与仿真比较最终确定载波间隔为 15kHz。上下行的最小资源块为 375kHz，也就是 25 个子载波宽度，数据到资源块的映射方式可采用集中（Localized）方式或离散（Distributed）方式。循环前缀（Cyclic Prefix，CP）的长度决定了 OFDM 系统的抗多径能力和覆盖能力。长 CP 利于克服多径干扰，支持大范围覆盖，但系统开销也会相应增加，导致数据传输能力下降。为了达到小区半径 100km 的覆盖要求，TDD-LTE 系统采用长短两套循环前缀方案，根据具体场景进行选择，即短 CP 方案为基本选项，长 CP 方案用于支持 TDD-LTE 大范围小区覆盖和多小区广播业务。

　　由于 OFDM 具有频谱效率高、带宽扩展灵活等特性，成为 B3G/4G 演进过程中的关键技术之一，它可以结合分集技术、时空编码技术、干扰和信道间干扰抑制以及智能天线技术，最大限度地提高系统性能。

3.4　任务四：MIMO 多天线技术

【任务描述】

　　在第四代移动通信系统中，除了采用 OFDM 多址技术，同时为了突破空中接口的限制，有效提高通信系统的容量和频谱利用率，还使用了 MIMO 技术来提高容量。一方面 MIMO 系统是提高频谱效率的有效方法，MIMO 系统能有效地利用多径的影响来提高系统容量，采用 MIMO 结构不需要增加发射功率就能获得很高的系统容量；另一方面，OFDM 技术可以与 MIMO 技术更好地结合起来，将 MIMO 技术与 OFDM 技术相结合是下一代无线局域网发展的趋势。在本任务中我们就来一起学习 LTE 的另一大关键技术 MIMO 多天线技术及它对 LTE 系统的意义。

3.4.1　MIMO 基本概念

　　多天线技术是移动通信领域中无线传输技术的重大突破性技术。通常，多径效应会引起衰落，因而被视为有害因素，然而多天线技术却能将多径作为一个有利因素加以利用。

　　MIMO（Multiple Input Multiple Output，多输入多输出）技术利用空间中的多径因素，在发送端和接收端采用多个天线，如图 3-45 所示，通过空时处理技术实现分集增益或复用增益，充分利用空间资源，提高频谱利用率。

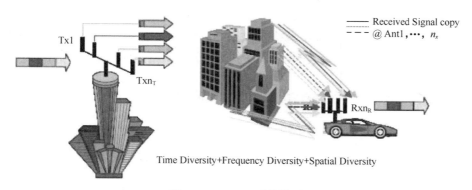

图 3-45　MIMO 系统模型

总的来说，使用 MIMO 技术的目的有如下两点。

① 提供更高的空间分集增益。联合发射分集和接收分集两部分的空间分集增益，提供更大的空间分集增益，保证等效无线信道更加"平稳"，从而降低误码率，进一步提升系统容量。

② 提供更大的系统容量。在信噪比 SNR 足够高，同时信道条件满足"秩 >1"，则可以在发射端把用户数据分解为多个并行的数据流，然后分别在每根发送天线上进行同时刻、同频率的发送，同时保持总发射功率不变，最后再由多元接收天线阵根据各个并行数据流的空间特性，在接收机端将其识别，并利用多用户解调结束最终恢复出原数据流。

无线通信系统中通常采用如下几种传输模型：单输入单输出系统 SISO、多输入单输出系统 MISO、单输入多输出系统 SIMO 和多输入多输出系统 MIMO。其传输模型如图 3-46 所示。

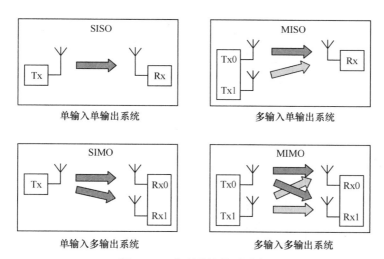

图 3-46　典型传输模型示意

在一个无线通信系统中，天线是处于最前端的信号处理部分。提高天线系统的性能和效率，将会直接给整个系统带来可观的增益。传统天线系统的发展经历了从单发 / 单收天线 SISO，到多发 / 单收 MISO 天线，以及单发 / 多收 SIMO 天线的阶段。

为了尽可能地抵抗这种时变 – 多径衰落对信号传输的影响,人们不断地寻找新的技术。采用时间分集(时域交织)和频率分集(扩展频谱技术)技术,也就是在传统 SISO 系统中抵抗多径衰落的有效手段,而空间分集(多天线)技术就是使 MISO、SIMO 或 MIMO 系统进一步抵抗衰落的有效手段。

LTE 系统中常用的 MIMO 模型有下行单用户 MIMO(SU-MIMO)和上行多用户 MIMO(MU-MIMO)。

SU-MIMO(单用户 MIMO)是指在同一时频单元上一个用户独占所有空间资源,这时的预编码考虑的是单个收发链路的性能,其传输模型如图 3-47 所示。

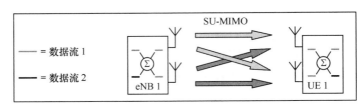

图 3-47　单用户 MIMO 传输模型

MU-MIMO(多用户 MIMO)是指多个终端同时使用相同的时频资源块进行上行传输,其中每个终端都是采用 1 根发射天线,系统侧接收机对上行多用户混合接收信号进行联合检测,最后恢复出各个用户的原始发射信号。上行 MU-MIMO 是大幅提高 LTE 系统上行频谱效率的一个重要手段,但是无法提高上行单用户峰值吞吐量,其传输模型如图 3-48 所示。

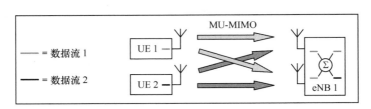

图 3-48　多用户 MIMO 传输模型

3.4.2　MIMO 基本原理

1. MIMO 系统模型

MIMO 系统在发射端和接收端均采用多天线(或阵列天线)和多通道。MIMO 的多入多出是针对多径无线信道来说的。图 3-49 为 MIMO 系统的多入多出系统原理图。

在发射器端配置了 N_t 个发射天线,在接收器端配置了 N_r 个接收天线,x_j($j = 1, 2, \cdots, N_t$)表示第 j 号发射天线发射的信号,r_i($i = 1, 2, \cdots, N_r$)表示第 i 号接收天线接收的信号,h_{ij} 表示第 j 号发射天线到第 i 号接收天线的信道衰落系数。在接收端,噪声信号 n_i 是统计独立的复零均值高斯变量,而且与发射信号独立,不同时刻的噪声信号间也相互独立,每一个接收天线接收的噪声信号功率相同,都为 σ_2。假设信道是准静态的平坦瑞利衰落信道。

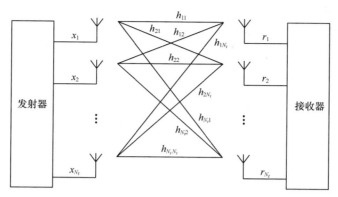

图 3-49　多入多出系统原理

MIMO 系统的信号模型可以表示为：

$$\begin{bmatrix} r_1 \\ r_2 \\ \vdots \\ r_{N_r} \end{bmatrix} = \begin{bmatrix} h_{11} & h_{12} & \cdots & h_{1N_t} \\ h_{21} & h_{22} & \cdots & h_{2N_t} \\ \vdots & \vdots & \vdots & \vdots \\ h_{N_r1} & h_{N_r2} & \vdots & h_{N_rN_t} \end{bmatrix} \begin{bmatrix} x_1 \\ x_2 \\ \vdots \\ x_{N_t} \end{bmatrix} + \begin{bmatrix} n_1 \\ n_2 \\ \vdots \\ n_{N_t} \end{bmatrix}$$

写成矩阵形式为：$r = Hx + n$。

MIMO 将多径无线信道与发射、接收视为一个整体进行优化，从而实现高的通信容量和频谱利用率。这是一种近于最优的空域时域联合的分集和干扰对消处理。

2. MIMO 系统容量

系统容量是表征通信系统的最重要标志之一，表示了通信系统最大传输率。无线信道容量是评价一个无线信道性能的综合性指标。它描述了在给定的信噪比（SNR）和带宽条件下，某一信道能可靠传输的传输速率极限。传统的单输入单输出系统的容量由香农（Shannon）公式给出，而 MIMO 系统的容量是多天线信道的容量问题。

假设，在发射端，发射信号是零均值独立同分布的高斯变量，总的发射功率限制为 P_t，各个天线发射的信号都有相等的功率 N_t/P_t。由于发射信号的带宽足够窄，因此认为它的频率响应是平坦的，即信道是无记忆的。在接收端，噪声信号 n_i 是统计独立的复零均值高斯变量，而且与发射信号独立，不同时刻的噪声信号间也相互独立，每一个接收天线接收的噪声信号功率相同，都为 σ_2。假设每一根天线的接收功率等于总的发射功率，那么每一根接收天线处的平均信噪比为 $\mathrm{SNR} = P_t/\sigma_2$。

则信道容量可以表示为：

$$C = \log_h \left\{ \det \left[I_{N_t} + \frac{1}{N_t} \frac{P_t}{\sigma^2} \mathbf{H H}^H \right] \right\} \tag{3-7}$$

式中，H 表示矩阵进行（Hermitian）转置；det 表示求矩阵的行列式。

如果对数 log 的底为 2，则信道容量的单位为 bit/s/Hz；如果对数 log 的底为 e，则信道容量的单位为 nats/s/Hz。

对信道矩阵进行奇异值分解，从而将信道矩阵 H 写为：H = UDV^H。

其中，UNr×Nr 和 VNt×Nt 是酉矩阵，即满足 UU^H=INr×Nr，VV^H=INt×Nt，D=[Λ_{K×K} 0; 00]Λ = diag（$\sqrt{\lambda_1}, \sqrt{\lambda_2}, \cdots, \sqrt{\lambda_k}$），K 是信道矩阵的秩，$\lambda_1 \geq \lambda_2 \geq \lambda \geq \lambda_k \geq 0$ 是相关矩阵 HH^H 的非零特征值。这样，MIMO 系统的信道容量可以进一步描述为：

$$C = \sum_{k=1}^{K} \log_2 \det\left[1 + \frac{\lambda_k}{N_t}\frac{P_t}{\sigma^2}\right] = \log_2 \prod_{k=1}^{K}\left[1 + \frac{\lambda_k}{N_t}\frac{P_t}{\sigma^2}\right] \qquad （3-8）$$

信道容量并不依赖于发射天线数目 N_t 和接收天线数目 N_r 谁大谁小。一般情况下信道相关矩阵的非零特征值数目为 $K \leq \min(N_r, N_t)$，从而可以求得 MIMO 信道容量的上限。当 $N_r=N_t$ 时，MIMO 系统信道容量的上限恰好是单入单出（SISO）系统信道容量上限的 $N_r=N_t$ 倍。

对于 MIMO 系统而言，如果接收端拥有信道矩阵的精确信息，MIMO 的信道可以分解为 min（N_r, N_t）个独立的并行信道，其信道容量与 min（N_r, N_t）个并列 SISO 系统的信道容量之和等价，且随着发射天线和接收天线的数目以 min（N_r, N_t）线性增长。也就是说，采用 MIMO 技术，系统的信道容量随着天线数量的增大而线性增大，在不增加带宽和天线发送功率的情况下，频谱利用率可以成倍提高。

3. MIMO 关键技术

为了满足系统中高速数据传输速率和高系统容量方面的需求，LTE 系统的下行 MIMO 技术支持 2×2 的基本天线配置。下行 MIMO 技术主要包括空间分集、空间复用及波束成形 3 大类。与下行 MIMO 相同，LTE 系统上行 MIMO 技术也包括空间分集和空间复用。在 LTE 系统中，应用 MIMO 技术的上行基本天线配置为 1×2，即一根发送天线和两根接收天线。考虑到终端实现复杂度的问题，目前对于上行并不支持一个终端同时使用两根天线进行信号发送，即只考虑存在单一上行传输链路的情况。因此，在当前阶段上行仅仅支持上行天线选择和多用户 MIMO 两种方案。

（1）空间复用

空间复用的主要原理是利用空间信道的弱相关性，通过在多个相互独立的空间信道上传输不同的数据流，从而提高数据传输的峰值速率。LTE 系统中空间复用技术包括开环空间复用和闭环空间复用两种。

开环空间复用即 LTE 系统支持基于多码字的空间复用传输。所谓多码字，即用于空间复用传输的多层数据来自于多个不同的独立进行信道编码的数据流，每个码字可以独立地进行速率控制。

闭环空间复用即所谓的线性预编码技术。

线性预编码技术的作用是将天线域的处理转化为波束域进行处理，在发射端利用已知的空间信道信息进行预处理操作，从而进一步提高用户和系统的吞吐量。线性预编码技术可以按其预编码矩阵的获取方式划分为两大类，即非码本的预编码和基于码本的预编码。

对于非码本的预编码方式，预编码矩阵中发射端获得发射端利用预测的信道状态信息，进行预编码矩阵计算，常见的预编码矩阵计算方法有奇异值分解、均匀信道分解等。其中奇异值分解的方案最为常用。对于非码本的预编码方式，发射端有多种方式可以获取空间信道状态信息，如直接反馈信道、差分反馈、利用 TDD 信道对称性等。

对于基于码本的预编码方式，预编码矩阵在接收端获得，接收端利用预测的信道状态信息，在预定的预编码矩阵码本中进行预编码矩阵的选择，并将选定的预编码矩阵的序号反馈至发射端。目前，LTE 采用的码本构建方式基于 Householder 变换的码本。

MIMO 系统的空间复用原理图如图 3–50 所示。

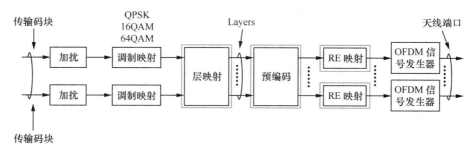

图 3–50 MIMO 系统空间复用原理图

在目前的 LTE 协议中，下行采用的是 SU–MIMO。可以采用 MIMO 发射的信道有 PDSCH 和 PMCH，其余的下行物理信道不支持 MIMO，只能采用单天线发射或发射分集。LTE 系统的空间复用原理图如图 3–51 所示。

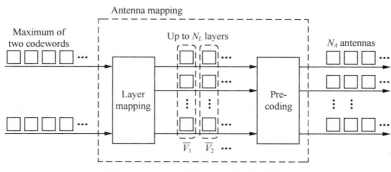

图 3–51 LTE 系统空间复用原理图

（2）空间分集

采用多个收发天线的空间分集可以很好地对抗传输信道的衰落。空间分集分为发射分集、接收分集和接收发射分集 3 种。

1）发射分集

发射分集是在发射端使用多幅发射天线发射信息，通过对不同的天线发射的信号进行编码达到空间分集的目的，接收端可以获得比单天线高的信噪比。发射分集包含空时发射分集（STTD）、空频发射分集（SFBC）和循环延迟分集（CDD）3 种。

a. 空时发射分集（STTD）

● 通过对不同天线发射的信号进行空时编码达到时间和空间分集的目的。

● 在发射端对数据流进行联合编码以减小由于信道衰落和噪声导致的符号错误概率。

● 空时编码通过在发射端的联合编码增加信号的冗余度，从而使得信号在接收端获得时间和空间分集增益。可以利用额外的分集增益提高通信链路的可靠性，也可在同样可靠性下利用高阶调制提高数据率和频谱利用率。

基于发射分集的空时编码（Space-Time Coding, STC）技术的一般结构如图 3-52 所示。

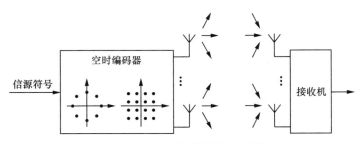

图 3-52　空时发射分集原理图

STC 技术的物理实质在于利用存在于空域与时域之间的正交或准正交特性，按照某种设计准则，把编码冗余信息尽量均匀映射到空时二维平面，以减弱无线多径传播所引起的空间选择性衰落及时间选择性衰落的消极影响，从而实现无线信道中高可靠性的高速数据传输。STC 的原理图如图 3-53 所示。

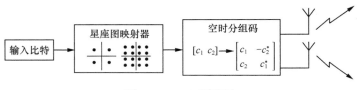

图 3-53　STC 原理图

典型的空时编码有空时格码（Space-Time Trellis Code, STTC）和空时块码（Space-Time Block Code, STBC）。

b. 空频发射分集（SFBC）

● 空频发射分集与空时发射分集类似，不同的是 SFBC 是对发送的符号进行频域和空域编码。

● 将同一组数据承载在不同的子载波上面获得频率分集增益。

两天线空频发射分集原理图如图 3-54 所示。

除两天线 SFBC 发射分集外，LTE 协议还支持 4 天线 SFBC 发射分集，并且给出了构造方法。SFBC 发射分集方式通常要求发射天线尽可能独立，以最大限度地获取分集增益。

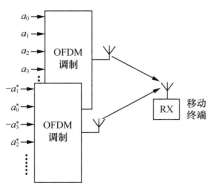

图 3-54　SFBC 原理图

c. 循环延迟分集（CDD）

延时发射分集是一种常见的时间分集方式，可以通俗地理解为发射端为接收端人为制造多径。LTE 中采用的延时发射分集并非简单的线性延时，而是利用 CP 特性采用循环延时操作。根据 DFT 变换特性，信号在时域的周期循环移位（即延时）相当于频域的线性相位偏移，因此 LTE 的 CDD 是在频域上进行操作的。

CDD 原理图如图 3-55 所示。

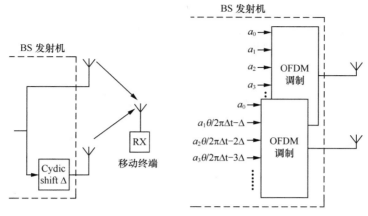

图 3-55　CDD 原理图

　　LTE 协议支持一种与下行空间复用联合作用的大延时 CDD 模式。大延时 CDD 将循环延时的概念从天线端口搬到了 SU-MIMO 空间复用的层上，并且延时明显增大，仍以两天线为例，延时达到了半个符号积分周期（即 1024Ts）。

　　目前，LTE 协议支持 2 天线和 4 天线的下行 CDD 发射分集。CDD 发射分集方式通常要求发射天线尽可能独立，以最大限度地获取分集增益。

　　2）接收分集

　　接收分集指多个天线接收来自多个信道的承载同一信息的多个独立的信号副本。

　　由于信号不可能同时处于深衰落情况中，因此在任一给定的时刻至少可以保证有一个强度足够大的信号副本提供给接收机使用，从而提高了接收信号的信噪比。

　　接收分集原理图如图 3-56 所示。

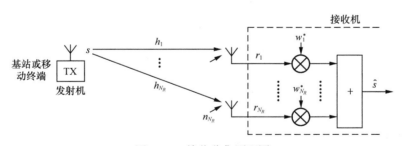

图 3-56　接收分集原理图

4. 接收发射分集

　　接收发射分集是综合发射分集和接收分集的技术。

　　（1）波束成形

　　MIMO 中的波束成形方式与智能天线系统中的波束成形类似，在发射端将待发射数据矢量加权，形成某种方向图后到达接收端，接收端再对收到的信号进行上行波束成形，抑制噪声和干扰。

　　与常规智能天线不同的是，原来的下行波束成形只针对一个天线，现在需要针对多个天线。通过下行波束成形，使得信号在用户方向上得到加强，而通过上行波束成形，使得用户具有更强的抗干扰能力和抗噪能力。因此，和发分集类似，可以利用额外的波束成形增益提高通信链路的可靠性，也可在同样的可靠性下利用高阶调制提高数据率和频谱利用率。

波束成形原理图如图 3-57 所示。

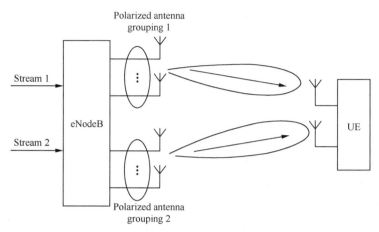

图 3-57　波束成形原理图

典型的波束成形可以有以下两种分类方式。

按照信号的发射方式可分为传统波束成形和特征波束成形。

传统波束成形是当信道特征值只有一个或只有一个接收天线时，沿特征向量发射所有的功率实现波束成形。

特征波束成形（Eigen-beamforming）是对信道矩阵进行特征值分解，信道将转化为多个并行的信道，在每个信道上独立传输数据。

按反馈的信道信息可分为瞬时信道信息反馈、信道均值信息反馈和信道协方差矩阵反馈。

（2）上行天线选择

对于 FDD 模式，存在开环和闭环两种天线选择方案。开环方案即 UMTS 系统中的时间切换传输分集（TSTD）。在开环方案中，上行共享数据信道在天线间交替发送，这样可以获得空间分集，从而避免共享数据信道的深衰落。在闭环天线选择方案中，UE 必须从不同的天线发射参考符号，用于在基站侧提前进行信道质量测量，基站选址可以提供更高接收信号功率的天线，用于后续的共享数据信道传输，被选中的天线信息需要通过下行控制信道反馈给目标 UE，最后 UE 使用被选中的天线进行上行共享数据信道传输。

对于 TDD 模式，可以利用上行与下行信道之间的对称性。这样，上行天线选择可以基于下行 MIMO 信道估计来进行。

一般来讲，最优天线选择准则可分为两种：一种是以最大化多天线提供的分集来提高传输质量；另一种是以最大化多天线提供的容量来提高传输效率。

与传统的单天线传输技术相比，上行天线选择技术可以提供更多的分集增益，同时保持着与单天线传输技术相同的复杂度。从本质上看，该技术是以增加反馈参考信号为代价而取得了信道容量提升。

（3）上行多用户 MIMO

对于 LTE 系统上行链路，在每个用户终端只有一个天线的情况下，如果把两个移动台合起来进行发送，按照一定方式把两个移动台的天线配合成一对，它们之间共享配对的两天线，使用相同的时 / 频资源，那么这两个移动台和基站之间就可以构成一个虚拟 MIMO 系统，从而提高上行系统的容量。由于在 LTE 系统中，用户之间不能互相通信，因此该方案必须由基站统一调度。上行多用户 MIMO 原理示意如图 3-58 所示。

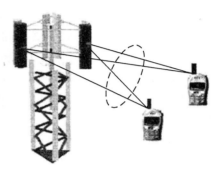

用户配对是上行多用户 MIMO 的重要而独特环节，即基站选取两个或多个单天线用户在同样的时 / 频资源块里传输数据。由于信号来自不同的用户，经过不同的信道，用户间互相干扰的程度不同，因此只有通过有效的用户配对过程，才能使配对用户之间的干扰最小，进而更好地获得多用户分集增益，保证配对后无线链路传输的可靠性及健壮性。目前已提出的配对策略如下。

图 3-58 上行多用户 MIMO 原理示意

① 正交配对。选择两个信道正交性最大的用户进行配对，这种方法可以减少用户之间的配对干扰，但是由于搜寻正交用户计算量大，所以复杂度太大。

② 随机配对。这种配对方法目前使用比较普遍，优点是配对方式简单，配对用户的选择随机生成，复杂度低，计算量小。缺点是对于随机配对的用户，有可能由于信道相关性大而产生比较大的干扰。

③ 基于路径损耗和慢衰落排序的配对方法。将用户路径损耗加慢衰落值的和进行排序，对排序后相邻的用户进行配对。这种配对方法简单，复杂度低，在用户移动缓慢、路径损耗和慢衰落变化缓慢的情况下，用户重新配对频率也会降低，而且由于配对用户路径损耗加慢衰落值相近，所以也降低了用户产生"远近"效应的可能性。缺点是配对用户信道相关性可能较大，配对用户之间的干扰可能比较大。

综上所述，MIMO 传输方案的应用可以概括为以下几点，具体见表 3-3。

表3-3　MIMO传输方案应用

传输方案	秩	信道相关性	移动性	数据速率	在小区中的位置
发射分集（SFBC）	1	低	高/中速移动	低	小区边缘
开环空间复用	2/4	低	高/中速移动	中/低	小区中心/边缘
双流预编码	2/4	低	低速移动	高	小区中心
多用户MIMO	2/4	低	低速移动	高	小区中心
码本波束成形	1	高	低速移动	低	小区边缘
非码本波束成形	1	高	低速移动	低	小区边缘

理论上，虚拟 MIMO 技术可以极大地提高系统吞吐量，但是实际配对策略以及如何有效地为配对用户分配资源的问题，都会对系统吞吐量产生很大的影响。因此，需要在性能和复杂度两者之间取得一个良好的折中，虚拟 MIMO 技术的优势才能充分发挥出来。

3.4.3 MIMO 的应用

本节主要介绍 LTE 多用户 MIMO 方案。

MIMO 技术利用多径衰落，在不增加带宽和天线发送功率的情况下，达到提高信道容量、频谱利用率及下行数据的传输质量。LTE 已确定 MIMO 天线个数的基本配置是下行 2×2、上行 1×2，但也在考虑 4×4 的高阶天线配置。

当基站将占用相同时频资源的多个数据流发送给同一个用户时，即为单用户 MIMO（Single-User MIMO，SU-MIMO），或者叫空分复用（Space Division Multiplexing，SDM）；当基站将占用相同时频资源的多个数据流发送给不同的用户时，即为多用户 MIMO（Multiple-User MIMO，MU-MIMO），或者叫空分多址（SDMA），其原理分别如图 3-59（a）、图 3-59（b）所示。

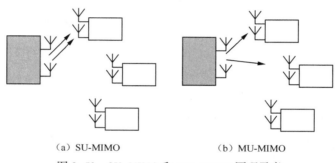

(a) SU-MIMO   (b) MU-MIMO

图 3-59　SU-MIMO 和 MU-MIMO 原理示意

下行方向的 MIMO 方案相对较多。根据 2006 年 3 月雅典会议报告，LTE MIMO 下行方案可分为发射分集和空间复用两大类。

目前，考虑采用的发射分集方案包括块状编码传送分集（STBC，SFBC）、时间（频率）转换发射分集（TSTD，FSTD）、循环延迟分集（CDD）在内的延迟分集（作为广播信道的基本方案）、基于预编码向量选择的预编码技术。其中，预编码技术已被确定为多用户 MIMO 场景的传送方案。

多用户 MIMO 技术利用多天线提供的空间自由度分离用户，各个用户可以占用相同的时频资源，信号依赖发射端的信号处理算法抑制多用户之间的干扰，通过时频资源复用的方式有效地提高小区平均吞吐量。在小区负载较重时，通过简单的多用户调度算法就可以获得显著的多用户分集增益是获得高系统容量的有效手段。

由于小间距天线能够形成有明确指向性的波束，因此多用户 MIMO 适用于小间距高相关性天线系统。小间距天线形成的较宽的波束也保证了在信道变化比较快时，分离各个用户的有效性。实现 MU-MIMO 的方式基本上有两种，其主要差别是如何进行空间数据流的分离。一种是采用每用户正交码率控制（Per-user Unitary Rate Control，PU^{2}RC）方案；另一种是采用迫零（Zero Forcing，ZF）波束赋形方案。

1. PU^{2}RC 方案

PU^{2}RC 方案是由 Samsung 公司提出来的，其发射端系统框图如图 3-60 所示。此系统中，假设其使用的预编码矩阵集合为 $E = \{E^{(0)} \cdots E^{(G-1)}\}$，其中 $E^{(g)} = [\ e_0^{(g)} \cdots e_{M-1}^{(g)}\ ]$，是集合中

的 $e_m^{(g)}$ 是该预编码矩阵中的第 m 个预编码向量。每一个终端计算这个集合中的每一个矩阵的每一个向量的 CQI 值，系统设计者需要在反馈开销大小与基站调度灵活性之间进行折中，从而选择合适的 G 值，决定终端需要反馈给基站的信息数量。具体的处理流程如下。

① 接收端估计信道。各用户通过信道估计，估计出其与基站之间的信道矩阵。

② 接收端反馈。接收端依次计算码本中每个预编码矢量对应的 SINR 值，然后反馈最大 SINR 值对应的码本索引值给基站。

③ 发送端用户匹配。基站收集各用户反馈的码本索引值，将预编码矢量为酉矩阵的不同列矢量的多个用户归为一组。

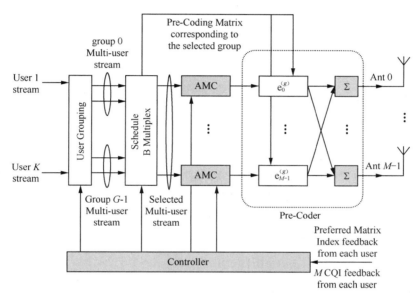

图 3-60　PU^2RC 发射端系统框图

④ 发送端为已经配对的用户分别选择编码调制方式（AMC）并进行预编码操作，然后发送出去。

⑤ 接收端利用 MMSE 准则消除其他用户的干扰，恢复出自己的数据。

PU^2RC 方案中数据流的分离是在接收端进行的。它利用接收端的多根天线对干扰数据流进行取消（Canceling）和零陷（Nulling）达到分离数据流的目的。

2. ZF 波束赋形

ZF 波束赋形方案是由 Freescale Semiconductor 公司提出的，其结构如图 3-61 所示。与 PU^2RC 方案不同，ZF 波束赋形方案中空间数据流的分离是在基站进行的。基站利用反馈的信道状态信息，为给定的用户进行波束赋形，并保证对其他用户不会造成干扰或者只有很小的干扰，即传输给给定用户的波束对其他用户形成了零陷。

具体流程是：各 UE 通过信道估计，估计出其与基站之间的信道矩阵之后，通过 SVD 分解得到信道的右奇异矩阵，然后从码本中选择预编码矢量 u。接着，各 UE 将该预编码矢量的索引值及对应的 CQI 值反馈给 eNode B。eNode B 收集到各个 UE 反馈的信息，使用终端请求的预编码矢量重新计算一次预编码并进行波束赋形，以降低波束之间的干扰，提高系统性能。

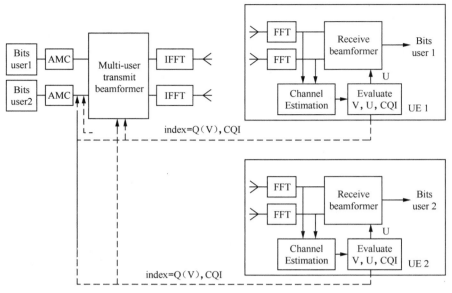

图 3-61　ZF 方案结构框图

　　ZF 方案在用户调度时对用户组中的用户没有严格的要求，任意两个用户都可以配对。ZF 算法虽然能使其他天线的干扰为零，但却存在着放大背景噪声的缺点，在低信噪比时性能较差，但它易于实现，在高信噪比情况下是渐进最优的。

　　ZF 方案的性能略优于 PU^2RC 方案。

3.4.4　MIMO 模型概述

　　LTE 中主要有 7 种 MIMO 模式，即 1 ~ 7。7 种模式具体描述见表 3-4。

表3-4　7种MIMO模式

传输模式	DCI格式	搜索空间	PDSCH对应的PDCCH传输方案
1	DCI format 1A	Common and UE specific by C-RNTI	Single-antenna port, port 0
	DCI format 1	UE specific by C-RNTI	Single-antenna port, port 0
2	DCI format 1A	Common and UE specific by C-RNTI	Transmit diversity
	DCI format 1	UE specific by C-RNTI	Transmit diversity
3	DCI format 1A	Common and UE specific by C-RNTI	Transmit diversity
	DCI format 2A	UE specific by C-RNTI	Large delay CDD or Transmit diversity
4	DCI format 1A	Common and UE specific by C-RNTI	Transmit diversity
	DCI format 2	UE specific by C-RNTI	Closed-loop spatial multiplexing or Transmit diversity

（续表）

传输模式	DCI格式	搜索空间	PDSCH对应的PDCCH传输方案
5	DCI format 1A	Common and UE specific by C-RNTI	Transmit diversity
	DCI format 1D	UE specific by C-RNTI	Multi-user MIMO
6	DCI format 1A	Common and UE specific by C-RNTI	Transmit diversity
	DCI format 1B	UE specific by C-RNTI	Closed-loop spatial multiplexing using a single transmission layer
7	DCI format 1A	Common and UE specific by C-RNTI	If the number of PBCH antenna ports is one, Single-antenna port, port 0 is used, otherwise Transmit diversity
	DCI format 1	UE specific by C-RNTI	Single-antenna port; port 5

7 种模式的特点具体介绍如下。

模式 1：单天线模式。

模式 2：Alamouti 码发射分集方案。

模式 3：开环空间复用，适用于高速移动模式。

模式 4：闭环空间复用，适用于低速移动模式。

模式 5：支持两 UE 的 MU-MIMO。

模式 6：Rank1 的闭环发射分集，可以获得较好的覆盖。

模式 7：Beam-forming 方案。

7 种 MIMO 模式在下行物理信道的应用情况见表 3-5。

表3-5　7种MIMO模式在下行物理信道的应用

物理信道	模式1	模式2	模式3～7
PDSCH	👍	👍	👍
PBCH	👍	👍	
PCFICH	👍	👍	
PDCCH	👍	👍	
PHICH	👍	👍	
SCH	👍	👍	

模式 1 ～ 2 适用于 PDSCH、PBCH、PCFICH、PDCCH、PHICH 和 SCH 下行物理信道，模式 3 ～ 7 适用于 PDSCH 下行物理信道。

MIMO 系统模式选择说明具体如下。

模式 2，发射分集：主要用于对抗衰落，提高信号传输的可靠性，适用于小区边缘用户。

模式 3，开环空间复用：针对小区中心用户，提高峰值速率，适用于高速移动场景。

模式 4，闭环空间复用：2 码字，高峰值速率，适用于小区中心用户；1 码字，增加小区功率和抑制干扰，适用于小区边缘用户。

模式 5，多用户 MIMO：提高系统容量；适用于上行链路传输；适用于室内覆盖。

模式 6，闭环秩 =1 预编码：增强小区功率和小区覆盖，适用于市区等业务密集区。

模式 7，单天线端口，端口 5：无码本波束成形；适用于 TDD；增加小区功率和抑制干扰，适用于小区边缘用户。

某些环境因素的改变，导致手机需要自适应 MIMO 模式，具体影响因素如下。

① 移动性环境改变。模式 2、3 适用于高速移动环境，不要求终端反馈 PMI；模式 4、5、6、7 适用于低速移动环境，不要求终端反馈 PMI 和 RI；如果从低速移动变为高速移动，采用模式 2 和 3；如果从高速移动变为低速移动，采用模式 4 和 6。

② 秩改变分为以下 3 种情况。

● 低相关性环境：如果秩 ≥ 2，采用大延迟 CDD 和双流预编码。

● 高相关性环境：如果秩 = 1，采用码本波束成形或 SFBC。

● 信道相关性改变：如果信道相关性从低到高变化，采用 SFBC 和码本波束成形；如果信道相关性从高到低变化，采用双流预编码。

③ 用户和小区的相对位置改变分为以下 3 种情况。

● 小区中心：信噪比较高，采用双流预编码可以最大限度地提供系统容量。

● 小区边缘：信噪比较低，采用单流预编码可以提供小区覆盖。

● 用户和小区相对位置变化，如果从小区中心向小区边缘移动，采用单流预编码，如 SFBC 和码本波束成形；如果从小区边缘向小区中心移动，在秩 > 1 时，采用双流预编码。

3.4.5　典型应用场景

1. MIMO 部署

MIMO 部署的几种典型场景如图 3-62 所示。

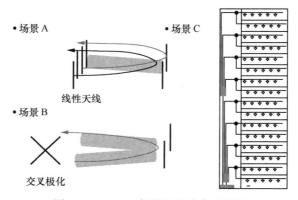

图 3-62　MIMO 部署的几种典型场景

（1）场景 A

① 适用于覆盖范围广的地区，如农村或交通公路。

② 简单的多径环境。

③ 采用模式 6 码本波束成形。

④ 保持半波长间距的 4 根发射天线。

⑤ 增加约 4dB 链路预算。

（2）场景 B

① 适用于市区、郊区、热点地区和多径环境。

② 更注重发射能力，而非覆盖。

③ 2/4 传输交叉极化天线。

④ 低流动性：模式 4 闭环空间复用。

⑤ 高流动性：模式 3 发射分集。

（3）场景 C

① 适用于室内覆盖。

② 采用模式 5 多用户 MIMO。

③ 在室内覆盖情况下，多用户 MIMO 和 SDMA 原理类似。

④ 由于不同楼层之间的相关性较低，多个用户可以在不同楼层使用相同的无线资源。

2. 发射分集的应用场景

MIMO 系统的天线选择方案如图 3-63 所示。

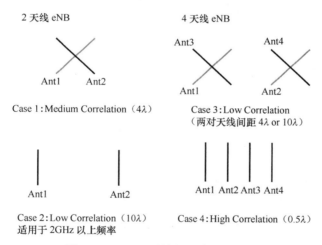

图 3-63　MIMO 系统的天线选择方案

MIMO 系统的天线选择方案具体为以下 4 种。

方案 1

① 方案 1 能够满足 LTE 系统的基本要求。

② 适用于大多数情况，如高 / 低速移动，高 / 低相关性信道衰落。

③ 性能较方案 2 低。

④ 适用于模式 2、3、4、5。

方案 2

① 适用于热点区域和复杂的多径环境。

② 能够提高系统容量。

③ 安装难度高，尤其在频率低于 2GHz 时。

④ 适用于模式 4、5。

方案 3

① 适用于所有模式。

② 由于有 4 个天线端口，同 2 天线端口相比，最大的优点能够提高上行覆盖范围。

③ 安装占用空间较大。

方案 4

① 适用于模式 6。

② 适用于大覆盖范围，如农村。

③ 需要考虑 LTE 天线类型的选择。

综上所述，在 LTE 发展初期，方案 1 是较好的选择，它可以在大多数情况下发展 LTE 网络。方案 2 可以用在市区等数据速率要求较高的复杂多径环境下。方案 3、4 能够用在 LTE 网络发展的第二个阶段，尤其在上行链路能够提高 LTE 网络覆盖范围。

在简单的多径环境，如农村，高相关性天线（方案 4）通常用来增加小区半径。在复杂的多路径环境，如市区，低相关性天线（方案 1、2、3）通常用来增加峰值速率。

3. 闭环空间复用的应用场景

闭环空间复用的实现原理如图 3-64 所示。

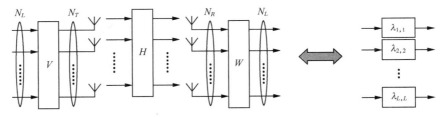

图 3-64 闭环空间复用的实现原理

闭环空间复用适用于以下几种情形。

① 低速移动终端。

② 带宽有限系统（高信噪比，尤其在小区中心）。

③ UE 反馈 PMI 和 RI。

④ 复杂的多径环境。

⑤ 天线具有低互相关性。

4. 波束成形的应用场景

波束成形的应用场景如图 3-65 所示。

低互相关性天线具有以下特性。

① 天线间距较远且有不同的极化方向。

② 天线权重包括相位和振幅。

③ 对发送信号进行相位旋转以补偿信道相位，并确保接收信号的相位一致。

④ 可以为信道条件较好的天线分配更大功率。

⑤ 模式 7，非码本波束成形。

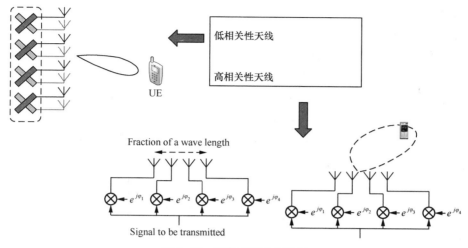

图 3-65   波束成形应用场景

高互相关性天线具有以下特性。

① 天线间距较小。

② 不同天线端口的天线权重和信道衰落相同。

③ 不同相位反转到终端的方向。

④ 适用于大区域覆盖。

⑤ 通过增强接收信号强度来对抗信道衰落。

⑥ 模式 6，码本波束成形。

波束成形是在发射端将待发射数据矢量加权，形成某种方向图后发送到接收端，适用于以下几种情形。

① 在下行链路提供小区边缘速率。增加信号发射功率，同时抑制干扰。

② 无码本波束成形。基于测量的方向性和上行信道条件，基站计算分配给每个发射机信号的控制相位和相对振幅。

③ 基于码本的波束成形。该机制和秩等于 1 的 MIMO 预编码相同。UE 从码本中选择一个合适的预编码向量，并上报预编码指示矩阵给基站。

波束成形应用场景具体如下。

① 天线具有高互相关性。

② 适用于简单的多径环境中，如农村。

③ 跟空间复用相比，波束成形适合于干扰较小的环境。

3.4.6　MIMO 系统性能分析

1. MIMO 系统仿真结果分析

方案 1 仿真条件具体如下。

① 1 个发射天线，2 个接收天线，即 1T2R。

② 接收天线配置：0.5λ。

③ 频域带宽：10 MHz。

④ 频率复用 1。

⑤ Marco ISD 500 m。

方案 1 仿真结果如图 3-66 所示。

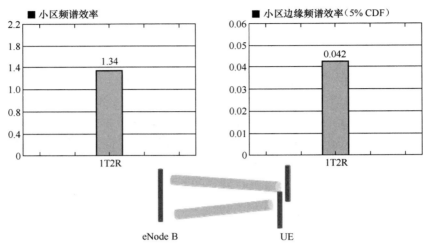

图 3-66　方案 1 仿真结果

方案 2 仿真条件具体如下。

① 2 个发射天线，2 个接收天线，即 2T2R。

② eNode B 天线配置：交叉极化。

③ UE 天线配置：0.5 λ。

④ 秩自适应：RI=1 单流；RI>1 双流。

方案 2 仿真结果如图 3-67 所示。

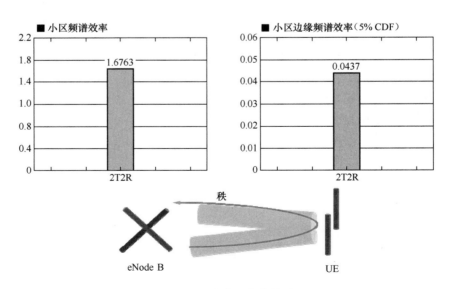

图 3-67　方案 2 仿真结果

方案 3 仿真条件具体如下。

① 4 个发射天线, 2 个接收天线, 即 4T2R。

② eNode B 天线配置 : 10λ 在两个交叉极化对之间。

③ UE 天线配置 : 0.5λ。

④ 秩自适应 : RI=1 单流 ; RI>1 双流。

方案 3 仿真结果如图 3-68 所示。

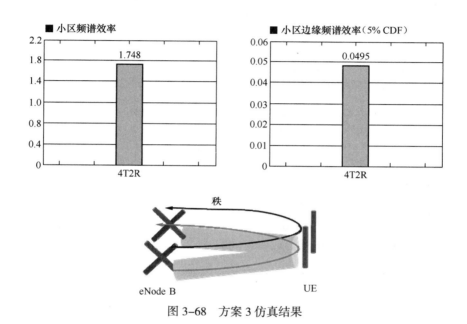

图 3-68　方案 3 仿真结果

3 种场景下的 MIMO 仿真结果对比如图 3-69 所示。在实际应用中可以根据应用场景和需求灵活配置。

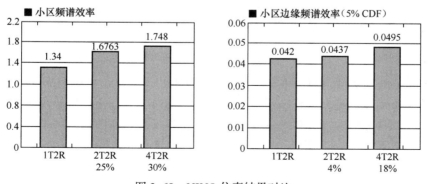

图 3-69　MIMO 仿真结果对比

2. MIMO 系统仿真结果汇总

表 3-6 对不同仿真条件下的 MIMO 系统仿真结果进行了汇总。

表3-6　MIMO系统仿真结果汇总表

	仿真条件	频率复用系数	小区平均吞吐量（Mbit/s）	频谱效率	小区边缘速率（Mbit/s）	小区边缘频谱效率
方案1	43dBm/Antenna Macro ISD=500m, 10, 2×2MIMO, Rank Adaptive, 20dB, 3km/h	1	8.563 1	1.577 4	0.275 1	0.050 7
方案2	33dBm/Antenna Macro ISD=500m, 4TxBF, Single Stream, 20dB, 3km/h	1	13.977 3	2.574 7	0.919 5	0.169 4
方案3	33dBm/Antenna Macro ISD 500m, 4TxBFprecoding, Dual Stream, 20dB, 3km/h	1	13.430 8	2.474 1	0.893 5	0.164 6
方案1	43dBm/Antenna Macro ISD=500m, 2×2MIMO, Rank Adaptive, 20dB, 3km/h	3	21.714 2	1.333 3	1.084 2	0.066 6
方案2	33dBm/Antenna Macro IS=500m, 4TxBF, Single Stream, 20dB, 3km/h	3	18.608 7	1.142 6	1.902 8	0.116 8
方案3	33dBm/Antenna Macro ISD=500m, 4TxBF, precoding, Dual Stream, 20dB, 3km/h	3	28.693 2	1.761 9	2.230 3	0.136 6

频率复用系数（Frequency reuse）= 1，可以被看作是干扰受限环境。尤其在小区边缘，波束成形可以提高 UE 的接收机功率，同时抑制干扰。在这种环境下，波束成形比 MIMO 预编码技术性能好。

频率复用系数（Frequency reuse）= 3，可以被看作是带宽受限环。尤其在小区边缘，MIMO 双流比单流更能提高峰值速率。在这种环境下，MIMO 比波束成形性能好。

3.5　任务五：AMC 和 HARQ

【任务描述】

一个移动通信系统的商用，离不开大量关键技术应用的保证，尤其在移动通信系统中，面对复杂多变的无线环境，需要采用统一的编码、调制技术来保证信息的可靠传输，同时要能够自动适应信道的动态变化而进行调整。本任务我们就从调制、编码以及重传等几个方面来介绍一下第四代移动通信系统在此方面采用的技术和策略。

3.5.1　调制技术

相对于在多址方式上的重大修改，TDD-LTE 在调制方面基本沿用了原来的技术，没有增加新的选项。基本调制技术就不在这里一一叙述，请读者参考相关文献。TDD-LTE

制定了多种调制方案，其下行主要采用 QPSK、16QAM 和 64QAM 3 种调制方式，上行主要采用位移 BPSK、QPSK、16QAM 和 64QAM 4 种调制方式。

1. BPSK 与 QPSK 调制

（1）二进制相移键控（Binary Phase Shift Keying，BPSK）

BPSK 是把模拟信号转换成数据值的转换方式之一，利用偏离相位的复数波浪组合来表现信息键控移相方式。BPSK 使用了基准的正弦波和相位反转的波浪，使一方为 0，另一方为 1，从而可以同时传送接受 2 值（1 比特）的信息。

由于最单纯的键控移相方式虽抗噪音较强但传送效率差，所以常常利用 4 个相位的 QPSK 和利用 8 个相位的 8PSK。

就模拟调制法而言，与产生 2ASK 信号的方法比较，只是对 $s(t)$ 要求不同，因此 BPSK 信号可以看作是双极性基带信号作用下的 DSB 调幅信号。而就键控法来说，用数字基带信号 $s(t)$ 控制开关电路，选择不同相位的载波输出，这时 $s(t)$ 为单极性 NRZ 或双极性 NRZ 脉冲序列信号均可。

BPSK 信号属于 DSB 信号，它的解调，不能采用包络检测的方法，只能进行相干解调。

BPSK 信号相干解调的过程实际上是输入已调信号与本地载波信号进行极性比较的过程，故常称为极性比较法解调。

由于 BPSK 信号实际上是以一个固定初相的未调载波为参考的，因此解调时必须有与此同频同相的同步载波。如果同步载波的相位发生变化，如 0 相位变为 π 相位或 π 相位变为 0 相位，则恢复的数字信息就会发生"0"变"1"或"1"变"0"，从而造成错误的恢复。这种因为本地参考载波倒相，而在接收端发生错误恢复的现象称为"倒 π"现象或"反向工作"现象。绝对移相的主要缺点是容易产生相位模糊，造成反向工作。这也是它实际应用较少的主要原因。

（2）正交相移键控（Quadrature Phase Shift Keyin，QPSK）

QPSK 是一种数字调制方式。它分为绝对相移和相对相移两种。由于绝对相移方式存在相位模糊问题，所以在实际中主要采用相对移相方式 DQPSK。目前已经广泛应用于无线通信中，成为现代通信中一种十分重要的调制解调方式。

在数字信号的调制方式中，QPSK 是最常用的一种卫星数字信号调制方式，它具有较高的频谱利用率、较强的抗干扰性、在电路上实现也较为简单。偏移四相相移键控信号简称"O-QPSK"，全称为 offset QPSK，也就是相对移相方式 OQPSK。

在实际的调谐解调电路中，采用的是非相干载波解调，本振信号与发射端的载波信号存在频率偏差和相位抖动，因而解调出来的模拟 I、Q 基带信号是带有载波误差的信号。这样的模拟基带信号即使采用定时准确的时钟进行取样判决，得到的数字信号也不是原来发射端的调制信号，误差的积累将导致抽样判决后的误码率增大，因此数字 QPSK 解调电路要对载波误差进行补偿，减少非相干载波解调带来的影响。此外，ADC 的取样时钟也不是从信号中提取的，当取样时钟与输入的数据不同步时，取样将不在最佳取样时刻进行，所得到的取样值的统计信噪比就不是最高，误码率较高。因此，在电路中还需要恢复出一个与输入符号率同步的时钟，来校正固定取样带来的样点误差，并且准确的位定时信息可为数字解调后的信道纠错解码提供正确的时钟。校正办法是由定时恢复和载波恢复模块通过某种算法产生定时和载波误差，插值或抽取器在定时和载波误差信号的控制下，对 A/D

转换后的取样值进行抽取或插值滤波，得到信号在最佳取样点的值，不同芯片采用的算法不尽相同，例如可以采用据辅助法（DA）载波相位和定时相位联合估计的最大似然算法。

2. 16QAM 与 64QAM 调制

（1）正交幅度调制（16 Quadrature Amplitade Modulation，16QAM）

正交幅度调制是一种数字调制方式。产生的方法有正交调幅法和复合相移法。

16QAM 是指包含 16 种符号的 QAM 调制方式。16QAM 是用两路独立的正交 4ASK 信号叠加而成，4ASK 是用多电平信号去键控载波而得到的信号。它是 2ASK 调制的推广，和 2ASK 相比，这种调制的优点在于信息传输速率高。

正交幅度调制是利用多进制振幅键控（MASK）和正交载波调制相结合产生的。16 进制的正交振幅调制是一种振幅相位联合键控信号。

16QAM 的产生有两种方法。

① 正交调幅法。它是由两路正交的四电平振幅键控信号叠加而成。

② 复合相移法。它是用两路独立的四相位移键控信号叠加而成。

16QAM 调制解调原理方框图如图 3–70 所示。

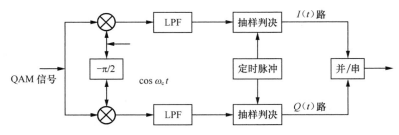

图 3–70　16QAM 调制解调原理方框图

（2）相正交振幅调制（Quadrature Amplitude Modulation，64QAM）

在使用同轴电缆的网络中，这种数字频率调制技术通常用于发送下行数据。64QAM 在一个 6MHz 信道中，传输速率很高，最高可以支持 38.015Mbit/s 的峰值传输速率。但是，对干扰信号很敏感，使得它很难适应嘈杂的上行传输（从电缆用户到因特网）。

它的调制效率高，对传输途径的信噪比要求高，具有带宽利用率高的特点，适合有线电视电缆传输；我国有线电视网中广泛应用的 DVB–C 调制，即 QAM 调制方式。QAM 是幅度和相位联合调制的技术。它同时利用了载波的幅度和相位来传递信息比特，不同的幅度和相位代表不同的编码符号。因此，在最小距离相同的条件下，QAM 星座图中可以容纳更多的星座点，即可实现更高的频带利用率。

3.5.2　信道编码技术

数字信号在传输中往往由于各种原因，使得在传送的数据流中产生误码，从而使接收端产生图象跳跃、不连续、出现马赛克等现象。因此，通过信道编码这一环节，对数码流进行相应的处理，使系统具有一定的纠错能力和抗干扰能力，可极大地避免码流传送中误码的发生。误码的处理技术有纠错、交织、线性内插等。

提高数据传输效率，降低误码率是信道编码的任务。信道编码的本质是增加通信的可靠性，但信道编码会使有用的信息数据传输减少。信道编码的过程是在源数据码流中加插一些码元，从而达到在接收端进行判错和纠错的目的，这就是我们常常说的开销。这就好象我们运送一批玻璃杯一样，为了保证运送途中不出现打烂玻璃杯的情况，我们通常都用一些泡沫或海棉等物将玻璃杯包装起来，这种包装使玻璃杯所占的容积变大，原来一部车能装 5000 个玻璃杯的，包装后就只能装 4000 个了，显然，包装的代价使运送玻璃杯的有效个数减少了。同样，在带宽固定的信道中，总的传送码率也是固定的，由于信道编码增加了数据量，其结果只能是以降低传送有用信息码率为代价了。将有用比特数除以总比特数就等于编码效率了，不同的编码方式，其编码效率有所不同。

在 LTE 中有 3 种基本的信道编码，即 CRC 纠错编码、卷积码、Turbo 码。我们采用信道编码的目的是为了提高系统的有效性，通过减少数据中的冗余，用最少的比特数表示数据，以降低存储空间、传输时间或带宽的占用。通过人为的添加冗余，提高数据的抗干扰能力。

小提示

通过信道编码器和译码器实现的用于提高信道可靠性的理论和方法。信息论的内容之一，信道编码大致分为两类。

① 信道编码定理，从理论上解决理想编码器、译码器的存在性问题，也就是解决信道能传送的最大信息率的可能性和超过这个最大值时的传输问题。

② 构造性的编码方法以及这些方法能达到的性能界限。

1. 卷积码

将 k 个信息比特编成 n 个比特，但 k 和 n 通常很小，特别适合以串行形式进行传输，时延小。

若以（n，k，m）来描述卷积码，其中 k 为每次输入到卷积编码器的 bit 数，n 为每个 k 元组码字对应的卷积码输出 n 元组码字，m 为编码存储度，也就是卷积编码器的 k 元组的级数，称 $m+1=k$ 为编码约束度，m 称为约束长度。卷积码将 k 元组输入码元编成 n 元组输出码元，但 k 和 n 通常很小，特别适合以串行形式进行传输，时延小。与分组码不同，卷积码编码生成的 n 元组元不仅与当前输入的 k 元组有关，还与前面 $m-1$ 个输入的 k 元组有关，编码过程中互相关联的码元个数为 $n×m$。卷积码的纠错性能随 m 的增加而增大，而差错率随 n 的增加而指数下降。在编码器复杂性相同的情况下，卷积码的性能优于分组码。

卷积码在 LTE 中，控制信道的编码由卷积码及其速率匹配来完成。综合考虑性能与处理复杂度，针对控制信道等较短的数据包，LTE 选择了咬尾卷积码。LTE 控制信道的传输块经过 CRC 校验后，直接输入卷积编码器。LTE 采用的卷积编码器是约束长度为 7、母码码率为 1/3 的咬尾卷积编码器。

在对 LTE 的控制信道进行卷积编码时，卷积编码器对应的 1/3 和 1/2 分量编码器的距离谱都是最优距离谱。

速率匹配时，需要根据 3 个校验比特流的长度，计算得到行列交织器的行数，并在行列交织器第一行的头部进行补零操作。速率匹配中，需要跳过这些补充的伪比特。

2. Turbo 编码

Turbo 码是 Claude.Berrou 等人在 1993 年首次提出的一种级联码。其基本原理是编码器通过交织器把两个分量编码器进行并行级联，两个分量编码器分别输出相应的校验位比特；译码器在两个分量译码器之间进行迭代译码，分量译码器之间传递去掉正反馈的外信息，这样整个译码过程类似涡轮（Turbo）工作。因此，这个编码方法又被形象地称为 Turbo 码。Turbo 码具有卓越的纠错性能，性能接近香农限，而且编译码的复杂度不高。

Turbo 码不仅在信道信噪比很低的高噪声环境下性能优越，而且还具有很强的抗衰落、抗干扰能力，因此它在信道条件差的移动通信系统中有很大的应用潜力。在第三代移动通信系统（IMT-2000）中已经将 Turbo 码作为其传输高速数据的信道编码标准。第三代移动通信系统（IMT-2000）的特点是多媒体和智能化，要能提供多元传输速率、高性能、高质量的服务，为支持大数据量的多媒体业务，必须在无线带宽信道上传输数据。由于无线信道传输媒质的不稳定性及噪声的不确定性，一般的纠错码很难达到较高要求的译码性能（一般要求比特误码率小于 10^{-6}），而 Turbo 码引起超乎寻常的优异译码性能，可以纠正高速率数据传输时发生的误码。另外，由于在直扩（CDMA）系统中采用 Turbo 码技术可以进一步提高系统的容量，所以有关 Turbo 码在直扩（CDMA）系统中的应用，也就受到了各国学者的重视。

LTE 系统中对传输块使用的信道编码方案为 Turbo 编码，编码速率为 R=1/3，它由两个 8 状态子编码器和一个 Turbo 码内部交织器构成。其中，在 Turbo 编码中使用栅格终止方案。

在 EUTRAN 系统中，Turbo 码速率匹配也采用 CBRM 的速率匹配方式。Turbo 编码器输出的系统比特流、第一校验比特流和第二校验比特流分别独立地交织后，被比特收集单元依次收集。首先，交织后的系统比特流依次输入到缓冲器中，然后交织后的第一校验比特流和第二校验比特流交替地输入到缓冲器中。

3.5.3 自适应调制与编码

自适应调制和编码（Adaptive Modulation and Coding，AMC）技术的基本原理是在发送功率恒定的情况下，动态地选择适当的调制和编码方式（Modulation and Coding Scheme，MCS），确保链路的传输质量。当信道条件较差时，降低调制等级以及信道编码速率；当信道条件较好时，提高调制等级以及编码速率。

由于移动通信的无线传输信道是一个多径衰落、随机时变的信道，使得通信过程存在不确定性。AMC 链路自适应技术能够根据信道状态信息确定当前信道的容量，根据容量确定合适的编码调制方式，以便最大限度地发送信息，提高系统资源的利用率。

相对于在多址方式上的重大修改，TDD-LTE 在调制方面基本沿用了原来的技术，没有增加新的选项。TDD-LTE 制定了多种调制方案，其下行主要采用 QPSK、16QAM 和 64QAM 3 种调制方式，上行主要采用位移 BPSK、QPSK、16QAM 和 64QAM 4 种调制方式。各物理信道所选用的调制方式参见表 3-7。

表3-7 各物理信道调制方式

上行链路		下行链路	
信道类型	调制方式	信道类型	调制方式
PUSCH	QPSK、16QAM、64QAM	PDSCH	QPSK、16QAM、64QAM
PUCCH	BPSK、QPSK	PBCH，PCFICH，PDCCH	QPSK

与以往通信系统一样，由于各种信道编码具有不同的特性，TDD-LTE 根据数据类型的不同而采用了不同的信道编码方式。对于广播信道和控制信道这些较低数据率的信道采用的编码技术比较明确，即用咬尾卷积码进行编码。对于数据信道，采用 R6 Turbo 码作为母码，在此基础上进行了一系列的改进，包括使用无冲突（Contention-free）的内交织器，对较大的码块进行分段译码。

下行链路自适应主要指自适应调制编码（Adaptive Modulation and Coding，AMC），通过各种不同的调制方式（QPSK、16QAM 和 64QAM）和不同的信道编码率来实现。

上行链路自适应包括有 3 种链路自适应方法，即自适应发射带宽、发射功率控制和自适应调制和信道编码率。

下面介绍自适应调制与编码工作流程。

AMC 技术实质上是一种变速率传输控制方法，能适应无线信道衰落的变化，具有抗多径传播能力强、频率利用率高等优点，但其对测量误差和测量时延敏感。

LTE 系统中自适应调制编码系统框图如图 3-71 所示。在发送端，经编码后的数据根据所选定的调制方式调制后，经成形滤波器后进行上变频处理，将信号发射出去。在接收端，接收信号经过前端接收后，所得到的基带信号需要进行信道估计。信道估计的结果一方面送入均衡器，对接收信号进行均衡，以补偿信道对信号幅度、相位、时延等的影响；另一方面信道估计的结果将作为调制方式选择的依据，根据估计出的信道特性，按照一定的算法选择适当的调制方式。在 TDD-LTE 系统中定义了调制编码方案（MCS），其调制方式分别是 QPSK、16QAM 和 64QAM。

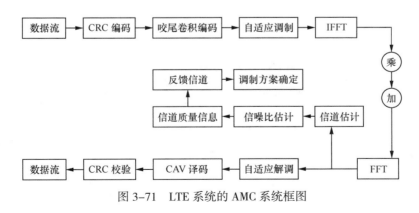

图 3-71 LTE 系统的 AMC 系统框图

TDD-LTE 系统在进行 AMC 的控制过程中，对于上下行有着不同的实现方法，具体描述如下。

① 下行 AMC 过程。通过反馈的方式获得信道状态信息，终端检测下行公共参考信号，

进行下行信道质量测量并将测量的信息通过反馈信道反馈到基站侧，基站根据反馈的信息进行相应的下行传输 MCS 格式的调整。

② 上行 AMC 过程。与下行 AMC 过程不同，上行过程不再采用反馈方式获得信道质量信息。基站侧通过对终端发送的上行参考信号的测量，进行上行信道质量测量；基站根据所测量信息进行上行传输格式的调整并通过控制信令通知 UE。

LTE 支持 BPSK、QPSK、16QAM 和 64QAM 4 种调制方式和卷积、Turbo 等编码方式。自适应编码就是可以根据无线环境和数据本身的要求来自动选择调制和编码方式。

早在 3G 的设计之初，设计人员就认定足够大的功率是保证高速传输根本，所以 3G 和 4G 都摒弃了之前通过功率控制方式来改善无线信道的做法，而采用了速率控制，也就是说，既然功率无法改变，那么无线信道衰落了我怎么补偿呢？就是通过不同的调制和解码方式来适应信道环境。从主动改变信道环境变为为改变速率去适应信道环境。具体的流程如图 3-72 所示。

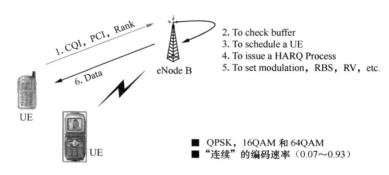

图 3-72　AMC 流程

UE 会周期性地测量无线信道，并上报 CQI（信道质量的信息反馈）、PCI 和 RANK（步骤①）。其中，CQI 就是 UE 对无线环境的一个判断，eNB 会根据上报的 CQI 选择相应的调制和编码方式，同时兼顾缓存中的数据量（步骤②和步骤③），最后决定调制方式、HARQ、资源块大小等发射给终端（步骤④和步骤⑤）。表 3-8 就是不同的 CQI 和相对应的调制、编码方式以及效率。

表3-8　CQI对应编码和调制方式

CQI index	modulation	code rate×1024	effciency
0	out of range		
1	QPSK	78	0.1523
2	QPSK	120	0.2344
3	QPSK	193	0.377
4	QPSK	308	0.6016
5	QPSK	449	0.877
6	QPSK	602	1.1758

（续表）

CQI index	modulation	code rate×1024	effciency
7	16QAM	378	1.4766
8	16QAM	490	1.9141
9	16QAM	616	2.4063
10	64QAM	466	2.7305
11	64QAM	567	3.3223
12	64QAM	666	3.9023
13	64QAM	772	4.5234
14	64QAM	873	5.1152
15	64QAM	948	5.5547

从上表看，虽然是自适应编码，但是实际上在 R8 版本的时候就规定了 16 种不同的编码调制方式，根据 UE 上报的 CQI 来选择。其中，0 是无效的，也就是当前的无线环境无法传输数据；15 是最好的，可以采用最高阶的调制方式 64QAM 和最快的编码方式，效率也最高。因此，在优化 LTE 的时候，可以通过统计 CQI 上报的数值来分析本地网无线环境如何，如果上报的 CQI 里 14、15 挡很少，那么说明网络还需要进一步的优化。

3.5.4　HARQ 混合自动重传请求

在数字通信系统中，差错控制机制基本可分为两种：前向纠错（Forward Error Correction，FEC）方式和自动重复请求（Automatic Repeat-reQuest，ARQ）方式。前向纠错（FEC）方式是指在信号传输之前，预先对其进行一定的格式处理，接收端接收到这些码字后，按照规定的算法进行解码以达到找出错误并纠正错误的目的，其通信系统如图 3-73 所示。

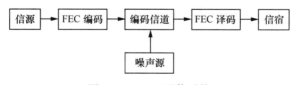

图 3-73　FEC 通信系统

FEC 系统只有一个信道，能自动纠错，不需要重发，因此时延小、实时性好。但不同码率、码长和类型的纠错码的纠错能力不同，当 FEC 单独使用时，为了获得比较低的误码率，往往必须以最坏的信道条件来设计纠错码，因此所用纠错码冗余度较大，这就降低了编码效率，且实现的复杂度较大。FEC 技术只适用于没有反向信道的系统中。

自动请求重传（ARQ）技术是指接收端通过 CRC 校验信息来判断接收到的数据包的性能，如果接收数据不正确，则将否定应答（Negative Acknowledgement，NACK）信息反馈给发送端，发送端重新发送数据块，直到接收端接收到正确数据反馈确认信号

（Acknowledgement，ACK），则停止重发数据。

ARQ 方式纠错的通信系统如图 3-74 所示。

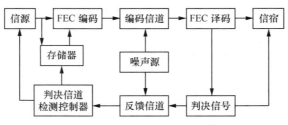

图 3-74　ARQ 方式纠错的通信系统

在 ARQ 技术中，数据包重传的次数与信道的干扰情况有关。若信道干扰较强，质量较差，则数据包可能经常处于重传状态，信息传输的连贯性和实时性较差，但编译码设备简单，较易实现。ARQ 技术以吞吐量为代价换取可靠性的提高。

小提示

在移动通信系统中，由于无线信道时变特性和多径衰落对信号传输带来的影响以及一些不可预测的干扰导致信号传输失败，需要在接收端检测并纠正错误，即差错控制技术。随着通信系统飞速发展，对数据传输的可靠性要求也越来越高。差错控制技术，即对所传输的信息附加一些保护数据，使信号的内部结构具有更强的规律性和相互关联性。这样，当信号受到信道干扰，导致某些信息结构发生差错，仍然可以根据这些规律发现错误、纠正错误，从而恢复原有的信息。

结合 FEC、ARQ 两种差错控制技术各自的特点，将 ARQ 和 FEC 两种差错控制方式结合起来使用，即混合自动重传请求（Hybrid Autarnatic Repeat reQuest，HARQ）机制。在 HARQ 中采用 FEC 减少常传的次数，降低误码率，使用 ARQ 的重传和 CRC 校验来保证分组数据传输等要求误码率极低的场合。该机制结合了 ARQ 方式的高可靠性和 FEC 方式的高通过效率，在纠错能力范围内自动纠正错误，超出纠错范围则要求发送端重新发送。

1. HARQ 技术

LTE 中 HARQ 技术主要是系统端对编码数据比特的选择重传以及终端对物理层重传数据合并。这里涉及两个方面：一方面就是自动重传请求也就是 ARQ 技术；另一方面就是前向纠错技术 FEC。也可以这么说 HARQ=ARQ+FEC。FEC 是一种编码技术，编码的作用主要就是保证传输的可靠性，具有自动纠错的能力。举个例子，如果我要传输信息 0，我可以发 0000，如果收到干扰变成了 0001 或者 1000 的话，FEC 可以纠正为 0000，从而增加了容错率，而只发一个 0 的话，一旦干扰成了 1 就会造成误码。而假如接收端收到的是1100，由于 1 和 0 一样多，所以会认为是错码，从而要求重传，触发 ARQ。

ARQ 技术则是收到信息后，会通过 CRC 校验位进行校验。如果发现错误了，或者压根就没收到这个包会回 NAK 要求重传，否则回 ACK 说明已经收到了。

（1）HARQ 的两种运行方式

① 跟踪（Chase）或软合并（Soft Combining）方式，即数据在重传时，与初次发射时的数据相同。

② 递增冗余（Incremental Redundancy）方式，即重传时的数据与发射的数据有所不同。

后一种方式的性能要优于第一种，但在接收端需要更大的内存。终端的缺省内存容量是根据终端所能支持的最大数据速率和软合并方式设计的，因而在最大数据速率时，只可能使用软合并方式，而在使用较低的数据速率传输数据时，两种方式都可以使用。

（2）HARQ 流程

图 3-75 所示的是 HARQ 的软合并流程图。

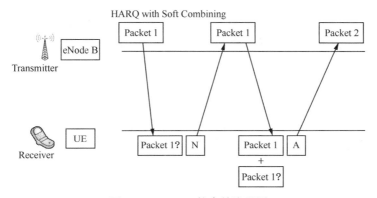

图 3-75　HARQ 软合并流程图

从图 3-75 可以看出，eNB 先发一个 packet1 给 UE，UE 没有解调出来，回 NAK 给 eNB。这时候 eNB 将 packet1 另外一部分发给 UE，UE 通过两次发送的包进行软合并，解出来回 ACK，eNB 收到后继续发 packet2。

这里重要的一点是，HARQ 发送端每发一个包都会开一个 timer。如果 timer 到时了，还没有下一个包到来，eNB 会认为这是最后一个包，会发一个指示给 UE，告诉它发完了，防止最后一个包丢失。而 UE 侧也有计时器，回 NAK 后计时器开始，到时候如果还没有收到重发的话就会放弃这个包，由上层进行纠错。而且不同 QoS 的 HARQ 机制也不同，如 VOIP 之类的小时延业务，可能就会不要求上层重发，丢了就丢了，保证时延。

最后再介绍一下递增冗余（IR）这种方式，第一次发和重发的内容不同，那么是什么不同呢？大致原理是信息在进入通信系统后会首先进行调制和编码，经过调制的信息相当于压缩过的，是比较小的信息，第一次会先发这个信息。而经过编码的信息是带冗余的信息，如果第一次发送失败的话，第二次会将编码后的信息发射出去，由于冗余信息有纠错的功能，所以增加了重发的可靠性。

（3）同步 HARQ 和异步 HARQ

同步 HARQ：每个 HARQ 进程的时域位置被限制在预定义好的位置，这样可以根据 HARQ 进程所在的子帧编号得到该 HARQ 进程的编号。同步 HARQ 不需要额外的信令指示 HARQ 进程号。

异步 HARQ：不限制 HARQ 进程的时域位置，一个 HARQ 进程可以在任何一个子帧。

异步 HARQ 可以灵活地分配 HARQ 资源，但需要额外的信令指示每个 HARQ 进程所在的子帧。

可以根据业务的不同选择不同的方式。

2. HARQ 分类

根据重传内容不同，HARQ 主要分为 3 种类型：TYPE–I 型、TYPE–II 型和 TYPE–III 型。

（1）TYPE–I 型

TYPE–I 是一种简单的 ARQ 和 FEC 的结合。它仅在 ARQ 的基础上引入了纠错编码，发送数据块进行 CRC 编码后再进行 FEC 编码。接收端对接收的数据进行 FEC 译码和 CRC 校验，如果有错则放弃错误分组的数据，并向发送端反馈 NACK 信息请求重传与上一帧相同的数据包。一般来说，物理层设有最大重发次数的限制，防止由于信道长期处于恶劣的慢衰落状态而导致某个用户的数据包不断地重发，从而浪费信道资源。TYPE–I 方式的控制信令开销小，对错误数据包采取了简单的丢弃，而没有充分利用错误数据包中存在的有用信息。

TYPE–I 型的性能主要依赖于 FEC 的纠错能力，吞吐量不如 TYPE–II 型和 TYPE–III 型高。

（2）TYPE–II 型

TYPE–II 属于完全增量冗余（Incremental Redundancy，IR）方案，被称作 Full IR HARQ（FIR）。在这种方案下，第一次发送分组包含了全部的信息位（也可能含冗余校验位），当接收端 CRC 校验发现有错误时，接收端对已传的错误分组并不丢弃，而是将其寄存在接收端的寄存器中，并向发送端发送重传控制消息。其中重传数据并不是已传数据的简单复制，而是附加了不同的冗余信息，接收端每次都进行组合译码。由于增加了新的冗余信息帮助译码，TYPE–II 型的纠错能力增强，其在低信噪比的信道环境中很好地提高了系统性能。TYPE–II 型的缺点是接收端需要寄存器存储冗余数据。

（3）TYPE–III 型

TYPE–III 型是完全递增冗余重传机制的改进。接收错误的数据包同样不会被丢弃，接收机将其存储起来与后续的重传数据合并后进行解码。根据重传的冗余版本不同，TYPE–III 又可进一步分为两种：一种被称为 Chase Combining（CC）方式，其特点是各次重传冗余版本均与第一次传输相同，只具有一个冗余版本，接收端的解码器根据接收到的信噪比（SIR）加权组合这些发送分组的拷贝，这样可以获得时间分集增益；另一种是具有多个冗余版本的 TYPE–III，称为 Partial IR HARQ（PIR）方式，其每次重传包含了相同的信息位和不同的增量冗余校验位，接收端对重传的信息位进行软合并，并将新的校验位合并到码字后再进行译码，合并后的码字能够覆盖 FEC 编码中的比特位，使译码信息变得更全面，更利于正确译码。这两种方式有着共同的特点，重传的数据包具有自解码的能力，重传的数据包与初传的数据包采用软合并的方式获得最大的译码增益。

3. HARQ 基本过程

TDD–LTE 系统采用 N 通道的停等式 HARQ 协议，系统中配置相应的 HARQ 进程数。在等待某个 HARQ 进程的反馈信息过程中，可以继续使用其他的空闲进程传输数据包。

从重传的时序安排角度，可将 HARQ 分成同步 HARQ 和异步 HARQ。

（1）同步 HARQ

每个 HARQ 进程的时域位置被限制在预定义的位置，接收端预先已知重传发生的时刻，因此不需要额外的信令开销来指示 HARQ 进程的序号，亦不需要额外的重传控制信令，此时 HARQ 进程的序号可以从子帧号获得。但是，如果同时发送多个同步 HARQ 进程，就需要额外的信令指示。同步 HARQ 的操作如图 3-76 所示。

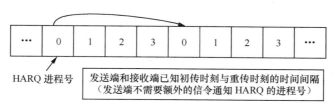

图 3-76　同步 HARQ 的操作

（2）异步 HARQ

不限制 HARQ 进程的时域位置，一个 HARQ 进程可以发生在任何时刻，接收端预先不知道传输发生的时刻，此时需要通过额外的重传控制信令来指示 HARQ 进程的位置。这种方式在调度方面的灵活性更高，但是增大了系统的信令开销。异步 HARQ 的操作如图 3-77 所示。

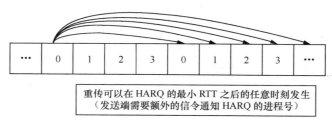

图 3-77　异步 HARQ 的操作

除重传的位置外，根据重传时的数据特征是否发生变化，又可以将 HARQ 的工作方式分为自适应 HARQ 和非自适应 HARQ 两种。

（1）自适应 HARQ

在每次重传的过程中，发送端可以根据无线信道条件，自适应地调整每次重传采用的资源块（Resource Block，RB）、调制方式、传输块大小、重传周期等参数。这种方法可看作 HARQ 和自适应调度、自适应调制和编码的结合，可以提高系统在时变信道中的频谱效率。但是，每次传输的过程中，包含传输参数的控制信令信息要一并发送，HARQ 流程的复杂度也相应提高了。

（2）非自适应 HARQ

由于各次重传均采用预定义好的传输格式，这样发送端和接收端均预先知道各次重传的资源数量、位置、调制方式等参数，因此包含传输参数的控制信令信息在非自适应系统中不需要被传送。

在 TDD-LTE 系统中，为了获得更好的合并增益，其上行或者下行链路中采用的是 TYPE-III 型的 HARQ。其中，下行采用异步自适应的 HARQ 技术，上行采用同步非自适应 HARQ 技术。

（1）下行异步 HARQ 流程

下行采用异步自适应 HARQ 技术，因为相对于同步非自适应 HARQ 技术而言，异步

HARQ 更能充分利用信道的状态信息，从而提高系统的吞吐量。同时，异步 HARQ 可以避免重传时资源分配发生冲突从而造成性能损失。

下行异步 HARQ 操作是通过上行 ACK/NACK 信令传输、新数据指示（New Date Indicator，NDI）、下行资源分配信令传输和下行数据的重传完成的。UE 首先通过物理上行控制信道（Physical Uplink Control Channel，PUCCH）向 eNode B 反馈上次传输的 ACK/NACK 信息，eNode B 对此信息进行调制和处理，并根据 ACK/NACK 信息和下行资源分配情况对重传数据进行调度。然后物理下行共享信道（Physical Downlink Shared Channel，PDSCH）按照下行调度的时域位置发送重传数据，经一定的延迟，UE 接收到重传数据并进行处理，处理完成后通过 PUCCH 再次反馈对此次重传的 ACK/NACK 信息。至此，一次下行 HARQ 数据包传送完成。

（2）上行同步 HARQ 流程

虽然异步自适应 HARQ 技术相比同步非自适应技术而言，在调度方面的灵活性更高，但是后者所需的信令开销更少。由于上行链路的复杂性，来自其他小区用户的干扰是不确定的，因此基站无法精确估测出各个用户实际的信噪比（SINR）值，上行链路的平均传输次数会高于下行链路。因此，考虑到控制信令的开销问题，在上行链路确定使用同步非自适应 HARQ 技术。

上行同步 HARQ 操作是通过上行 ACK/NACK 信令传输、新数据指示符（New Date Indicator，NDI）和上下行数据的重传来完成的。每次重传的信道编码冗余版本（Redundancy Version，RV）和传输格式都是预定义好的，不需要额外的信令支持，只需要 1bit 的 NDI 指示此次传输是新数据的首次传输，还是旧数据的重传即可。eNode B 首先通过物理 HARQ 指示信道（Physical HARQ Indicator Channel，PHICH）向 UE 反馈上次传输的 ACK/NACK 信息。经一定延迟，UE 接收到此信息并进行解调和处理，根据 ACK/NACK 信息在预定义的时域位置通过物理上行共享信道（Physical Upwnlink Shared Channel，PDSCH）发送重传数据，并经过一定延迟到达 eNode B 端，eNode B 对上行重传数据进行处理，并通过 PHICH 再次反馈对此次重传的 ACK/NACK 信息。至此，一次上行 HARQ 数据包传送完成。

知识总结

1. 移动通信在无线信道传输过程中面临的衰落与损耗分类如图 3-78 所示。

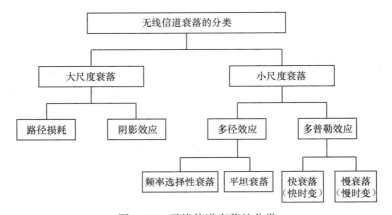

图 3-78　无线信道衰落的分类

2. 移动通信技术中的两种双工通信模式。TDD（Time-division Duplex）模式指时分双工模式；FDD（Frequency-division Duplex）模式指频分双工模式。TDD-LTE 与 FDD-LTE 的区别分别是 4G 两种不同的制式，一个是时分，一个是频分，这两种制式各自有自己的优缺点。

3. OFDM 即正交频分复用，是一种能够充分利用频谱资源的多载波传输方式。OFDM 系统允许各子载波之间紧密相邻，甚至部分重合，通过正交复用方式避免频率间干扰，降低了保护间隔的要求，从而实现很高的频率效率。LTE 系统下行链路采用 OFDMA 接入方式，是基于 OFDM 的应用。LTE 上行链路所采用的 SC-FDMA 多址接入技术基于 DFT-spread OFDM 传输方案，同 OFDM 相比，它具有较低的峰均比。

4. MIMO 技术利用多径衰落，在不增加带宽和天线发送功率的情况下，达到提高信道容量、频谱利用率及下行数据的传输质量。LTE MIMO 下行方案可分为两大类：发射分集和空间复用。目前，考虑采用的发射分集方案包括块状编码传送分集（STBC，SFBC）、时间（频率）转换发射分集（TSTD，FSTD）、循环延迟分集（CDD）在内的延迟分集（作为广播信道的基本方案）、基于预编码向量选择的预编码技术。与下行多用户 MIMO 不同，上行多用户 MIMO 是一个虚拟的 MIMO 系统，即每一个终端均发送一个数据流，两个或者更多的数据流占用相同的时频资源。从接收机来看，这些来自不同终端的数据流可以看作来自同一终端不同天线上的数据流，从而构成一个 MIMO 系统。

5. 自适应调制和编码（Adaptive Modulation and Coding，AMC）技术的基本原理是在发送功率恒定的情况下，动态地选择适当的调制和编码方式（Modulation and Coding Scheme，MCS），确保链路的传输质量。当信道条件较差时，降低调制等级以及信道编码速率；当信道条件较好时，提高调制等级以及编码速率。

思考与练习

1. 所谓多普勒效应就是当发射源与接收体之间存在相对运动时，接收体接收的与_____不相同，这种现象称为多普勒效应。

2. 所谓多径效应是指无线信号在经过短距离传播后其_____。

3. 频分双工是指_____和_____的传输分别在不同的频率上进行。

4. TDD 模式的移动通信系统中接收和传送是在_____信道即载波的_____，用保证时间来分离接收与传送信道。

5. 采用 OFDM 的一个主要原因是它可以有效地对抗_____扩展。

6. OFDM 同步技术有_____和_____。

7. 简述 OFDM 技术主要优缺点。

8. SC-FDMA 的两种资源分配方式为_____、_____。

9. 天线切换分集，包括_____切换分集和_____切换发射分集。

10. 预编码技术可以分为_____和_____方法。

11. 在空间复用中，开环复用和闭环复用有什么区别呢？

12. 为解决延迟发射分集的什么问题提出了循环延迟发射分集呢？

13. 对于不同的场景如何选择 MIMO 系统模式呢？

14. HARQ 主要分为 3 种类型，包括_____、_____和_____。

15. ARQ、FEC 和 HARQ 有什么区别？

16. LTE 系统上下行均支持如下调制方式，即_____、_____和_____。

17. 简要说明卷积与 Turbo 编码如何实现。

18. 移动通信在自由空间传输过程中会面临的困难有哪些，怎么克服呢？

实践活动：调研OFDM关键技术在LTE中的应用和实际意义

一、实践目的

1. 熟悉 LTE 上行多址方式以及其他关键及其实现。

2. 掌握 OFDM、MIMO 等关键技术在 LTE 中的应用和实际意义。

二、实践要求

各学员通过调研、搜集网络数据等方式，结合本章节学习内容归纳总结完成。

三、实践内容

1. 调研 LTE 中涉及的各关键技术在 LTE 中的作用和要解决的实际问题。

2. 调研以下问题：一般情况下，对于移动通信系统上下行的多址方式是一致的，在 LTE 系统中也是这样吗？如果一样，LTE 采用的是哪种多址方式呢？如果不一样，又是为什么，LTE 为什么要首开先例呢？

3. 分组讨论：为什么第四代移动通信技术要放弃第三代移动通信技术普遍采用的 CDMA 技术，转而采用 OFDM 技术，到底哪种技术更优秀？第四代移动通信技术放弃人人追捧的 CDMA，选择 OFDM 的因素又有哪些呢？

项目4 物理层设计及基本过程解析

公司在引入新进员工时，除了办理正常入职流程手续外，还有一点关键的程序，就是让新员工尽快地熟读日后需要掌握的公司员工手册。

员 工 手 册

"员工手册"是企业规章制度、企业文化与企业战略的浓缩，是企业内的"法律法规"，同时还起到了展示企业形象、传播企业文化的作用。它既覆盖了企业人力资源管理各个方面规章制度的主要内容，又因适应企业独特个性的经营发展需要而弥补了规章制度制定上的一些疏漏。站在企业的角度，合法的"员工手册"可以成为企业有效管理的"武器"；站在劳动者的角度，它是员工了解企业形象、认同企业文化的渠道，也是自己工作规范、行为规范的指南。特别是，在企业单方面解聘员工时，合法的"员工手册"往往会成为有力的依据之一。

在LTE网络里，物理层就像"员工手册"一样重要，向网络高层提供传输数据的服务，同时对经过的数据进行相关的技术处理与保护。

> Willa：师父，我已经学完4G的关键技术了，可是现在我还是不明白，4G上网为什么比3G快那么多？
>
> Wendy：4G相比3G最重要的就是在物理层，物理层对于每个移动通信系统都显得举足轻重，可以说物理层才能从根本上体现一个系统的先进性。
>
> Willa：物理层又是什么呢？
>
> Wendy：从今天开始我们就要开始学习4G的物理层和基本过程了。
>
> Willa：哦！好。
>
> Wendy：物理层这块比较抽象和复杂，你要努力学啊！
>
> Willa：好的。
>
> Wendy：我们开始吧。

在项目三中，我们学习了 LTE 网络架构及接口协议规范，但是以移动通信为代表的无线通信系统都是资源受限的系统，而用户的数量却在持续高速增长。如何利用有限的资源来满足日益增长的用户需求，已经成为移动通信系统发展过程中亟须解决的问题。本章将介绍 LTE 系统如何利用这些有限资源，同时讲解 FDD 和 TDD 两种制式的物理层时隙帧结构以及物理信号的处理过程。

学习目标

1. 识记：TDD 与 FDD LTE 无线帧结构。
2. 认知：物理资源的定义与信道间的映射关系。
3. 领会：上下行物理信道与信号。
4. 分析：物理层基本过程的分析。

物理层概述

LTE 物理层在技术上实现了重大革新与性能增强。关键的技术创新主要体现在以下几方面：以 OFDMA 为基本多址技术实现时频资源的灵活配置；通过采用 MIMO 技术实现了频谱效率的大幅度提升；通过采用 AMC、功率控制、HARQ 等自适应技术以及多种传输模式的配置进一步提高了对不同应用环境的支持和传输性能优化；通过采用灵活的上下行控制信道为充分优化资源管理提供了可能。

协议结构

物理层周围的 TDD-LTE 无线接口协议结构如图 4-1 所示。物理层与层 2 的 MAC 子层和层 3 的无线资源控制 RRC 子层具有接口，其中的圆圈表示不同层 / 子层间的服务接入点 SAP。物理层向 MAC 层提供传输信道。MAC 层提供不同的逻辑信道给层 2 的无线链路控制 RLC 子层。

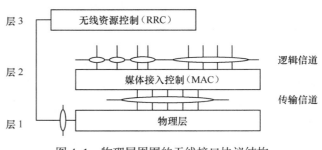

图 4-1　物理层周围的无线接口协议结构

物理层功能

LTE 系统中空中接口的物理层主要负责向上层提供底层的数据传输服务。为了提供数据传输服务，物理层将包含如下功能。

① 传输信道的错误检测并向高层提供指示。

② 传输信道的前向纠错编码（FEC）与译码。

③ 混合自动重传请求（HARQ）软合并。

④ 传输信道与物理信道之间的速率匹配及映射。

⑤ 物理信道的功率加权。

⑥ 物理信道的调制与解调。

⑦ 时间及频率同步。

⑧ 射频特性测量并向高层提供指示。

⑨ MIMO 天线处理。

⑩ 传输分集。

⑪ 波束赋形。

⑫ 射频处理。

下面简要介绍一下 LTE 系统的物理层关键技术方案。

系统带宽：LTE 系统载波间隔采用 15kHz，上下行的最小资源块均为 180kHz，也就是 12 个子载波宽度，数据到资源块的映射可采用集中式或分布式两种方式。通过合理配置子载波数量，系统可以实现 1.4~20MHz 的灵活带宽配置。

OFDMA 与 SC-FDMA：LTE 系统的下行基本传输方式采用正交频分多址 OFDMA 方式，OFDM 传输方式中的 CP（循环前缀）主要用于有效地消除符号间干扰，其长度决定了 OFDM 系统的抗多径能力和覆盖能力。为了达到小区半径 100km 的覆盖要求，LTE 系统采用长短两套循环前缀方案，根据具体场景进行选择：短 CP 方案为基本选项，长 CP 方案用于支持大范围小区覆盖和多小区广播业务。上行方向，LTE 系统采用基于带有循环前缀的单载波频分多址（SC-FDMA）技术。选择 SC-FDMA 作为 LTE 系统上行信号接入方式的一个主要原因是为了降低发射终端的峰值平均功率比，进而减小终端的体积和成本。

双工方式：LTE 系统支持两种基本的工作模式，即频分双工（FDD）和时分双工（TDD）；支持两种不同的无线帧结构，帧长度均为 10ms。

调制方式：LTE 系统上下行均支持如下调制方式：QPSK、16QAM 及 64QAM。

信道编码：LTE 系统中对传输块使用的信道编码方案为 Turbo 编码，编码速率为 R=1/3，它由两个 8 状态子编码器和一个 Turbo 码内部交织器构成。其中，在 Turbo 编码中使用栅格终止方案。

多天线技术：LTE 系统引入了 MIMO 技术，通过在发射端和接收端同时配置多个天线，大幅度提高了系统的整体容量。LTE 系统的基本 MIMO 配置是下行 2×2、上行 1×2 个天线，但同时也可考虑更多的天线配置（最多 4×4）。LTE 系统对下行链路采用的 MIMO 技术包括发射分集、空间复用、空分多址、预编码等，对于上行链路，LTE 系统采用了虚拟 MIMO 技术以增大容量。

物理层过程：LTE 系统中涉及多个物理层过程，包括小区搜索、功率控制、上行同步、下行定时控制、随机接入相关过程、HARQ 等。通过在时域、频域和功率域进行物理资源控制，LTE 系统还隐含支持干扰协调功能。

物理层测量：LTE 系统支持 UE 与 eNode B 之间的物理层测量，并将相应的测量结果向高层报告。具体测量指标包括同频和异频切换的测量、不同无线接入技术之间的切换测量、定时测量以及无线资源管理的相关测量。

》4.1　任务一：认知 LTE 无线帧结构

【任务描述】

大家都知道，铁路的客运线路大多都是同时有上行和下行（北上南下）两条线路的，就好比本节所涉及的 TDD-LTE 双工方式。但是，铁路货运线路则是一条线路，在不同的时间让火车进或者是出，不分上下行，就好比本节所涉及的 FDD-LTE 双工方式。本节需要掌握 LTE 无线帧结构知识；因为 LTE 从双工方式来分，又分为 TDD-LTE 和 FDD-LTE，所以帧结构上也会有所差异，两种双工方式在技术上有何差别，也是需要我们了解的。我们可以通过以下学习来了解它们之间的区别。

4.1.1　无线传输帧结构

LTE 在空中接口上支持两种帧结构：类型 1 和类型 2，其中类型 1 用于 FDD 模式；类型 2 用于 TDD 模式，两种无线帧长度均为 10ms。在 FDD 模式下，10ms 的无线帧分为 10 个长度为 1ms 的子帧（Subframe），每个子帧由两个长度为 0.5ms 的时隙（slot）组成，如图 4-2 所示。

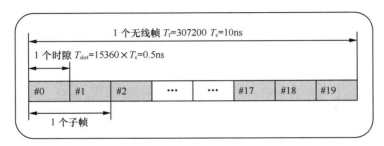

图 4-2　类型 1 帧结构

在 TDD 模式下，每个 10ms 的无线帧包含两个长度为 5ms 的半帧（Half Frame），每个半帧由 5 个长度为 1ms 的子帧组成，其中有 4 个普通子帧和 1 个特殊子帧。普通子帧包含两个 0.5ms 的常规时隙，特殊子帧由 3 个特殊时隙（UpPTS、GP 和 DwPTS）组成，如图 4-3 所示。

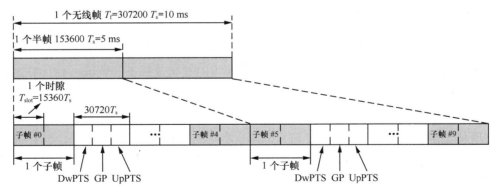

图 4-3　类型 2 帧结构

TDD 帧结构如图 4-3 所示。每个无线帧的总长度 $T_{frame} = 10ms$，进一步可以分成 10 个长度为 $T_{subframe} = 1ms$ 的子帧。为了提供一致且精确的时间定义，LTE 系统以 $T_s = 1/30\ 720\ 000s$ 作为基本时间单位，系统中所有的时隙都是这个基本单位的整数倍。下图中的时隙可表示为 $T_{frame} = 307200T_s$，$T_{subframe} = 30720T_s$。

每个 10ms 无线帧包括 2 个长度为 5ms 的半帧，每个半帧由 4 个数据子帧和 1 个特殊子帧组成。特殊子帧包括 3 个特殊时隙：DwPTS、GP 和 UpPTS，总长度为 1ms。

知识引申

T_s 概念的引入：LTE 系统以 T_s=1/30720000s 作为基本时间单位。

T_s=1/(15000×2048)s=1/30720000s，其中 15000 为子载波间隔 15kHz，2048 为 2 的 11 次方，是系统进行傅里叶变化的级数。

4.1.2　特殊时隙的设计

在类型 2 TDD 帧结构中，特殊子帧由 3 个特殊时隙组成：DwPTS、GP 和 UpPTS，总长度为 1ms，如图 4-4 所示。DwPTS 的长度为 3 ~ 12 个 OFDM 符号，UpPTS 的长度为 1 ~ 2 个 OFDM 符号，相应的 GP 长度为（1 ~ 10 个 OFDM 符号，70 ~ 700μs/10 ~ 100km）。UpPTS 中，最后一个符号用于发送上行 sounding 导频。DwPTS 用于正常的下行数据发送，其中主同步信道位于第三个符号，同时该时隙中下行控制信道的最大长度为两个符号（与MBSFN subframe 相同）。图 4-4 为 TDD 帧结构特殊时隙设计。

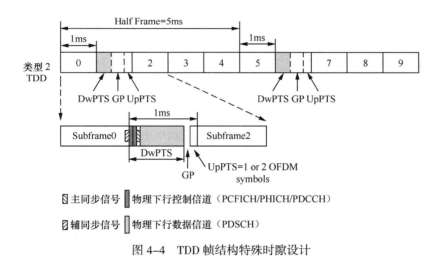

图 4-4　TDD 帧结构特殊时隙设计

① 特殊子帧包括 3 个时隙：DwPTS、GP 和 UpPTS，总长 1ms。其中，DwPTS 和 UpPTS 长度可配，为了节省网络开销，TDD-LTE 允许利用特殊时隙 DwPTS 和 UpPTS 传输系统控制信息。

② DwPTS：可看作一个特殊的下行子帧，最多 12 个 symbol，最少 3 个 symbol，可用于传送下行数据和信令。

③ UpPTS：不发任何控制信令或数据，长度为 2 个或 1 个 symbol；2 个符号时用于传输 RRACH Preamble 或 Sounding RS，当为 1 个符号时只用于 Sounding RS。在 FDD 中，上行 Sounding 是在普通数据子帧中传输的。

④ GP：根据 DwPTS、UpPTS 长度，GP 长度对应为 1 ~ 10 个 symbol。保证距离天线远近不同的 UE 上行信号在 eNode B 的天线空口对齐；提供上下行转化时间（eNode B 的上行到下行的转换实际也有一个很小转换时间 Tud，小于 20μs），避免相邻基站间上下行

干扰；GP 大小决定了支持小区半径的大小，TDD–LTE 最大可以支持 100km。

4.1.3 同步信号设计

除了 TDD 固有的特性之外（上下行转换、GP 等），类型 2 TDD 帧结构与类型 1 FDD 帧结构主要区别在于同步信号的设计，如图 4–5 所示。LTE 同步信号的周期是 5ms，分为主同步信号（PSS）和辅同步信号（SSS）。LTE TDD 和 FDD 帧结构中，同步信号的位置 / 相对位置不同。在类型 2 TDD 中，PSS 位于 DwPTS 的第三个符号，SSS 位于 5ms 第一个子帧的最后一个符号；在类型 1 FDD 中，主同步信号和辅同步信号位于 5ms 第一个子帧内前一个时隙的最后两个符号。利用主、辅同步信号相对位置的不同，终端可以在小区搜索的初始阶段识别系统是 TDD 还是 FDD。

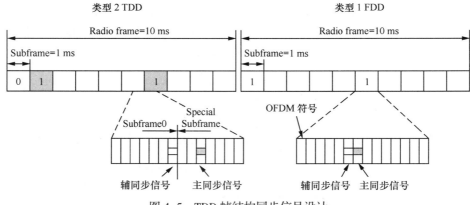

图 4–5　TDD 帧结构同步信号设计

4.1.4 上下行配比选项

FDD 依靠频率区分上下行，其单方向的资源在时间上是连续的；由于 TDD 依靠时间来区分上下行，所以其单方向的资源在时间上是不连续的，时间资源在两个方向上进行了分配，如图 4–6 所示。

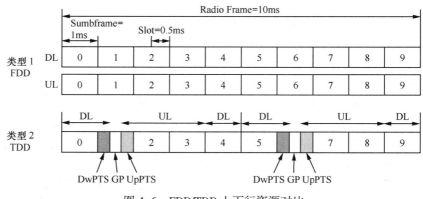

图 4–6　FDD/TDD 上下行资源对比

　　LTE –TDD 可根据不同业务类型调整上下行配比，以满足上下行非对称业务的需求，最大限度增大频谱效率；而 FDD 仅有 1:1 一种子帧配比，无法根据业务需要最大化频谱效率。TDD–LTE 中支持 5ms 和 10ms 的上下行子帧切换周期，7 种不同的上、下行时间配比，从将大部分资源分配给下行的 "9:1" 到上行占用资源较多的 "2:3"，具体配置如图 4–7 所示。在实际使用时，网络可以根据业务量的特性灵活地选择配置。

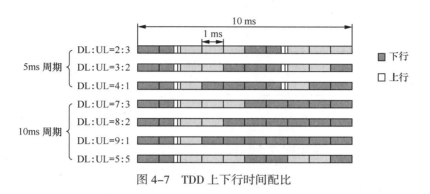

图 4–7　TDD 上下行时间配比

　　TDD 子帧配比见表 4–1，TDD 系统子帧时隙配比见表 4–2。

表4-1　TDD系统子帧配比表

Subframe No	Subframe #0	DwPTS UpPTS	Subframe #2	Subframe #3	Subframe #4	Subframe #5	DwPTS UpPTS	Subframe #7	Subframe #8	Subframe #9
0	DL		UL	DL	DL	DL		UL	DL	DL
1	DL		UL	UL	DL	DL		UL	UL	DL
2	DL		UL	UL	UL	DL		UL	UL	UL
3	DL		UL	DL	DL	DL	DL	DL	DL	DL
4	DL		UL	UL	DL	DL	DL	DL	DL	DL
5	DL		UL	UL	UL	DL	DL	DL	DL	DL
6	DL		UL	UL	UL	DL		UL	UL	DL

　　配置 1：转换周期为 5ms 表示每 5ms 有 1 个特殊时隙。这类配置因为 10ms 有两个上下行转换点，所以 HARQ 的反馈较为及时，适用于对时延要求较高的场景。

　　配置 5：转换周期为 10ms 表示每 10ms 有 1 个特殊时隙。这种配置对时延的保证略差一些，好处是 10ms 只有一个特殊时隙，所以系统损失的容量相对较小。

表4-2　TDD系统子帧时隙配比表

Configuration	Normal cyclic prefix			Extended cyclic prefix		
	DwPTS	GP	UpPTS	DwPTS	GP	UpPTS
0	3	10	1 OFDM symbols	3	8	1 OFDM symbols
1	9	4		8	3	

（续表）

Configuration	Normal cyclic prefix			Extended cyclic prefix		
	DwPTS	GP	UpPTS	DwPTS	GP	UpPTS
2	10	3	1 OFDM symbols	9	2	1 OFDM symbols
3	11	2		10	1	
4	12	1		3	7	
5	3	9	2 OFDM symbols	8	2	2 OFDM symbols
6	9	3		9	1	
7	10	2		—	—	—
8	11	1		—	—	—

在常规 CP 的情况下，常用配置 5 和配置 7 的方案。TDD-LTE 特殊子帧配置和上下行时隙配置没有制约关系，可以相对独立地进行配置，支持 10:2:2（以提高下行吞吐量为目的）和 3:9:2（以避免远距离同频干扰或某些 TD-SCDMA 配置引起的干扰为目的）。

4.1.5 TDD-LTE 与 FDD-LTE 的差异

1. 时分双工（TDD）和频分双工（FDD）是两种不同的双工方式

TDD 用时间来分离接收和发送信道，接收和发送使用同一频率信道，其单方向的资源在时间上是不连续的，时间资源在两个方向上进行了分配，基站和终端之间必须协同一致才能顺利工作。

FDD 是在分离的两个对称频率信道上进行接收和发送，用保护频段来分离接收和发送信道，其单方向的资源在时间上是连续的。FDD 在支持对称业务时，能充分利用上下行的频谱，但在支持非对称业务时，频谱利用率将大大降低。

TDD 双工方式的工作特点使 TDD 具有如下优势。

① 能够灵活配置频率，使用 FDD 系统不易使用的零散频段。

② 可以通过调整上下行时隙转换点，提高下行时隙比例，能够很好地支持非对称业务。

③ 具有上下行信道一致性，基站的收 / 发可以共用部分射频单元，降低了设备成本。

④ 接收上下行数据时，不需要收发隔离器，只需一个开关即可，降低了设备的复杂度。

⑤ 具有上下行信道互惠性，能够更好地采用传输预处理技术，如预 RAKE 技术、联合传输（JT）技术、智能天线技术等，能有效地降低移动终端的处理复杂性。

TDD 双工方式相较于 FDD，存在的不足。

① TDD 方式的时间资源分别分给了上行和下行，因此 TDD 的发射时间大约只有 FDD 的一半。如果 TDD 要发送和 FDD 同样多的数据，就要增大 TDD 的发送功率。

② 在相同带宽条件下，TDD 的峰值速率要低于 FDD。

③ TDD 系统上行受限，因此 TDD 基站的覆盖范围明显小于 FDD 基站。

④ TDD 系统收发信道同频，无法进行干扰隔离，系统内和系统间存在干扰。

⑤ 为了避免与其他无线系统之间的干扰，TDD 需要预留较大的保护带，影响了整体频谱利用效率。

2. TDD-LTE 与 FDD-LTE 技术相同点

TDD 与 FDD 技术相同点对比见表 4-3。

表4-3 TDD与FDD技术相同点对比表

技术点	TDD LTE	FDD LTE
信道带宽配置灵活	1.4M、3M、5M、10M、15M、20M	1.4M、3M、5M、10M、15M、20M
多址方式	DL:OFDM UL:SC-FDMA	DL:OFDM UL:SC-FDMA
编码方式	卷积码、Turbo码	卷积码、Turbo码
调制方式	QPSK、16QAM、64QAM	QPSK、16QAM、64QAM
功控方式	开闭环结合	开闭环结合
链路自适应	支持	支持
拥塞控制	支持	支持
移动性	最高支持350km/h	最高支持350km/h
语音解决方案	CSFB[①]/SRVCC[②]	CSFB/SRVCC

① CSFB（CS Fallback）：发生语音呼叫，终端切换到 3G 或 GSM 接入网去实现。

② SRVCC（Single Radio Voice Call Continuity）：双模单待无线语音呼叫连续性。

3. TDD-LTE 与 FDD-LTE 技术不同点

TDD 与 FDD 技术不同点对比见表 4-4。

表4-4 TDD与FDD技术不同点对比表

技术点	TDD LTE	FDD LTE
频段	3GPP定义TDD/FDD工作频段不同	
双工方式	TDD	FDD
帧结构	类型1	类型2
子帧上下行配比	多种子帧上下行配比组合	子帧全部上行或者下行
HARQ	进程数/延时随上下行配比不同而不同	进程数与延时固定
同步	主、辅同步信号符号位置不同	
天线	自然支持AAS[①]	不能很方便地支持AAS
RRU	需要T/R转换器，引入1.5dB插损	需要双工器，引入1dB插损
波束赋形	支持（基于上下行信道互易性）	不支持（无上下行信道互易性）
随机接入前导	Format0 ~ 4	Format0 ~ 3
MIMO 工作模式	支持模式1 ~ 8	协议模式1 ~ 8，但实际不支持BF
干扰	必须严格同步	异频组网，保护带宽即满足需求

ASS（Adaptive Antenna System）：自适应天线系统

博士课堂

TDD-LTE 与 TD-SCDMA 帧结构区别如下。

① 时隙长度不同。TDD-LTE 的子帧（相当于 TD-SCDMA 的时隙概念）长度和 FDD-LTE 保持一致，有利于产品实现以及借助 FDD 的产业链。

② TDD-LTE 的特殊时隙有多种配置方式，DwPTS、GP、UpPTS 可以改变长度，以适应覆盖、容量、干扰等不同场景的需要。

③ 在某些配置下，TDD-LTE 的 DwPTS 可以传输数据，能够进一步增大小区容量。

④ TDD-LTE 的调度周期为 1ms，即每 1ms 都可以指示终端接收或发送数据，保证更短的时延，而 TD-SCDMA 的调度周期为 5ms。

4.2 任务二：初识物理资源和信道

【任务描述】

本节对 LTE 系统的资源单位、信道进行学习，如系统中最小资源粒子 RE、资源块 RB、子载波间隔等。无线信道是对无线通信中发送端和接收端之间通路的一种形象比喻。对于无线电波而言，它从发送端传送到接收端，其间并没有一个有形的连接，它的传播路径也有可能不只一条，我们为了形象地描述发送端与接收端之间的工作，可以想象两者之间有一个看不见的道路衔接，把这条衔接通路称为信道。本节我们来学习 LTE 系统里的"道路"，即信道。

4.2.1 物理资源

1. LTE 中资源单位的概念

（1）子载波的概念及间隔

子载波：LTE 采用的是 OFDM 技术，不同于 WCDMA 采用的扩频技术，每个 symbol 占用的带宽都是 3.84MHz，通过扩频增益来对抗干扰。OFDM 则是每个 symbol 都对应一个正交的子载波，通过载波间的正交性来对抗干扰。协议规定，通常情况下子载波间隔 15kHz，在 Normal CP（Cyclic Prefix）情况下，每个子载波一个 slot 有 7 个 symbol；在 Extend CP 情况下，每个子载波一个 slot 有 6 个 symbol。图 4-8 给出的是常规 CP 情况下的时频结构。从竖向来看，每个方格对应频率上一个子载波，与相邻子载波的间隔为 15kHz。

（2）最小资源粒子 RE 的概念

资源栅格中的最小单元为资源粒子（RE），它由时域 SC-FDMA 符号和频域子载波唯一确定。

（3）资源块 RB 的概念

频率上连续 12 个子载波，时域上一个 slot，称为一个 RB。如图 4-8 所示，黑色粗框内就是一个 RB。根据一个子载波的带宽是 15kHz，可以得出一个 RB 的带宽为 $12 \times 15\text{kHz}$（常规 CP）=180kHz。

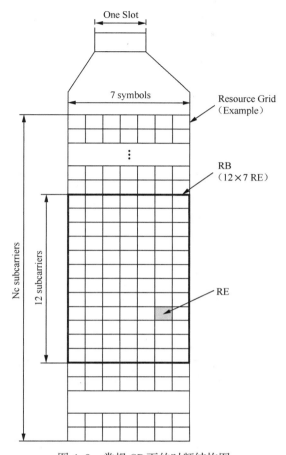

图 4-8　常规 CP 下的时频结构图

LTE 的频谱带宽包括 1.4MHz、3MHz、5MHz、10MHz、15MHz 以及 20MHz。不同带宽与 RB 数之间的关系见表 4-5。

表4-5　系统不同带宽对应的RB数

信道带宽（MHz）	1.4	3	5	10	15	20
RB数	6	15	25	50	75	100
实际占用带宽（MHz）	1.08	2.7	4.5	9	13.5	18

（4）REG 的概念

REG 是 Resource Element Group 的缩写，一个 REG 包括 4 个连续未被占用的 RE。REG 主要针对 PCFICH 和 PHICH 速率很小的控制信道资源分配，提高资源的利用效率和分配灵活性。

（5）TTI 的概念

在 3GPP LTE 与 LTE-A 的标准中，一般认为 1TTI=1ms，即一个 subframe（子帧 = 2slot）的大小。它是无线资源管理（调度等）所管辖时间的基本单位。

2. LTE 中 CP 的概念及作用

CP（Cyclic Prefix）中文可译为循环前缀，它包含的是 OFDM 符号的尾部重复，如图 4-9 的虚线框内所示。CP 主要用来对抗实际环境中的多径干扰，不加 CP 的话，由于多径导致的时延扩展会影响子载波之间的正交性，造成符号间干扰。

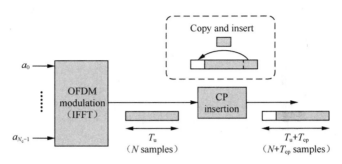

图 4-9　CP 的工作原理图

如果多径时延扩展大于 CP 长度时，同样会造成符号间串扰。协议中规定的 CP 长度已经根据实际情况进行考虑，可以满足绝大多数情况，其他情况会采用扩展 CP 来容忍更大的时延扩展。CP 的类型见表 4-6。

表4-6　CP的类型及不同长度CP的应用场景

CP类型	子载波间隔	OFDM符号数（一个时隙）	CP的长度	应用场景
常规CP	15kHz	7	$CP1=160T_s$	普通场景保护第一个OFDM符号
			$CP2=144T_s$	普通场景保护后六个OFDM符号
扩展CP	15kHz	6	$CP3=512T_s$	远距离覆盖
	7.5kHz	3	$CP4=1024T_s$	多播业务超远距离覆盖

 小提示

占用带宽 = 子载波间隔 × 每 RB 的子载波数 × RB 数
子载波间隔 = 15kHz
1 个 RB 的子载波数 = 120kHz

LTE 上下行传输使用的最小资源单位叫作资源粒子（Resource Element，RE）。

LTE 在进行数据传输时，将上下行时频域物理资源组成资源块（Resource Block，RB），作为物理资源单位进行调度与分配。

1 个 RB 由若干个 RE 组成，在频域上包含 12 个连续的子载波、在时域上包含 7 个连续的 OFDM 符号（在 Extended CP 情况下为 6 个），即频域宽度为 180kHz，时间长度为 0.5ms。
下行和上行时隙的物理资源结构图分别如图 4-10 和图 4-11 所示。

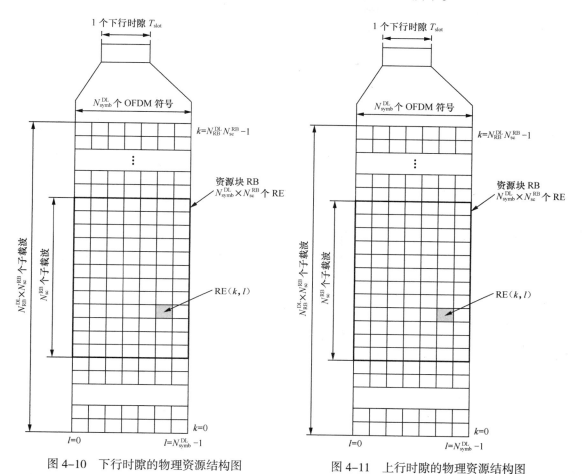

图 4-10 下行时隙的物理资源结构图   图 4-11 上行时隙的物理资源结构图

4.2.2 物理信道及处理流程

1. 下行物理信道及处理流程

LTE 系统包括 6 个下行物理信道，即物理下行共享信道（Physical Downlink Shared Channel，PDSCH）、物理广播信道（Physical Broadcast Channel，PBCH）、物理多播信道（Physical Multicast Channel，PMCH）、物理控制格式指示信道（Physical Control Format Indicator Channel，PCFICH）、物理下行控制信道（Physical Downlink Control Channel，PDCCH）、物理 HARQ 指示信道（Physical Hybrid ARQ Indicator Channel，PHICH）。

下面将对下行时隙物理资源粒子、下行物理信道基本处理流程及各个信道具体处理流程作详细描述。

（1）下行时隙结构和物理资源定义

1）资源栅格

在资源划分上，RB、RE 等概念与上行一致。区别在于下行支持 MBSFN，上行子载波

间隔 Δf 只有 15kHz 一种，而下行的子载波间隔 Δf 有 15kHz 和 7.5kHz 两种。当子载波间隔为 7.5kHz 时，每个时隙由 3 个 OFDM 符号组成。下行资源栅格如图 4-12 所示。

在多天线传输的情况下，每个天线端口对应一个资源栅格，而每个天线端口由与其相关的参考信号来定义。注意，这里的天线端口与物理天线不是直接对应的，与具体采用的 MIMO 技术有关。一个小区中支持的天线端口集合取决于参考信号的配置。

① 小区专用（Cell-specific）的参考信号，与非 MBSFN 传输相关联，支持 1 个、2 个和 4 个天线端口配置，天线端口序号分别满足 $p = 0$、$p \in \{0,1\}$ 和 $p \in \{0,1,2,3\}$。

② MBSFN 参考信号，与 MBSFN 传输相关联，在天线端口 $p = 4$ 上传输。

③ 终端专用参考信号，在天线端口 $p = 5$ 上传输。

2）资源粒子

资源粒子（RE）是天线端口 p 上的资源栅格中的最小单元。它通过索引对

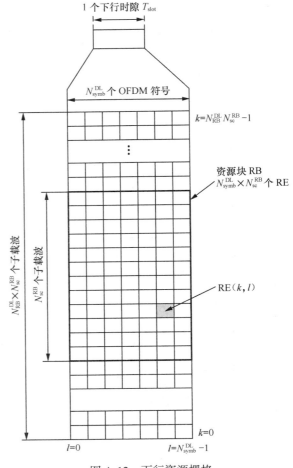

图 4-12 下行资源栅格

（k，l）来进行唯一标识，其中 $k = 0, \cdots, N_{RB}^{DL} N_{sc}^{RB} - 1$，$l = 0, \cdots, N_{symb}^{DL} - 1$ 分别表示在频域和时域的序号。在天线端口 p 上的每一资源粒子（k，l）对应一个复数 $a_{k,l}^{(p)}$。在不导致混淆的情况下，索引的标识可以被省略。

3）资源块

资源块用于描述物理信道到资源单元的映射，下行 RB 的定义与上行一致。

4）虚拟资源块

因为下行支持集中式（Localized）和分布式（Distributed）两种映射方式，TDD-LTE 定义了两种类型的虚拟资源块：分布式传输的虚拟资源块和集中式传输的虚拟资源块。一个子帧中两个时隙上的一对虚拟资源块共同用一个独立虚拟资源块号 n_{VRB} 进行标识。

5）资源粒子组（Resource Element Group，REG）

资源粒子组用于定义控制信道到资源粒子的映射。一个资源粒子组由资源粒子序（k'，l'）表示，且其中最小的组内序号为 k，一个资源粒子组中的所有资源粒子具有相同的序号 l。一个资源粒子组中的资源粒子集合（k，l）取决于配置的小区专用参考信号数目。

（2）下行物理信道基本处理流程

下行物理信道基本处理流程如图 4-13 所示。

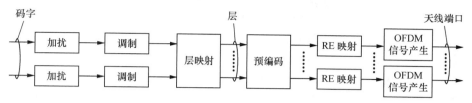

图 4-13　下行物理信道基本处理流程

① 加扰：对将要在物理信道上传输的每个码字中的编码比特进行加扰。

② 调制：对加扰后的比特进行调制，产生复值调制符号。

③ 层映射：将复值调制符号映射到一个或者多个传输层。

④ 预编码：对将要在各个天线端口上发送的每个传输层上的复值调制符号进行预编码。

⑤ 映射到资源元素：把每个天线端口的复值调制符号映射到资源元素上。

⑥ 生成 OFDM 信号：为每个天线端口生成复值的时域 OFDM 符号。

这里只简单述说一下预编码和 RE 映射。

预编码

LTE 中的 MIMO 预处理功能主要定义在预编码模块中。

① 对于单端口传输而言，预编码的作用仅仅是简单的一对一映射。

② 对于传输分集而言，预编码模块实现了 SFBC（2CRS 端口的情况）或 FSTD/SFBC（4CRS 的情况）传输分集。

③ 对于开环空间复用，预编码实现了层之间的数据混合、CDD 传输以及盲预编码功能。

④ 对于闭环空间复用（包括 Rank1 的情况）与 MU-MIMO，规范中定义的预编码模块实现了基于码本的预编码。

⑤ 对于基于专用导频的传输，预编码只完成层到专用导频端口的一对一映射，而实际的波束赋形功能通过天线端口到物理天线的映射模块实现。

RE 映射

① 映射的物理资源块与分配的用于传输的虚拟资源块相对应。

② 映射的 RE 位置不用于 PBCH、同步信号或小区专用参考信号、MBSFN 参考信号或用户专用参考信号的传输。

③ 1 个子帧中的第一个时隙的索引 l 满足 $l \geq l_{\text{DataStart}}$。

④ 不映射到 PDCCH 所处的 OFDM 符号上。

映射顺序为：从第一子帧的第一个时隙开始，在每个 RB 上先以 k 递增的顺序映射，再以 l 递增的顺序映射。

（3）PDSCH 处理流程

PDSCH 处理流程按照下行物理信道基本处理流程进行，同时遵循以下几点原则。

① 在没有 UE 专用参考信号的资源块中，PDSCH 与 PBCH 在同样的天线端口上传输，端口集合为 {0}，{0, 1} 或 {0, 1, 2, 3}。

② 在传输 UE 专用参考信号的资源块中，PDSCH 将在天线端口 {5}，{7}，{8}，或 $p \in \{7, 8, \cdots, u + 6\}$ 上传输，u 为 PDSCH 传输的层数目。

（4）PMCH 处理流程

下行多播信道用于在单频（Single Frequency Network）网络中传输 MBMS，网络中的多个小区在相同的时间及频带上发送相同的信息，多个小区发来的信号可以作为多径信号进行分集接收。PMCH 处理流程按照下行物理信道基本处理流程进行，同时遵循以下几点原则。

① 没有对传输分集方案进行标准化。

② 层映射和预编码在单天线端口的条件下进行，并且传输使用的天线端口号为4。

③ PMCH 只能在 MBSFN 子帧的 MBSFN 区域上传输。

④ PMCH 只使用扩展 CP 进行传输。

（5）PBCH 处理流程

物理广播信道用来承载主系统信息块（Master Information Block，MIB）信息，传输用于初始接入的参数。为了保证 PBCH 的接收性能，PBCH 中承载的信息比特数比较少，只有 24bit，是接入系统所必需的系统参数，包括下行带宽信息、小区物理 HARQ 指示信道（Physical Hybrid ARQ Indicator Channel，PHICH）配置、系统帧号（System Frame Number，SFN）。

（6）PCFICH 处理流程

物理控制格式指示信道承载一个子帧中用于 PDCCH 传输的 OFDM 符号个数信息，在一个子帧中可以用于传输 PDCCH 的 OFDM 符号集合个数见表4-7。

表4-7　用于PDCCH传输的OFDM符号个数

子帧	较大带宽（$N_{RB}^{UL}>10$）的OFDM符号个数	较小带宽（$N_{RB}^{UL}\leq10$）的OFDM符号个数
TDD子帧1和子帧0	1，2	2
对于支持PMCH+PDSCH的混合载波MBSFN子帧，1或2天线端口情况下	1，2	2
对于支持PMCH+PDSCH的混合载波MBSFN子帧，4天线端口情况下	2	2
对于不支持PMCH+PDSCH的混合载波MBSFN子帧	0	0
其他情况	1，2，3	1，2，3

因为用户需要先知道控制区域的大小，才能进行相应的数据解调，因此将 PCFICH 始终映射在子帧的第一个 OFDM 符号上。为了保持 PCFICH 接收的正确性，4 个 REG 的位置均匀分布在第一个控制符号上，相互之间相差 1/4 带宽，通过这种频率分集增益来保证 PCFICH 的接收性能。另外，为了随机化小区间的干扰，第一个 REG 的位置取决于小区 ID。

（7）PDCCH 处理流程

物理下行控制信道（PDCCH）用于承载下行控制的信息（Downlink Control Information，DCI），如上行调度信令、下行数据传输指示、公共控制信息等。与其他控制信道的资源映射（以 REG 为基本单位）不同，PDCCH 资源映射的基本单位是控制信道单元（Control Channel Element，CCE）。CCE 是一个逻辑单元，1 个 CCE 包含 9 个连续的 REG。

PDCCH 格式是 PDCCH 在物理资源上的映射格式，与 PDCCH 的内容不相关。一个 PDCCH 在一个或几个连续的 CCE 上传输，PDCCH 有 4 种格式，对应的 CCE 的个数是 1、2、

4、8，具体见表4-8。

表4-8　PUCCH格式与资源占用

PDCCH格式	CCE个数	REG个数	PDCCH比特数
0	1	9	72
1	2	18	144
2	4	36	288
3	8	72	576

（8）物理 HARQ 指示信道处理流程

物理 HARQ 指示信道（Physical Hybrid ARQ Indicator Channel，PHICH）承载对于终端上行数据的 ACK/NACK 反馈信息。多个 PHICH 映射到相同资源粒子上，形成 PHICH 组，其中在同一组中的 PHICH 通过不同的正交序列来区分。

博士课堂

物理广播信道 PBCH 是辖区内的大喇叭，可并不是所有的广而告之的信息都是从这里广播，部分广而告之的消息是通过下行共享信道（PDSCH）通知大家的。PBCH 承载的是小区 ID 等系统信息，用于小区搜索过程物理下行共享信道 PDSCH 是个踏踏实实干活的信道，而且是一种共享信道。

PDSCH 承载的是下行用户的业务数据，物理下行控制信道 PDCCH 是发号施令的嘴巴，不干实事，但干实事的人（PDSCH）需要他协调。它是承载传送用户数据的资源分配的控制信息。

物理控制格式指示信道 PCFICH 类似于藏宝图，指明了宝物（控制信息）所在的位置。物理 HARQ 指示信道 PHICH 主要负责点头和摇头的工作，下属以此来判断上司对工作是否认可。它承载混合自动重传的确认/非确认信息。物理多播信道 PMCH 类似于可点播节目的电视广播台，PMCH 承载多播信息，负责把高层来的节目信息或相关的控制命令传送给终端。

2. 下行业务信道

物理下行共享信道主要特点如下。

典型的分组型信道，资源不独占，减小 VoIP 的时延。

可以传寻呼/广播消息/用户数据。

通过速率控制保证 QoS：支持 QPSK、16QAM、64QAM 3 种调制方式。

支持两种资源映射方式，如图 4-14 所示。

3. 下行控制信道

（1）PCFICH

物理控制格式指示信道（Physical Control Format

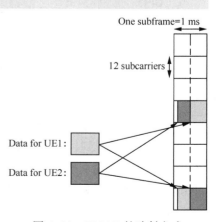

图 4-14　PDSCH 的映射方式

Indicator Channel，PCFICH）用于指示一个子帧中用于传输 PDCCH 的 OFDM 符号数。

PCFICH 用于通知 UE 对应下行子帧的控制区域的大小，即控制区域所占的 OFDM 符号（OFDM symbol）的个数。或者说，PCFICH 用于指示一个下行子帧中用于传输 PDCCH 的 OFDM 符号的个数。

每个下行子帧（不是上行子帧，也不是针对 slot）被分成 2 个部分：control region（控制区域）和 data region（数据区域）如图 4-15 所示。control region 主要用于传输 L1/L2 control signaling，包括 PCFICH/PHICH/PDCCH；data region 主要用于传输数据，包括 PSS/SSS、PBCH、PDSCH 和 PMCH。

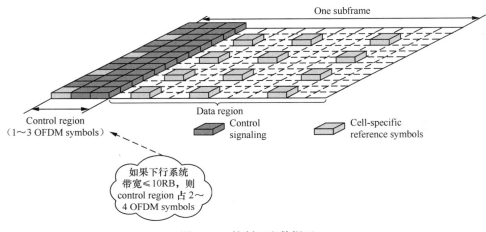

图 4-15　控制区和数据区

PCFICH 总是位于子帧的第一个 OFDM 符号上，其具体的位置依赖于系统的带宽和小区的物理标识 PCI。

LTE PCFICH 的大小是 2bit，其中承载的是 CFI（Control Format Indicatior），用于指明 PDCCH 在子帧内所占用的符号个数见表 4-9。

表4-9　CFI对应的PDCCH符号数

CFI	Number of OFDM symbols for PDCCHwhen RB＞10	Number of OFDM symbols for PDCCH when RB＜10
1	1	2
2	2	3
3	3	4
4	Reserved	Reserved

从上表可以看到，对于带宽较大的系统，PDCCH 的符号数目为 1 ~ 3 个，对于带宽较小的系统，PDCCH 的符号数目为 2 ~ 4 个。这是由于每个符号上子载波的数目较少，因此需要更多的符号来承载 PDCCH 中的控制信息。

在 TDD 的特殊子帧中，PDCCH 的符号个数为 1 个或 2 个，具体见表 4-10。

表4-10 TDD殊殊子帧中PDCCH符号数

Subframe	Number of OFDM symbols for PDCCH when RB>10	Number of OFDM symbols for PDCCH when RB<10
Subframe 1 and 6 for frame structure type 2	1, 2	2

CFI 承载的信息非常重要，实际上划分了每个子帧中控制信令区域和数据区域的边界。

一个 OFDM 符号或者用作 PDCCH，或者用作数据信道，LTE 中不支持混合的 OFDM 符号。

PCFICH 经（32，2）的块编码后，变成信息比特，采用 QPSK 调制方式，调制后为 16 个符号，映射到 4 个 REG（16 个 RE）上面，采用单天线或者发射分集方式，采用和 PBCH 相同的天线配置。

为了降低小区之间 PCFICH 的相互干扰，PCFICH 的资源块在频域上采用了和小区物理 ID 相关的位置偏移，并且对 CFI 码字进行了和小区物理 ID 相关的扰码。

（2）PHICH

物理混合自动重传指示信道（Hysical Hybrid ARQ Indicator Channel，PHICH）用于对 PUSCH 传输的数据回应 HARQ ACK/NACK。每个 TTI 中的每个上行 TB 对应一个 PHICH，也就是说当 UE 在某小区配置了上行空分复用时，需要 2 个 PHICH。

小区是通过 Master Information Block 的 PHICH-Config 字段来配置 PHICH 的，如图 4-16 所示。

```
MasterInformationBlock ::=              SEQUENCE {
    dl-Bandwidth                        ENUMERATED {
                                          n6, n15, n25, n50, n75, n100},
    phich-Config                        PHICH-Config
    systemFrameNumber                   BIT STRING (SIZE (8)),
    spare                               BIT STRING (SIZE (10))
}

PHICH-Config ::=                        SEQUENCE {
                                        ENUMERATED {normal, extended},
                                        ENUMERATED {oneSixth, half, one, two}
```

图 4-16 PHICH 配置字段

Phich-Duration 指定了是使用 control region 中的 1 个 symbol 还是 3（或 2）个 symbol 来发送 PHICH，由 3GPP 通信协议 36.211 中的 Table 6.9.3-1 规定，具体如图 4-17 所示。

PHICH duration	Non-MBSFN subframes		MBSFN subframes on a carrier supporting PDSCH
	Subframes 1 and 6 in case of frame structure type 2	All other cases	
Normal	1	1	1
Extended	2	3	2

图 4-17 36.211 表

通常会配置只使用第一个 OFDM symbol 来发送 PHICH，这样即使 PCFICH 解码失败了，也不影响 PHICH 的解码。但在某些场景下，例如系统带宽较小的小区（如 1.4MHz，总共只有 6 个 RB），其频域分集的增益要比系统带宽较大（如 20MHz）的小区要低。通过使用 extended PHICH duration，能提高时间分集的增益，从而提高 PHICH 的性能。

TDD 中，PSS 随着子帧 1 和 6 的第三个 symbol 传输（在 DwPTS 中），所以在 extended PHICH duration 下，只能使用 2 个 symbol 来发送 PHICH。

PHICH duration 的配置限制了 CFI 取值范围的下限，也就是说限制了 control region 至少需要占用的 symbol 数。对于下行系统带宽的小区而言，如果配置了 extended PHICH duration，UE 会认为 CFI 的值等于 PHICH duration，此时 UE 可以忽略 PCFICH 的值；对于下行系统带宽的小区而言，由于 CFI 指定的可用于 control region 的 symbol 数可以为 4（见 3GPP 协议 36.212 的 5.3.4 节），大于 PHICH duration 可配置的最大值 3，如果此时配置了 extended PHICH duration，UE 还是要使用 PCFICH 指定的配置，即 CFI 和 extended PHICH duration 相比较，取其大者。

phich-Resource 指定了 control region 中预留给 PHICH 的资源数，它决定了 PHICH group 的数目。

多个 PHICH 可以映射到相同的 RE 集合中发送，这些 PHICH 组成了一个 PHICH group，即多个 PHICH 可以复用到同一个 PHICH group 中。同一个 PHICH group 中的 PHICH 通过不同的 orthogonal sequence 来区分。即一个二元组唯一指定一个 PHICH 资源，其中为 PHICH group 索引，为该 PHICH group 内的 orthogonal sequence 索引。

一个小区内可用的 PHICH group 数的计算方式如图 4-18 所示。

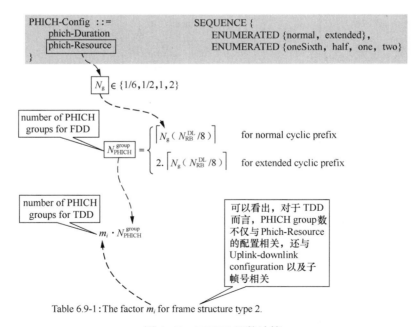

图 4-18　PHICH 组数计算

Uplink-downlink configuration	Subframe number i									
	0	1	2	3	4	5	6	7	8	9
0	2	1	–	–	–	2	1	–	–	–
1	0	1	–	–	1	0	1	–	–	1
2	0	0	–	1	0	0	0	–	1	0
3	1	0	–	–	–	0	0	0	1	1
4	0	0	–	–	0	0	0	0	1	1
5	0	0	–	0	0	0	0	0	1	0
6	1	1	–	–	–	1	1	–	–	1

图 4-18　PHICH 组数计算（续）

> **注意**
>
> 　　LTE：PHICH（一）的场景只出现在 TDD 0 这种配置下，此时对应子帧所需的 PHICH group 数量是 LTE：PHICH（一）时的 2 倍。这是因为只有在 TDD 0 配置下，一个系统帧内的下行子帧数少于上行子帧数，此时同一个下行子帧可能需要反馈 2 个上行子帧的 ACK/NACK 信息，所以需要 2 倍的 PHICH 资源。

　　从图 4-18 可以看出：对于 FDD 而言，PHICH group 数仅与 phich-Resource 的配置相关；对于 TDD 而言，PHICH group 数不仅与 phich-Resource 的配置相关，还与 uplink-downlink configuration 以及子帧号相关。

　　LTE：PHICH（一）越大，可复用的 UE 数越多，支持调度的上行 UE 数也就越多，但码间干扰也就越大，解调性能也就越差。与此同时，control region 内可用于 PDCCH 的资源数就越少。

　　一个 PHICH group 可用的 orthogonal sequence 数见 3GPP 协议 36.211 中的 Table 6.9.1-2，具体如图 4-19 所示。可以看出，对 Normal CP 而言，一个 PHICH group 支持 8 个 orthogonal sequence，即支持 8 个 PHICH 复用；对 Extended CP 而言，一个 PHICH group 支持 4 个 orthogonal sequence，即支持 4 个 PHICH 复用。

Sequence index	Orthogonal sequence	
$n_{\text{PHICH}}^{\text{seq}}$	Normal cyclic prefix $N_{\text{SF}}^{\text{PHICH}}=4$	Extended cyclic prefix $N_{\text{SF}}^{\text{PHICH}}=2$
0	[+1　+1　+1　+1]	[+1　+1]
1	[+1　−1　+1　−1]	[+1　−1]
2	[+1　+1　−1　−1]	[+j　+j]
3	[+1　−1　−1　+1]	[+j　−j]
4	[+j　+j　+j　+j]	—
5	[+j　−j　+j　−j]	—
6	[+j　+j　−j　−j]	—
7	[+j　−j　−j　+j]	—

图 4-19　36.211 表

一个小区真正所需的 PHICH 资源总数取决于：①系统带宽；②每个 TTI 能够调度的上行 UE 数（只有被调度的上行 UE 才需要 PHICH）；③ UE 是否支持空分复用（2 个上行 TB 就对应 2 个 PHICH）等。

PHICH 配置必须在 MIB 中发送的原因在于：SIB 是在 PDSCH 中发送的，PDSCH 资源是通过 PDCCH 来指示的，PDCCH 的盲检又与 PHICH 资源数的配置相关。因此，UE 需要提前知道 PHICH 配置以便成功解码 SIB。

对于 FDD 而言，接收到 MIB 就可以计算出预留给 PHICH 的资源。

对于 TDD 而言，UE 仅仅接收到 MIB 是不够的，UE 还需要知道 uplink-downlink configuration 和子帧号。通过小区搜索过程，UE 已经知道了当前子帧号；而 UE 需要接收到 SIB1 后，通过 System Information Block Type1 的 tdd-config 的 subframe Assignment 字段才能知道 uplink-downlink configuration。问题来了：SIB1 在 PDSCH 中发送，需要先解码 PDCCH，且 PDCCH 的解码与 PHICH 资源数的计算相关；而 PHICH 资源数的计算又依赖于 SIB1 中指定的 uplink-downlink configuration，这就形成了死锁。解决的方法是，UE 在接收 SIB1 时，会使用不同的 LTE：PHICH 值去尝试盲检，直到成功解码 SIB1 为止，从而得到 uplink-downlink configuration。

（3）PDCCH

PDCCH（Physical Downlink Control Channel）指的是物理下行控制信道。PDCCH 承载调度及其他控制信息，具体包含传输格式、资源分配、上行调度许可、功率控制、上行重传信息等。

PDCCH 是一组物理资源粒子的集合，其承载上下行控制信息，根据其作用域不同，PDCCH 承载信息区分公共控制信息（公共搜索空间）和专用控制信息（专用搜寻空间），搜索空间定义了盲检的开始位置和信道搜索方式，PDCCH 主要承载着 PUSCH 和 PDSCH 控制信息（DCI），不同终端的 PDCCH 信息通过其对应的 RNTI 信息区分，即其 DCI 的 crc 由 RNTI 加扰。

PDCCH 中承载的是 DCI（Downlink Control Information），包含一个或多个 UE 上的资源分配和其他的控制信息。在 LTE 中上下行的资源调度信息（MCS，Resource allocation 等的信息）都是由 PDCCH 来承载的。一般来说，在一个子帧内，可以有多个 PDCCH。UE 需要首先解调 PDCCH 中的 DCI，然后才能够在相应的资源位置上解调属于 UE 自己的 PDSCH（包括广播消息、寻呼、UE 的数据等）。

前面提到过，LTE 中 PDCCH 在一个子帧内（注意，不是时隙）占用的符号个数是由 PCFICH 中定义的 CFI 确定的。UE 通过主、辅同步信道，确定了小区的物理 ID PCI；通过读取 PBCH 确定了 PHICH 占用的资源分布、系统的天线端口等内容，UE 就可以进一步读取 PCFICH，了解 PDCCH 等控制信道所占用的符号数目。在 PDCCH 所占用的符号中，除了 PDCCH，还包含 PCFICH、PHICH、RS 等内容。其中，PCFICH 的内容已经解调，PHICH 的分布由 PBCH 确定，RS 的分布取决于 PBCH 中广播的天线端口数目。至此，（全部的）PDCCH 在一个子帧内所能够占用的 RE 就得以确定了。

由于 PDCCH 的传输带宽内可以同时包含多个 PDCCH，为了更有效地配置 PDCCH 和其他下行控制信道的时频资源，LTE 定义了两个专用的控制信道资源单位，即 RE 组（RE Group，REG）和控制信道单元（Control Channel Element，CCE）。1 个 REG 由位于同一

OFDM 符号上的 4 个或 6 个相邻的 RE 组成，但其中可用的 RE 数目只有 4 个，6 个 RE 组成的 REG 中包含了两个参考信号，而参考信号 RS 所占用的 RE 是不能被控制信道的 REG 使用的。3GPP 协议 36.211 还特别规定，对于只有一个小区专用参考信号的情况，从 REG 中 RE 映射的角度，要假定存在两个天线端口，所以存在一个 REG 中包含 4 个或 6 个 RE 两种情况。一个 CCE 由 9 个 REG 构成。定义 REG 这样的资源单位，主要是为了有效地支持 PCFICH、PHICH 等数据率很小的控制信道的资源分配，也就是说，PCFICH、PHICH 的资源分配是以 REG 为单位的；定义相对较大的 CCE，是为了用于数据量相对较大的 PDCCH 的资源分配。

　　PDCCH 在一个或多个连续的 CCE 上传输，LTE 中支持 4 种不同类型的 PDCCH，如图 4-20 所示。

　　LTE 中，CCE 的编号和分配是连续的。如果系统分配了 PCFICH 和 PHICH 后剩余 REG 的数量为 NREG，那么 PDCCH 可用的 CCE 的数目为

PDCCH format	Number of CCEs	Number of resource-elementgroups	Number of PDCCH bits
0	1	9	72
1	2	18	144
2	4	36	288
3	8	72	576

图 4-20　不同类型 PDCCH

NCCE=NREG/9 向下取整。CCE 的编号为从 0 开始到 NCCE-1。

　　PDCCH 所占用的 CCE 数目取决于 UE 所处的下行信道环境。对于下行信道环境好的 UE，eNode B 可能只需分配一个 CCE；对于下行信道环境较差的 UE，eNode B 可能需要为之分配多达 8 个 CCE。为了简化 UE 在解码 PDCCH 时的复杂度，LTE 还规定 CCE 数目为 N 的 PDCCH，其起始位置的 CCE 号，必须是 N 的整数倍。

　　每个 PDCCH 中，包含 16bit 的 CRC 校验，UE 用来验证接收到的 PDCCH 是否正确，并且 CRC 使用和 UE 相关的 Identity 进行扰码，使得 UE 能够确定哪些 PDCCH 是自己需要接收的，哪些是发送给其他 UE 的。可以同时进行扰码的 UE Identity 包括 C-RNTI、SPS-RNTI 以及公用的 SI-RNTI、P-RNTI 和 RA-RNTI 等。

　　每个 PDCCH，经过 CRC 校验后，进行 TBCC 信道编码和速率匹配。eNode B 可以根据 UE 上报上来的 CQI（Channel Quality Indicator）进行速率匹配。此时，对于每个 PDCCH，就可以确定其占用的 CCE 数目的大小。

　　前面已经提到过，可用的 CCE 的编号是从 0 到 NCCE-1。可以将 CCE 看作是逻辑的资源，顺序排列，为所有的 PDCCH 所共享。eNode B 根据每个 PDCCH 上 CCE 起始位置的限制，将每个 PDCCH 放置在合适的位置。这时可能出现有的 CCE 没有被占用的情况，标准中规定需要插入 NIL，NIL 对应的 RE 上面的发送功率为 -Inf，也就是 0。

　　此后，CCE 上的数据比特经过小区物理 ID 相关的扰码、QPSK 调制、层映射和预编码，所得到的符号按照四元组为单位（Symbol Quadruplet，每个四元组映射到一个 REG 上）进行交织和循环移位，最后映射到相应的物理资源 REG 上去。

　　物理资源 REG 首先分配给 PCFICH 和 PHICH，剩余的分配给 PDCCH，按照先时域后频域的原则进行 REG 的映射。这样做的目的是为了避免 PDCCH 符号之间的不均衡。

4. 上行物理信道及处理流程

　　LTE 系统包括 3 个上行物理信道，即物理上行共享信道（Physical Uplink Shared Channel，PUSCH）、物理上行控制信道（Physical Uplink Control Channel，PUCCH）、物理

随机接入信道（Physical RandomAccess Channel，PRACH）。下面将对上行时隙物理资源粒子、上行物理信道基本处理过程流程及各个信道具体处理流程作详细描述。

（1）上行时隙结构和物理资源定义

1）资源栅格

上行传输使用的最小资源单位叫作资源粒子（Resource Element，RE）。在 RE 之上，还定义了资源块（Resource Block，RB），一个 RB 包含若干个 RE。在时域上最小资源粒度为一个 SC-FDMA 符号，在频域上最小粒度为子载波。子载波数与带宽有关，带宽越大，包含的子载波越多。上行的子载波间隔 Δf 只有一种，即 15kHz。上行资源栅格图如图 4-21 所示。一个时隙内包含的 SC-FDMA 符号数取决于上层配置的循环前缀（Cyclic Prefix，CP）的长度。在使用常规 CP 时，一个时隙（0.5ms）内包含 7 个 SC-FDMA 符号。使用扩展 CP 时，一个时隙（0.5ms）内包含 6 个 SC-FDMA 符号。

2）资源粒子

资源栅格中的最小单元为资源粒子（RE），它由时域 SC-FDMA 符号和频域子载波唯一确定。

3）资源块

一个资源块 RB 由 $N_{\text{symb}}^{\text{UL}}$ 个在时域上连续的 SC-FDMA 符号以及 $N_{\text{sc}}^{\text{RB}}$ 个在频域上连续的子载波构成。其中 $N_{\text{symb}}^{\text{UL}}$ 和 $N_{\text{sc}}^{\text{RB}}$ 的取值见表 4-11。这样一个上行资源块包有 $N_{\text{symb}}^{\text{UL}} \times N_{\text{sc}}^{\text{RB}}$ 个 RE，在时域上对应一个时隙，在频域上对应 180kHz。

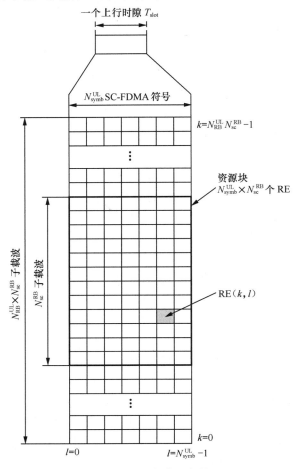

图 4-21 上行资源栅格

表4-11 物理资源块参数

配置	$N_{\text{SC}}^{\text{RB}}$	$N_{\text{symb}}^{\text{UL}}$
常规CP	12	7
扩展CP	12	6

在频域上，一个时隙内物理资源块的数目 n_{PRB} 和资源单元（k，l）的关系如下：

$$n_{\text{PRB}} = \left\lfloor \frac{k}{N_{\text{sc}}^{\text{RB}}} \right\rfloor$$

（2）上行物理信道基本处理流程

上行物理信道基本处理流程如图 4-22 所示。

① 加扰：对将要在物理信道上传输的码字中的编码比特进行加扰。

② 调制：对加扰后的比特进行调制，产生复值调制符号。

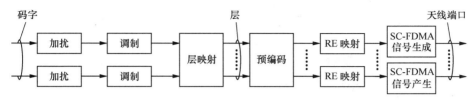

图 4-22　上行物理信道基本处理流程

③ 层映射：将复值调制符号映射到 1 个或多个传输层。

④ 预编码：对将要在各个天线端口上发送的每个传输层上的复数值调制符号进行预编码。

⑤ 映射到资源元素：把每个天线端口的复值调制符号映射到资源元素上。

⑥ 生成 SC-FDMA 信号：为每个天线端口生成复值时域的 SC-FDMA 符号。

（3）PUSCH 处理流程

PUSCH 处理流程如图 4-23 所示。

图 4-23　PUSCH 处理流程

各操作具体步骤如下。

1）加扰

为了使传输的比特随机化，提高传输性能，需要对传输的数据进行比特级的加扰。具体的方法是采用 1 个伪随机序列与需要传输的比特序列进行模 2 加，从而达到使传输的比特随机化的目的。对于 ACK/NACK 和 RI（Rank Indication）这种比特数较少的信源来说，加扰的目的是为了保证调制时具有最大的欧式距离，以获得更好的解调性能。

2）调制

加扰后的比特块将被调制成复值符号块。PUSCH 可用的调制方式包括 QPSK、16QAM、64QAM。

3）变换预编码

为了获得单载波特性，将复值符号块进行分组，每组对应一个 SC-FDMA 符号。变换预编码按照如下所示的公式进行：

$$z(l \cdot M_{sc}^{PUSCH} + k) = \frac{1}{\sqrt{M_{sc}^{PUSCH}}} \sum_{i-0}^{M_{sc}^{PUSCH}-1} d^{(\lambda)}(l \cdot M_{sc}^{PUSCH} + i)e^{-j\frac{2\pi ik}{M_{sc}^{PUSCH}}}$$

$$k = 0, \cdots, M_{sc}^{PUSCH} - 1$$

$$l = 0, \cdots, M_{symb}/M_{sc}^{PUSCH} - 1$$

（4-1）

预编码后形成复值调制符号块 $z(0)$, $\cdots$, $z(\text{Msymb}-1)$，此过程实际上就是在 OFDM 调制之前在每个组内进行一个离散傅里叶变换（DFT），以达到上行单载波的目的。

4）RE 映射

复值调制符号块 (0), $\cdots$, (1) symb z, z M- 将被乘以幅放大因子 β PUSCH 以调整发送功率 P，然后从 $z(0)$ 开始映射至分配给 PUSCH 传输的物理资源块中进行传输。映射的顺序是按先频域后时域的规则来进行的，即从子帧的第一个时隙开始，先是 k 的增加，然后是 l 的增加。

5）生成 SC-FDMA 信号：为每个天线端口生成复值时域的 SC-FDMA 符号。

（4）PUCCH 处理流程

PUCCH 用于承载上行控制信息。PUCCH 永远不会与 PUSCH 同时传输，用户在没有 PUSCH 传输的上行子帧中，利用 PUCCH 传输与该用户下行数据相关的上行控制信息（UCI）。这些信息包括 ACK/NACK、CQI/PMI/RI 以及 SR。由于 PUCCH 上可传输多种 UCI，因此存在多种 PUCCH 格式，不同的 PUCCH 格式对应不同的传输结构，以支持不同的信息传输。不同格式的 PUCCH 所采用的调制方式也不同。PUCCH 支持的格式见表 4-12。

表4-12　PUCCH支持格式

PUCCH的格式	调制	每子帧字节数
1	N/A	N/A
1a	BPSK	1
1b	QPSK	2
2	QPSK	20
2a	QPSK+ BPSK	21
2b	QPSK+ BPSK	22

所有的 PUCCH 格式在每个符号中使用一个序列的循环移位。

（5）PRACH 处理流程

PRACH 用于承载随机接入前导（Preamble）序列的发送，基站通过序列的检测以及后续的信令交流，建立起上行同步。随机接入前导格式、前导序列的产生，随机接入过程在后续章节有详细描述，这里就不再赘述了。

（6）上行参考信号

上行支持以下两种类型的参考信号（Reference Signal，RS）。

① 解调参考信号。与 PUSCH 或者 PUCCH 传输有关。

② 探测用参考信号。与 PUSCH 或者 PUCCH 传输有关。

解调用参考信号和探测用参考信号使用相同的基序列集合。

上行解调参考信号。上行解调参考信号包括 PUSCH 解调参考信号和 PUCCH 解调参考信号两种，分别用于 PUSCH 和 PUCCH 的相关解调。根据不同物理信道特征，两种解调参考信号在序列设计和资源映射上存在一定差异。

上行探测用参考信号。上行探测用参考信号用于上行信道质量的测量，用于支持频率选择性调度、功率控制、定时提前等功能。在 TDD-LTE 系统中，根据 TDD 上下行信道对称性，上行探测参考信号也可以用于下行信道信息的获取。

（7）SC-FDMA 基带信号的产生

本节的描述适用于除了 PRACH 之外的所有上行物理信号和物理信道。一个上行时隙中的第一个 SC-FDMA 符号对应的时间连续信号 $s_l^{(p)}(t)$ 为：

$$s_l^{(p)}(t) = \sum_{k=-\lfloor N_{RB}^{UL} N_{sc}^{RB}/2 \rfloor}^{\lceil N_{RB}^{UL} N_{sc}^{RB}/2 \rceil - 1} a_{k^{(-)},l}^{(p)} \cdot e^{j2\pi(k+1/2)\Delta f(t-N_{CP,l}T_s)}, \ 0 \leqslant t < \left(N_{CP,l} \mid +N \right) \times T_s \quad （4-2）$$

5. 上行业务信道

物理上行共享信道（PUSCH）

PUSCH 是 LTE 物理层上行最重要的信道，其承载的信息量是上行信道中最大的。在 PUSCH 中承载 3 种信息：上行数据信息、控制信息和上行参考信息。

1）上行数据信息

用户上行的数据信息，从 UE 端发起，向 eNode B 或 EPC 发送。

2）控制信息

PUSCH 传输的控制信息有 CQI、RI、PMI、ACK/NACK 等，相比 PUCCH、PUSCH 的控制信息少了 SR（调度请求），因为 SR 的目的就是请求调度 PUSCH。

RI：秩指示信息，指示网络端在哪个端口上发送信息。UE 测量出哪个端口的信道质量好，就上报 RI，建议网络端在这个端口上向 UE 传输数据。

CQI：信道质量信息，UE 根据参考信号以及信噪比 SINR 上报到网络端使基站选择对应的调制编码方案。

PMI：预编码矩阵信息，LTE 支持多天线技术，在多天线之间，信号必然存在相互间的干扰。在多天线传输的过程中通过行预编码处理，用发送的数据信息与协议规定的码本矩阵相乘。

ACK/NACK：HARQ 应答，为 PDSCH HARQ 的 ACK/NACK 反馈，上行 HARQ 信息可在 PUSCH 和 PUCCH 中传输。

3）参考信号

伴随 PUSCH 传输的上行参考信号是解调参考信号 DMRS，解调参考信号与上行链路数据相关联，并且和控制信息在物理上行控制信道 PUCCH 相结合，其主要用于上行信道估计中的相关解调。

4）调制方式

PUSCH 支持的调制方式与 PDSCH 一样有 3 种，即 QPSK、16QAM、64QAM，具体能否支持 64QAM，与终端能力有关。

6. 上行控制信道

（1）SRI、ACK/NACK、CQI

1）上行调度请求指示（Scheduling Request Indication，SRI）

SRI 是用户向基站申请上行无线资源配置的信令。如果 UE 没有上行数据要传输，eNode B 并不需要为该 UE 分配上行资源，否则会造成资源的浪费。因此，UE 需要告诉 eNode B 自己是否有上行数据需要传输，以便 eNode B 决定是否给 UE 分配上行资源。为此 LTE 提供了一个上行调度请求（Scheduling Request，SR）的机制。

UE 通过 SR 告诉 eNode B 是否需要上行资源以便用于 UL-SCH 传输，但并不会告诉 eNode B 有多少上行数据需要发送（这是通过 BSR 上报的）。eNode B 收到 SR 后，给 UE 分配多少上行资源取决于 eNode B 的实现，通常的做法是至少分配足够 UE 发送 BSR 的资源。

eNode B 不知道 UE 什么时候需要发送上行数据，即不知道 UE 什么时候会发送 SR。因此，eNode B 需要在已经分配的 SR 资源上检测是否有 SR 上报。

在载波聚合中，无论配置了多少个上行载波单元（Component Carrier），都只需要 1 个 SR 就够了，毕竟 SR 的作用只是告诉 eNode B，本 UE 有上行数据要发送了，你看着给点上行资源吧！由于 PUCCH 只在 PCell 上发送，而 SR 只在 PUCCH 上发送，也就是说 SR 只在 PCell 上发送。

2）应答信息（ACK/NACK）

ACK/NACK 用于答复下行业务数据的传输。若终端正确接收并解调发送的数据块，则通过上行控制信令向基站反馈一个 ACK 应答消息，否则将反馈一个 NACK 消息。

UE 针对下行数据所发送的每个数据码字产生 1bit 的 HARQ 反馈信息。UE 接收到下行数据到进行 ACK/NACK 反馈之间存在固定的时序关系。对于 TDD 系统下行子帧多于上行子帧的配置，UE 将会在同一个上行子帧中反馈多个下行子帧所对应的 ACK/NACK 信息，多个下行子帧组成一个"反馈窗口"。

TDD-LTE 系统支持两种上行 ACK/NACK 反馈模式，即 ACK/NACK 合并（Bundling）和 ACK/NACK 复用（Multiplexing）。

ACK/NACK 合并模式下，UE 每次只反馈 1bit（单码字传输）或 2bit（双码字传输）信息。UE 只有在正确接收了反馈窗口内对应同一个码字编号的所有传输块（TB）时，才向基站发送 ACK 信令。如果其中任意一个 TB 译码失败，则都会向基站反馈 NACK。基站收到 NACK 信息后，将反馈窗口内对应同一个码字编号的所有 TB 都重传一次。该模式下，反馈信息传输的可靠性较高，但系统中下行传输的效率较差，因此适用于小区边缘信道条件较差的用户，以保证小区上行覆盖满足要求。

ACK/NACK 复用模式下，UE 每次可以反馈 1 ~ 4bit 信息，反馈信息的数量与反馈窗口的长度相等。空间复用模式中，双码字传输时，同一个子帧内不同码字的 ACK/NACK 信息首先进行合并，方法同上。基站根据反馈信息可以判断出每个子帧所对应的 ACK/NACK 状态，并将对应 NACK 状态子帧上的所有 TB 重传一次。该模式下，反馈信息传输的可靠性略低，但系统中下行传输效率较高，因此适用于小区中心信道条件较好的用户。

3）反馈信息（CQI）

CQI 是反映基站与终端间信道质量的信息。CQI 根据触发机制的不同分为周期性上报和非周期性上报两种，其上报内容为调制编码方式（Modulation and Coding Scheme，MCS）表格中的索引号。若进行 MIMO 传输，则信道质量信息中还要包括信道状态秩指示信息（RI）和预编码矩阵信息（PMI）。

由于传输的上行控制信令都与上行数据无关，因此上行控制信令的传输存在以下两种场景。

① 单独传输：若 UE 未收到基站发来的对当前上行子帧的调度信息，则无上行数据传输，此时上行控制信令将在该子帧内使用专门的物理信道 PUCCH 传输。

② 与上行数据一起传输：为了适应 TDD-LTE 系统上行传输的单载波特性，UE 不能在同一个上行子帧内同时传输 PUCCH 和 PUSCH。若 UE 收到了基站发来的上行子帧调度信息，则上行控制信令与上行数据分别编码后将在 PUSCH 中复用传输。

与下行控制信令类似，上行控制信道及控制信令的设计也需要考虑以下几个主要因素。

① 控制信令覆盖和传输可靠性。

② 控制信令容量和开销。

（2）PUCCH 传输控制信令

LTE 的上行包括接入信道、业务共享信道（PUSCH）和公共控制信道（PUCCH）。它们都有功率控制的过程。此外，为了便于 eNode B 实现精确的上行信道估计，UE 需要根据配置在特定的 PRB 发送上行参考信号（SRS），且 SRS 也要进行功率控制。除接入信道外（对于上行接入的功控如随机接入前导码，RA Msg3 会有所区别），其他 3 类信道上的功率控制原理是一样的，主要包括 eNode B 信令化的静态或半静态的基本开环工作点和 UE 侧不断更新的动态偏移。

UE 发射的功率谱密度（即每个 RB 上的功率）= 开环工作点 + 动态的功率偏移。

（3）PUCCH 结构及资源映射方式

物理上行链路控制信道（Physical Uplink Control Channel，PUCCH）主要携带 ACK/NACk、CQI、PMI 和 RI，具体特点如下。

① 采用 6 种格式承载 HARQ-ACK、CQI 和 SR 信息。

② 对同一 UE 而言，PUCCH 和 PUSCH 不在同一子帧传输。

③ 支持多种格式，不同的 PUCCH 格式决定了调制模式的选择和每个子帧的字节数。例如，格式 1 传输 SR 信息，发射常数 1；格式 1a/1b 传输 HARQ-ACK，1 比特时 BPSK 调制，2 比特时 QPSK 调制；格式 2 传输 CQI 信息，先将 CQI 进行信道编码成 20bit，后进行 QPSK 调制；格式 2a/2b 传输 CQI 和 HARQ-ACK 的混合信息，先将 CQI 进行信道编码成 20bit，后进行 QPSK；HARQ-ACK 则进行 BPSK/QPSK 调制。

在 UE 未分配 PUSCH 的情况下，L1/L2 层的控制信令（如 CQI、ACK、SR 等）是通过 PUCCH 上传给 eNode B 的。

PUCCH 的格式及具体特点见表 4-13。

表4-13　PUCCH格式及特点

PUCCH format	Modulation scheme	No. of Bits/Per Subframe	Information
format 1	N/A	N/A	Scheduling Request
format 1a	BPSK	1bit	ACK/NACK with/without SR
format 1b	QPSK	2bits	ACK/NACK with/without SR
format 2	QPSK	20bits	CQI
format 2a	QPSK+BPSK	21bits	CQI+ACK/NACK
format 2b	QPSK+QPSK	21bits	CQI+ACK/NACK

其中，格式 2a、格式 2b 只支持正常的 CP。

格式 1：用于终端上行发送调度请求，基站侧仅需检测是否存在这样的发送。

格式 1a/1b：用于终端上行发送 ACK/NAK（1 比特或 2 比特）。

格式 1 在系统 L3 信令配置给 Schedule Request 的资源上传输；format 1a/1b 在与下行 PDCCH CCE 相对应的 PUCCH ACK/NAK 资源上传输；当 SR 和上行 ACK/NAK 需要同时传输时，在 L3 信令配置给 SR 的资源上传输上行 ACK/NAK。PUCCH 上传输上行 ACK 占用的资源由 RB ID、frequency domain CDM code（ZC cyclic shift）和 time domain CDM code（orthogonal cover）确定。

格式 2：用于发送上行 CQI 反馈（编码后 20bit），数据经过 UE specific 的加扰之后，进行 QPSK 调制。

格式 2a：用于发送上行 CQI 反馈（编码后 20bit）+1bit 的 ACK/NAK 信息，进行 BPSK 调制。

格式 2b：用于发送上行 CQI 反馈（编码后 20bit）+2bit 的 ACK/NAK 信息，采用 QPSK 调制。

PUCCH 资源映射：PUCCH 位于系统带宽的两边，一个子帧的两个时隙采取跳频方式获得频率分集增益。

对于同一个 UE，在一个子帧内不能同时传输 PUCCH 和 PUSCH，且在一个子帧中预留给 PUCCH 的资源块是半静态配置的。在同一子帧内，PUCCH 前后两个时系的 PRB 资源分别位于可用的频谱资源的两端，如图 4-24 所示。将 PUCCH 放在可用资源的两端，将中间的整块频谱资源用来传送 PUSCH，有利于既能有效地利用频谱资源，又能保持上行传输的单载波特性。同时，可以较好地获得 PUCCH 不同时系之间的频率分集增益。

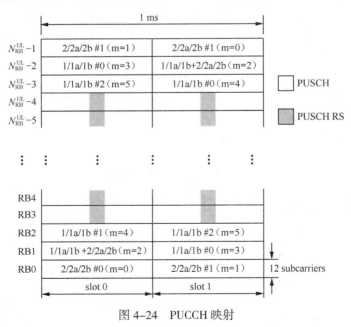

图 4-24　PUCCH 映射

从图 4-24 中可以看出，格式 2/2a/2b 的 PUCCH 映射到频谱资源的最边缘两侧，且在一个时系内所占用的资源块数，在 SIB2 中广播为参数 nRB-CQI。接着是格式 1/1a/1b、格式 2/2a/2b 混合的 PUCCH，混合格式的 PUCCH 可能存在，也可能不存在。在一个时系内，其最多可以占用一个 RB，参数由 SIB2 中的参数 nCS-AN 决定，表示在混合 PUCCH 中格式 1/1a/1b 可用的循环移位的数目。最后是格式 1/1a/1b 的 PUCCH。

PUCCH 中每个 Cell 内使用的基本序列与 Cell 的 PCI 有关，且在每个符号上使用的序列都是通过基本序列进行循环移位，循环移位的偏移值则与时序的序号以及符号的序号都有关系。

对于格式 1/1a/1b 的 PUCCH，在正常 CP 下，PUCCH 的每个时系中，中间的 3 个 Symbol（2 个，对应扩展 CP）用于 DRS，其余的 4 个 Symbol 用于 ACK、NACK 的传输。由于 ACK、NACK 信息的重要性以及较少的数据 bit，因此需要较多的 Symbol 来提高信道估计的准确性。

格式 1a/1b 支持 1bit 或 2bit 的 ACK（NACK），2bit 的 ACK（NACK）对应单用户 MIMO，两个 Codeword 的情况。1bit 或 2bit 的 ACK（NACK）经过 BPSK 或 QPSK 调制，最后都成为 1 个调制信号。调制后的 HARQ 信号，在每个数据 Symbol 上与经过循环移位的长度为 12 的 Zadoof — Chu 序列进行调制。PUCCH 中每个 Symbol 上的基本序列支持的循环移位的数目 delta PUCCH-Shift 是由上层信令配置的，在 SIB2 中进行广播。Delta PUCCH-Shift 取值范围为 1、2、3，对应循环移位的数目为 12、6、4，经过循环移位的序列之间相互正交。在时域上，PUCCH 采用正交扩频码（Walsh-Hadamard 或 DFT）对不同的用户进行码分。这样，多个不同的 UE 用户可以在相同的时频资源上，使用同样循环移位的 Z-C 序列进行传输，它们之间通过正交码进行区分。同样地，为了能够对 PUCCH 中的每个 UE 进行信道估计，DMRS 信号也需要进行正交码扩频。由于在 PUCCH 的 1 个 RB 中，DMRS 符号的数目（3，对应正常 CP 的情况）小于数据符号的数目，因此 DRS 扩频码的长度为 3（正常 CP，以下未特别指明，都是针对正常 CP 而言），这也决定了 PUCCH 的 1 个 RB 中能够同时支持的格式 1/1a/1b 用户的数目为 3×6=18（假定 delta PUCCH-Shift=2，也就是说，循环移位的间隔为 2）。此时，HARQ 信号采用的是长度为 4 的正交码序列，但是只使用其中序号为 0、1、2 的 3 个序列。在某些情况下，SRS 可能占用 PUCCH 子帧的最后一位符号。这样，在 PUCCH 子帧的后一个时系，HARQ 符号也采用长度为 3 的正交码序列。

格式 1/1a/1b 的 PUCCH 资源，无论是 SR 还是 ACK、NACK，都可以用一个常量的 Index 来表示。PUCCH 所使用的循环移位和正交码都与这个 Index 有关。HARQ 的 ACK、NACK、PUCCH 资源的 Index 与对应的下行 PDCCH 所占用的第一个 CCE 有关，这样一种隐含的对应关系节省了额外信令的开销。对于半静态调度（Semi—Persistent Schedule，SPS），并没有与之对应的 PDCCH，因而在 SPS 的配置中，就包含了上行 PUCCH 所使用的 Index 的信息。PUCCH 格式 1/1a/1b 中 HARQ 所能使用的资源 Index 数目在 SIB2 中广播，参数为 n1PUCCH-AN。

上行 HARQ 的产生，与下行的 PDCCH 或 SPS 有关，eNode B 是可以进行控制的。上行调度请求（SR）就不同了，eNode B 是无法预计哪个 UE 在何时发送 SR 的。为此，eNode B 可以通过上层的信令来配置 SR 的发送时机和使用的资源 Index。当然，这个资源 Index 不能与 HARQ 资源的 Index 冲突。

在某些情况下，PUCCH 格式 1/1a/1b 中需要同时发送 SR 和 HARQ 信息，这时 HARQ 的信息使用 SR 的资源 Index 进行传送。由于格式 1 中 SR 的发送只是通过 ON/OFF 来表示，并不携带额外的信息位，因此在 SR 的资源 Index 上传送 HARQ 表示同时由 SR 和 HARQ

请求，而在 HARQ 的资源 Index 上发送则表示相应的 UE 没有 SR 请求。

格式 2/2a/2b 的 PUCCH 中，每个时系中的符号 1 和 5 用来发送 DRS（同样地，都是针对正常 CP 而言），其余的 5 个符号用来发送 CQI（包含 RI、PMI 等）。每个 UE 10bit 的 CQI 信息，经过 Reed-Muller 编码后成为 20bit 的编码信息，再经 QPSK 调制后形成 10 个 QPSK 的符号，在 PUCCH 子帧内的 10 个 SC-FDMA 符号上进行传输。格式 1/1a/1b 和格式 2/2a/2b 中每个符号上的序列也都是通过基本序列进行循环移位而生成的，序列的长度为 12，存在 12 个正交的循环移位序列。因而，一个 PUCCH 子帧（注意，是一个子帧而非一个时系）可以同时容纳 12 个 UE 进行 PUCCH 格式 2 的传输。UE 所使用的 PUCCH 格式 2 的资源 Index 是通过上层信令来半静态配置的。UE 的 PUCCH 格式 2 所占用的位置及所使用的循环移位都是由此 Index 来决定的。

LTE 中，如果出现 UE，需要同时上报 CQI 和 SR 的情况（包含同时上报 SR 和 HARQ），那么 UE 会丢弃 CQI 而上报 SR（或同时的 HARQ）。如果 UE 需要同时上报 CQI 和 HARQ，则需要通过高层信令来配置 UE，使之具备此种能力。

PUCCH 格式 2 中支持 CQI 和 HARQ 的混合传输。在混合传输的模式下，HARQ 经 BPSK 或 QPSK 调制后，形成 1 个调制符号。ACK 用二进制的 1 来表示，NACK 用二进制的 0 来表示。在每个 CQI 的时系内，这个 BPSK、QPSK 符号用来调制第二个 RS 符号，这样的调制映射将 NACK 映射为 +1。这样，在第二个 RS 符号没有 HARQ 调制的情况下，也就是说在 UE 没有上报 ACK 或 NACK 的情况下，eNode B 仍然认为其接收到了 NACK，将会触发可能的相应重传。在 UE 没有正确接收到下行的 PDCCH，因而错过了相应的 PDSCH 的情况下，eNode B 将 DTX 理解为 NACK 后，会启动相应的重传而非新数据的发送。

在多数情况下，格式 1 的 PUCCH 和格式 2 的 PUCCH 分布在不同的资源块上。在某些情况下，特别是小带宽的情况下，这样的配置会引起较大的系统开销。因此，有时也会把不同 UE 的两种不同格式的 PUCCH 混合在一个资源块上发送。上面也提到过，在系统参数不为零的情况下，表明系统支持混合格式的传输，表示在混合格式中，格式 1 所能够使用的循环移位的数目。其余的循环移位为格式 2 的 UE 所占用，两部分之间存在作为保护间隔的循环移位。

那 UE 如何知道自己该发送哪种格式呢？首先 UE 会从 RRc 层获取 PUCCH 上报是周期还是非周期的信息，其次 UE 会从盲检的 DCI 0 中获取是否需要上报 CQI 的信息 CQI request。如果无 CQI request，则采用 PUCCH 格式 1，否则采用格式 2。

时序上，Ack/Nack 按协议规定，CQI/SR 按 eNB 分配。

资源上，SPS 的 Ack/Nack、周期 CQI、SR 的资源由 eNB 分配，动态 Ack/Nack 根据下行调度 DCI 的起始 CCE 计算而来。

格式上，Ack/Nack 用格式 1a/1b，SR 用格式 1，所用资源本质上没有区别，位置上由小区级参数 N_PUCCH_(1) 分开，CQI 用格式 2，当与 Ack/Nack 同时传时，用格式 2a/2b，此时 Ack/Nack 在后一个参考信号上传，所以扩展 CP 时没有这两种格式。

（4）PUSCH 传输控制信令

UE 如果正在通过 PUSCH 发送上行数据，那么 L1、L2 层的上行控制信令就需要与 PUSCH 的数据复合在一起，通过 PUSCH 进行传输。也就是说，对于同一个 UE 而言，PUCCH 和 PUSCH 不能同时进行传输，因为这样会破坏上行的单载波特性。PUSCH 的存在，表明已经分配了上行的资源，因而 SR 不需要在 PUSCH 中传输。需要通过 PUSCH 进行传输的信令包括 HARQ 和 CQI（包括 RI，PMI 等），PUSCH 中控制信令与数据的复用如图 4-25 所示。

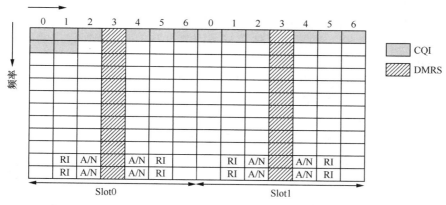

图 4-25　PUSCH 复用

从图 4-25 中可以看出，PUSCH 中的复用、控制部分（ACK/NACK、RI 等）在每个子帧的前后两个时系内都存在，这样的配置使得当 Slot 之间存在跳频的时候，控制信令能够获得频率增益。ACK，NACK 围绕在 DMRS 的两侧，最高频率端的位置最多占据 4 个 SC-FDMA 符号。DMRS 的两侧可以使得 ACK、NACK 获得最精确的信道估计。RI 的位置在 ACK、NACK 的两侧，无论在相应的子帧内，对应位置上的 ACK、NACK 是否真正传输了数据。也就是说，即使 ACK、NACK 没有传输数据，RI 也不能占据相应的位置（此时 ACK、NACK 位置发送的将是未被打孔的数据，如下所述）。CQI、PMI 放置在 PUSCH 频率开始的位置，分布在 PUSCH 子帧内除去 DMRS 外的所有符号上。

一般来说，eNode B 知道 UE 会在特定的子帧内发送 ACK（或 NACK），因而可以将相应 PUSCH 内的数据和 ACK（或 NACK）进行解复用。但是，在某些情况下，如果 UE 未能正确地解调出下行的 PDCCH，就可能出现 eNode B 等待 UE 的 ACK（或 NACK）而 UE 并不发送的情况。这样，如果 UE 的速率匹配依赖于 ACK（或 NACK）的发送，就可能导致 PUSCH 解码的失败。为此，LTE PUSCH 中 HARQ 的反馈采用了在 UL-SCH 的数据流中打孔的机制。

CQI 的情况则有所不同，CQI 的上报可以分为周期性和非周期性两种。对于非周期性的 CQI 上报，eNode B 通过在调度授权中设置相应的 CQI 位来通知 UE 上报 CQI，因而对于 PUSCH 中 CQI 的发送与否，eNode B 和 UE 是同步的。对于周期性的 CQI 上报而言，eNode B 和 UE 是通过上层的 RRC 信令来协商 CQI 的上报的，因而 eNode B 也会了解 UE 会在哪些子帧来发送 CQI。因而，在 LTE PUSCH 中数据的速率匹配依赖于 CQI 的存在与否。

CQI、PMI 的调制方式和 PUSCH 中的数据采用的调制方式相同，ACK/NACK 和 RI 的调制方式要满足符号级的 Euclidean 距离最大（见 3GPP 协议 36.212 中 Section 5.2.2.6.3）。ACK、NACK 和 CQI 的编码方式有如下几种：

① repetition coding only：1-bit ACK/NACK；

② simplex coding：2-bit ACK/NACK/RI；

③ (32, N) Reed‒Muller block codes：CQI/PMI <11 bits；

④ tail‒biting convolutional coding (1/3)：CQI/PMI ≥ 11 bits。

LTE PUSCH 中的功率控制，将根据 PUSCH 中的数据部分来设立信噪比的工作点（SINR Operation Point）。PUSCH 中的控制部分必须与之适应，而对不同的控制部分采用不同的功率偏移又会在一定程度上破坏上行的单载波特性。为此，LTE 采用了对控制信息采用不同的编码速率的机制。根据 PUSCH 数据采用的 MCS（代表上行信道的质量）来确定各个控制部分不同的编码速率，也就是决定各个部分所占用的 RE 数目。

LTE 的上行，与下行不同，为了保持单载波的特性，每个 UE 分配的子载波都是连续的。但是在两个子帧之间以及同一子帧内的两个 Slot 之间，两个部分的连续频率之间可以存在间隔，也就是跳频。UE 是否应用跳频（Frenquency Hopping，FH），取决于相应的 PDCCH 格式 0 的上行调度中的 FH 位是否设置为 1。

非跳频的 PUSCH 调度，也称为频率选择性调度（Frequency Selective Scheduling），UE 在同一子帧的两个时系之间，以及（非自适应）重传的不同子帧之间，使用相同的频率进行 PUSCH 的传输。eNode B 通常会根据 SRS 信道估计的结果为每个 UE 分配相应的上行 RB 和 MCS。

在某些情况下，eNode B 可能无法获得准确的上行子载波信道估计的信息。这时，eNode B 可以通过跳频的上行调度，有效地利用 LTE 带宽所带来的频率分集增益。

LTE 中的上行跳频可以分为类型 1 和类型 2 两种。根据 LTE 上行带宽的不同，PDCCH 格式 0 中用 1 个或 2 个 bit 来指明 LTE 上行跳频的类型以及在类型 1 时，跳频之间的频率间隔。

小提示

为支持上下行共享信道的正常工作，UE 需要向基站发送某些与上下行数据传输相关的控制信息，即上行 L1/L2 控制信令。在 EUTRAN 系统中，基站对 UE 的行为完全控制，UE 需要接收基站发来的调度信息并按照调度信息的指示进行上/下行数据的收发，并反馈相关的控制信令。

4.2.3 传输信道

物理层主要负责为 MAC 层和高层提供信息传输的服务；传输信道则主要负责通过什么样的特征数据和方式来实现物理层的数据传输服务。

LTE 系统中的下行传输信道包括如下几种类型。

① 广播信道（Broadcast Channel，BCH）。固定的预定义传输格式，在整个小区的覆盖区域内广播。

② 下行共享信道（Downlink Shared Channel，DL-SCH）。可在整个小区覆盖区域发送；支持 HARQ；能够通过各种调制方式、编码方式及发送功率来实现链路自适应；支持波束成形；支持动态或半动态资源分配；支持 UE 的非连续接收（DRX）达到节电的目的；支持 MBMS 业务的传输。

③ 寻呼信道（Paging Channel，PCH）。在整个小区覆盖区域内发送；可映射到用于业务或其他动态控制信道使用的物理资源上；支持 UE 的非连续接收（DRX）以达到节电目的；支持 MBMS 业务的传输。

④ 多播信道（Multicast Channel，MCH）。在整个小区覆盖区域发送；对于单频点网络（MBSFN）支持多小区的 MBMS 传输合并；使用半静态资源分配。

与之对应，LTE 系统中的上行传输信道包括如下几种类型。

① 上行共享信道（Uplink Shared Channel，UL-SCH）。支持通过调整发射功率、调制编码格式来实现动态链路自适应；支持波束成形；支持 HARQ；支持动态或半动态资源分配。

② 随机接入信道（Random Access Channel，RACH）。可承载有限的控制信息；支持冲突碰撞解决机制。

4.2.4　逻辑信道

逻辑信道定义了传输的内容。MAC 子层使用逻辑信道与高层进行通信。逻辑信道通常分为两类，即用来传输控制平面信息的控制信道和用来传输用户平面信息的业务信道。根据传输信息的类型其又可划分为多种逻辑信道类型，并根据不同的数据类型，提供不同的传输服务。

TDD-LTE 定义的控制信息信道主要有以下 5 种类型。

① 广播控制信道（BCCH）。该信道属于下行信道，用于传输广播系统控制信息。

② 寻呼控制信道（PCCH）。该信道属于下行信道，用于传输寻呼信息和改变通知消息的系统信息。当网络侧没有用户终端所在小区信息的时候，使用该信道寻呼终端。

③ 公共控制信道（CCCH）。该信道包括上行和下行，当终端和网络间没有 RRC 连接时，终端级别控制信息的传输使用该信道。

④ 多播控制信道:（MCCH）。该信道为点到多点的下行信道,用于 UE 接收 MBMS 业务。

⑤ 专用控制信道（DCCH）。该信道为点到点的双向信道，用于传输终端侧和网络侧存在 RRC 连接时的专用控制信息。

TDD-LTE 定义的业务信道主要有如下两种类型。

① 专用业务信道（DTCH）。该信道可以为单向的，也可以是双向的，针对单个用户提供点到点的业务传输。

② 多播业务信道（MTCH）。该信道为点到多点的下行信道。用户只会使用该信道来接收 MBMS 业务。

4.2.5　信道间映射

LTE 系统中各个信道的映射关系如图 4-26 所示。

与 UMTS 系统相比，LTE 系统中的逻辑信道与传输信道类型都大大减少，映射关系也变得更为简单。

逻辑信道与传输信道的映射关系如图 4-27 所示。对于上行逻辑信道 CCCH、DCCH、DTCH，均映射到 UL-SCH 上；对于下行逻辑信道，PCCH 映射至 PCH，BCCH 映射至BCH 或 DL-SCH，CCCH、DCCH 和 DTCH 均映射至 DL-SCH。

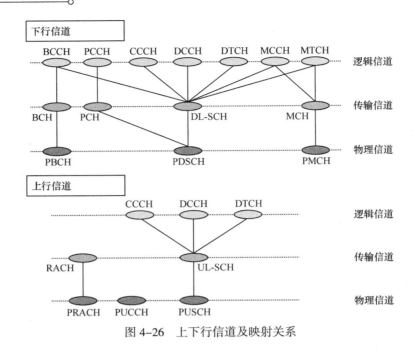

图 4-26 上下行信道及映射关系

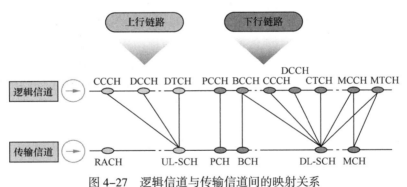

图 4-27 逻辑信道与传输信道间的映射关系

4.3 任务三：物理信号的设计

【任务描述】

本节我们将学习 LTE 系统的物理信号分类及其作用，以便我们更好地了解 LTE 系统的资源。

例如，上行物理信号的作用包括上行信道估计、上行信道质量的测量工作；下行物理信号的作用包括系统内符号同步、帧同步、下行信道质量测量、信道估计，等等。

4.3.1 上下行物理信号与功能

物理信号对应物理层若干 RE，但是不承载任何来自高层的信息。

1. 下行物理信号

下行物理信号包括参考信号（Reference Signal，RS）和同步信号（Synchronization Signal，SS）。

RS 就是常说的"导频"信号，是发射端提供给接收端用于信道估计和信道探测的一种已知信号。

下行物理信号功能包括以下 3 种。

① 信道估计，用于相干解调和检测，包括控制信道和数据信道。

② 信道质量的测量，用于调度、链路自适应。

③ 导频强度的测量，为切换、小区选择提供依据。

（1）参考信号

下行参考信号包括下面 3 种。

① 小区特定（Cell-specific）的参考信号，与非 MBSFN 传输关联。

② MBSFN 参考信号，与 MBSFN 传输关联。

③ UE 特定（UE-specific）的参考信号。

下行参考信号用于下行信道估计、信道质量测量以及相关解调，对 UE 来说是已知信号（RS 信号与小区 physical id 有关，这个在小区搜索过程中的同步信号中获得）在频域上，6 个子载波分配一个 RS；在时域上，每个 slot 的 symbol 0 和 symbol 4 用来传递 RS，symbol 0 和 symbol 4 之间有 3 个 SC 的间差，用于时频域分集。

下行 RS 通常也称为导频信号，其主要的用途包括：一是下行信道质量测量；二是下行信道估计，用于 UE 端的相干检测和解调；三是小区搜索。

一般不特别说明，参考信号指的都是小区特定参考信号。

MBSFN（Multimedia Broadcast Single Frequency Network）参考信号，与 MBSFN 传输关联。MBSFN 参考信号仅在分配给 MBSFN 传输的子帧传输。MBSFN 导频序列仅用于扩展 CP 的情况。

UE 特殊参考信号，顾名思义，这类参考信号只对特定的 UE 有效。

（2）同步信号

同步信号包括以下两种。

① 主同步信号（Primary Synchronization Signal，PSS）。

② 辅同步信号（Secondary Synchronization Signal，SSS）。

对于 FDD，主同步信号映射到时隙 0 和时隙 10 的最后一个 OFDM 符号上，辅同步信号则映射到时隙 0 和时隙 10 的倒数第二个 OFDM 符号上。

1）PSS 序列

PSS 采用长度为 63 的频域 ZC 序列，中间被打孔打掉的元素是为了避免直流载波，PSS 序列到子载波的映射关系如图 4-28 所示。

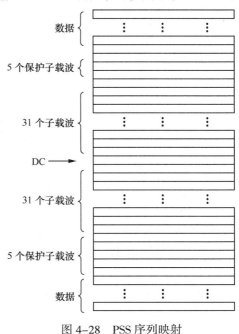

图 4-28　PSS 序列映射

在 LTE 中，针对不同的系统带宽，同步信号均占据中央的 1.25MHz（6 个 PRB）的位置。长度为 63 的 ZC 序列截去中间一个处于直流子载波上的符号后得到长度为 62 的序列，在频域上映射到带宽中心的 62 个子载波上。PSS 两侧分别预留 5 个子载波提供干扰保护。

2）SSS 序列

M 序列由于具有适中的解码复杂度，且在频率选择性衰落信道中性能占优，最终被选定为辅同步码（Secondary Synchronisation Code，SSC）序列设计的基础。SSC 序列由两个长度为 31 的 m 序列交叉映射得到。具体来说，首先由一个长度为 31 的 m 序列循环移位后得到一组 m 序列，从中选取 2 个 m 序列（称为 SSC 短码）；将这两个 SSC 短码交错映射在整个 SSCH 上，得到一个长度为 62 的 SSC 序列。为了确定 10ms 定时获得无线帧同步，在一个无线帧内，前半帧两个 SSC 短码交叉映射方式与后半帧的交叉映射方式相反。同时，为了确保 SSS 检测的准确性，对两个 SSC 短码进行二次加扰。

PSS 主要完成 5ms 半帧同步，SSS 主要完成 10ms 无线帧同步。同时，由于 TDD 和 FDD 的同步信号所在位置不同，通常还用这两个信号来区分系统是 TDD 和 FDD。

在 FDD 中，PSS 位于子帧 0 和子帧 5 的第一个时隙的最后一个 OFDM 符号上，SSS 与其紧邻，位于倒数第二个 OFDM 符号上，如图 4-29 所示。

图 4-29　PSS 和 SSS 在 FDD 无线帧中的位置

在 TDD 中，PSS 位于特殊子帧 1 和 6 的 DwPTS 中的第三个 OFDM 符号上，SSS 位于子帧 0 和 5 的第 2 个时隙的最后一个 OFDM 符号上，如图 4-30 所示。

图 4-30　PSS 和 SSS 在 TDD 无线帧中的位置

2. 上行物理信号

上行物理信号包括解调用参考信号和探测用参考信号。

上行物理信号作用：一是上行信道估计，用于 eNode B 端的相干检测和解调，称为 DRS；二是上行信道质量测量，称为 SRS。

上行链路支持如下两种类型的参考信号。

① 解调用参考信号（Demodulation Reference Signal）。与 PUSCH 或 PUCCH 传输有关。

② 探测用参考信号（Sounding Reference Signal）。与 PUSCH 或 PUCCH 传输无关。

解调用参考信号和探测用参考信号使用相同的基序列集合。

4.3.2 上下行物理信号资源映射

1. 小区专用参考信号

小区专用参考信号映射到资源元素。一个时隙里任何一个天线端口用于传输参考信号的资源元素在同一时隙中其他任何天线端口都不能使用，并要设为 0。小区专用参考信号将在支持非 MBSFN 传输的小区中的所有下行子帧中传输。当子帧用于 MBSFN 传输时，仅仅在一个子帧中的第一个时隙中的前两个 OFDM 符号中的小区专用参考信号被传输。

小区专用参考信号在天线端口 0 ～ 3 中的一个或者多个端口上传输，如图 4-31 所示。

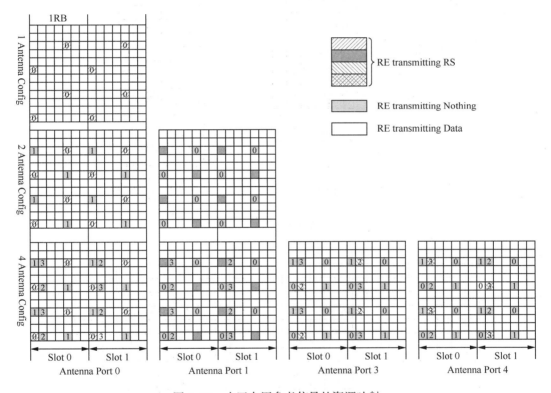

图 4-31　小区专用参考信号的资源映射

2. MBSFN 参考信号

MBSFN 参考信号将只在分配给 MBSFN 传输的子帧中传输。MBSFN 参考信号在天线端口 4 上传输，其分为两种情况，常规 CP 和扩展 CP 的不同映射方式，如图 4-32 所示。

3. 用户专用参考信号

UE 专用参考信号，仅适用于帧结构类型 2，支持 PDSCH 的单天线传输，使用天线端口 5，其分为常规 CP 和扩展 CP 两种情况映射，如图 4-33 所示。

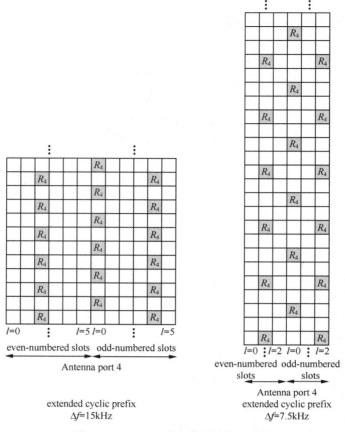

图4-32　MBSFN参考信号的资源映射

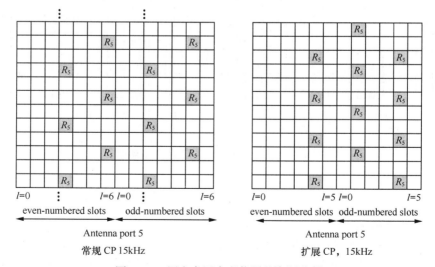

图4-33　用户专用参考信号的资源映射

4. 解调参考信号

解调参考信号在 PUCCH、PUSCH 上传输，用于用户 PUCCH 和 PUSCH 的相关解调。

① For PUSCH：每个 slot（0.5ms）一个 RS，第四个 OFDM symbol 上。

② For PUCCH-ACK：每个 slot（0.5ms），中间三个 OFDM symbol 为 RS。

③ For PUCCH-CQI：每个 slot（0.5ms），第二、第六个 OFDM symbol 上。

5. 探测参考信号

可以在普通上行子帧上传输，也可以在 UpPTS 上传输，位于上行子帧的最后一个 SC-FDMA 符号，eNB 配置 UE 在某个时刻资源上发送 sounding 以及发送 sounding 的长度。

① Sounding 的作用：上行信道估计，选择 MSC 和上行频率选择性调度。TDD 系统中，估计上行信道矩阵 H，用于下行波束赋形。

② Sounding 的周期：由高层通过 RRC 信令触发 UE 发送 SRS，包括一次性的 SRS 和周期性 SRS 两种方式。周期性 SRS 支持 2ms、5 ms、10 ms、20 ms、40 ms、80 ms、160 ms、320 ms 8 种周期。TDD 系统中，5 ms 最多发送两次。

▶▶4.4　任务四：物理层基本过程的分析

【任务描述】

"员工手册"涵盖了很多规定和制度，在编写员工手册的过程中，应遵守依法而行、权责平等、讲求实际、不断完善和公平、公正、公开五个原则。例如。

第一章　总则

第二章　考勤管理规定

……

第十章　保密制度

第十一章　奖惩制度

同样，在我们 LTE 系统物理层整个过程中也包括很多的规定和制度，例如本节主要学习的物理层过程，需要掌握接入、小区选择、重选、切换等概念，并掌握功率控制及资源管理等知识。

本节主要学习物理层过程，掌握 UE 开机、随机接入、小区选择、重选、切换等过程。

4.4.1　小区搜索与同步

小区搜索过程是指 UE 获得与所在 eNode B 的下行同步（包括时间同步和频率同步），检测到该小区物理层小区 ID. UE 基于上述信息，接收并读取该小区的广播信息，从而获取小区的系统信息以决定后续的 LTE 操作，如小区重选、驻留、发起随机接入等操作。

当 UE 完成与基站的下行同步后，需要不断检测服务小区的下行链路质量，确保 UE 能够正确接收下行广播和控制信息。同时，为了保证基站能够正确接收 UE 发送的数据，UE 必须取得并保持与基站的上行同步。

在 LTE 系统中，小区同步主要是通过下行信道中传输的同步信号来实现的。下行同步信号分为主同步信号（Primary Synchronous Signal，PSS）和辅同步信号（Secondary Synchronous Signal，SSS）。TDD-LTE 中，支持 504 个小区 ID，并将所有的小区 ID 划分为 168 个小区组，每个小区组内有 504/168=3 个小区 ID。小区搜索的第一步是检测出 PSS，再根据二者间的位置偏移检测 SSS，进而利用上述关系式计算出小区 ID。采用 PSS 和 SSS 两种同步信号能够加快小区搜索的速度。

4.4.2　UE 开机流程

图 4-34 为手机开机流程。手机开机后，首先进行小区搜索，选择适合小区驻留，然后进行下行同步，读取广播消息主信息块 MIB，然后读取 SIB 信息。由于读取到广播消息后手机需要到核心网注册，所以先进行上行同步过程，与基站进行上行同步，然后发起随机接入流程。

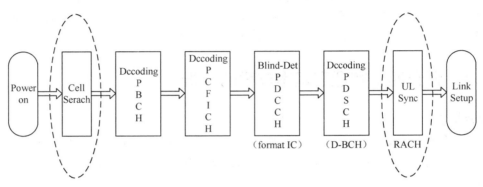

图 4-34　手机开机流程

UE 使用小区搜索过程识别并获得小区下行同步，从而可以读取小区广播信息。此过程在初始接入和切换中都会用到。为了简化小区搜索过程，同步信道总是占用可用频谱的中间 63 个子载波。不论小区分配了多少带宽，UE 只需处理这 63 个子载波。UE 通过获取 3 个物理信号完成小区搜索。这 3 个信号是 P-SCH 信号、S-SCH 信号和下行参考信号（导频）。一个同步信道由一个 P-SCH 信号和一个 S-SCH 信号组成。同步信道每个帧发送两次。

下行参考信号用于更精确的时间同步和频率同步。完成小区搜索后 UE 可获得时间 / 频率同步、小区 ID 识别和 CP 长度检测。

小区搜索过程如图 4-35 所示，具体步骤介绍如下。

① UE 开机，在可能存在 LTE 小区的几个中心频点上接收信号（PSS），以接收信号强度来判断这个频点周围是否可能存在小区。如果 UE 保存了上次关机时的频点和运营商信息，则开机后会先在上次驻留的小区上尝试；如果没有，就要在划分给 LTE 系统的频带范围做全频段扫描，发现信号较强的频点去尝试。

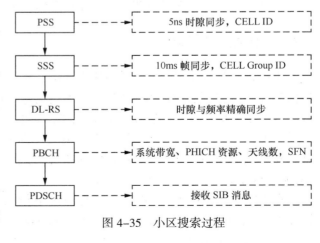

图 4-35　小区搜索过程

② 然后在这个中心频点周围接收 PSS（主同步信号），它占用了中心频带的 6RB，因此可以兼容所有的系统带宽。信号以 5ms 为周期重复，在子帧 0 发送，并且是 ZC 序列，

具有很强的相关性，因此可以直接检测并接收到。据此可以得到小区组里的小区 ID，同时确定 5ms 的时隙边界，同时通过检查这个信号就可以知道循环前缀的长度以及采用的是 FDD 还是 TDD（因为 TDD 的 PSS 是放在特殊子帧里面的位置有所不同，基于此来做判断）。由于它是 5ms 重复，因此在这一步它还无法获得帧同步。

③ 5ms 时隙同步后，在 PSS 基础上向前搜索 SSS。由于 SSS 由两个端随机序列组成，前后半帧的映射正好相反，因此只要接收到两个 SSS 就可以确定 10ms 的边界，达到帧同步的目的。由于 SSS 信号携带了小区组 ID，跟 PSS 结合就可以获得物理层 ID（CELL ID），这样就可以进一步得到下行参考信号的结构信息。

④ 在获得帧同步以后就可以读取 PBCH 了，通过上面两步获得下行参考信号结构。通过解调参考信号可以进一步的精确时隙与频率同步，同时可以为解调 PBCH 做信道估计了。PBCH 在子帧 0 的 slot 1 上发送，就是紧靠 PSS，通过解调 PBCH，可以得到系统帧号和带宽信息以及 PHICH 的配置以及天线配置。系统帧号以及天线数设计相对比较巧妙：SFN 位长为 10bit，也就是取值在 0 ~ 1 023 中循环。PBCH 的 MIB 广播只广播前 8 位，剩下的两位根据该帧在 PBCH 40ms 周期窗口的位置确定，第一个 10ms 帧为 00，第二帧为 01，第三帧为 10，第四帧为 11。PBCH 的 40ms 窗口手机可以通过盲检确定，而天线数隐含在 PBCH 的 CRC 里面，在计算好 PBCH 的 CRC 后跟天线数对应的 MASK 进行异或。

⑤ 至此，UE 实现了和 eNB 的定时同步。

要完成小区搜索，仅仅接收 PBCH 是不够的。由于 PBCH 只是携带了非常有限的系统信息，更多更详细的系统信息是由 SIB 携带的，因此此后还需要接收 SIB，即 UE 接收承载在 PDSCH 上的 BCCH 信息。为此必须进行如下操作。

① 接收 PCFICH，此时该信道的时频资源可以根据物理小区 ID 推算出来，通过接收解码得到 PDCCH 的 symbol 数目。

② 在 PDCCH 域的公共搜索空间里查找发送到 SI-RNTI 的候选 PDCCH。如果找到一个并通过了相关的 CRC 校验，那就意味着有相应的 SIB 消息，于是接收 PDSCH，译码后将 SIB 上报给高层协议栈。

③ 不断接收 SIB，上层（RRC）会判断接收的系统消息是否足够，如果足够则停止接收 SIB。至此，小区搜索过程才差不多结束。

4.4.3　随机接入过程

随机接入过程分为基于竞争和基于非竞争的随机接入过程。

随机接入（Random Access，RA）过程是 UE 向系统请求接入，收到系统的响应并分配接入信道的过程，一般的数据传输必须在随机接入成功之后进行。

除 PRACH 外，UE 发送任何数据都需要网络预先分配上行传输资源，通过随机接入来获取。数据通过空口传输需要一段时间。UE 发送上行数据时必须提前一段时间发送，使数据在预定的时间点到达网络，即要保持上行同步。通过随机接入，UE 获得上行发送时间提前量（Time Alignment，TA）。

随机接入的目的有以下几点。

① 请求初始接入。

② 从空闲状态向连接状态转换。

③ 支持 eNode B 之间的切换过程。

④ 取得 / 恢复上行同步。

⑤ 向 eNode B 请求 UE ID。

⑥ 向 eNode B 发出上行发送的资源请求。

物理层随机接入过程包括以下几个步骤。

① 高层前导发送请求触发物理层过程。

② 高层请求中包括前导序号、目标前导接收功率（PREAMBLE_RECEIVED_TARGET_POWER）、关联的随机接入无线网络标识（RA-RNTI）以及 PRACH 资源。

③ 前导传输功率 P_{PRACH} 由下式决定，$P_{PRACH} = min\{ P_{CMAX}$, PREAMBLE_RECEIVED_TARGET_POWER + PL$\}$_[dBm]，其中 P_{MAX} 是配置的 UE 传输功率，PREAMBLE_RECEIVED_TARGET_POWER 是网络侧配置的期望接收功率，PL 是 UE 估值的下行路径损耗。

④ 使用前导序号在前导序列集合中选择前导序列。

⑤ 使用选中的前导序列，在指定的 PRACH 资源上，使用传输功率 PRACH 进行前导传输。

⑥ 在高层控制的窗口中尝试检测与 RA-RNTI 关联的 PDCCH。如果检测到，那么相应的 DL-SCH 传输块被送往高层。高层解析传输块后发送一个 20bit 的上行指示给物理层。

1. 随机接入场景

下面几种情况下，会发起随机接入过程。

① 在 RRC_IDLE 状态时，发起的初始接入。

② 在 RRC_CONNECTED 状态时，发起的连接重建立处理。

③ 小区切换过程中的随机接入。

④ 在 RRC_CONNECTED 状态时，下行数据到达发起的随机接入，如上行失步。

⑤ 在 RRC_CONNECTED 状态时，上行数据到达发起的随机接入，如上行失步或无 SR 使用的 PUCCH 资源（SR 达到最大传输次数）。

对于以上 5 种场景，③和④可以使用基于非竞争的随机接入流程，其他均采用基于竞争的随机接入。随机接入需要 UE 在 PRACH 上发送 Preamble 码到基站。一个小区里面有 64 个前导码，分为两种，即专用的和非专用的。如果是非专用的，UE 可以随机地选取一个，就有可能产生两个 UE 选择上了相同的前导码，从而形成竞争的随机接入。非竞争的随机接入是网络为 UE 分配一个前导码，由于是基站分配的，所以前导码相当于专用的，即基于非竞争的随机接入。非专用组中的 preamble 码分为 A、B 两组，两组中的码不重复，具体是选择 A 组还是 B 组中的码与 MSG3 消息的大小和路径损耗情况有关。

在进行初始化的非同步的物理随机接入过程之前，层 1 从高层接收如下信息。

① 随机接入信道参数（PRACH 配置和频率位置）。

② 用于决定小区中根序列及其在前导序列集合中的循环移位值的参数（逻辑根序列表格索引、循环移位 、集合类型）集合类型分为受限集合和非受限集合。

从物理层来看，物理层随机接入过程包括随机接入前导的发送以及随机接入响应。被高层调度到共享数据信道的剩余消息传输未包括在物理层随机接入过程中。一个随机接入信道占用预留给随机接入前导传输的一个或一系列连续子帧中的 6 个资源块。eNode B 没有禁止向预留给随机接入信道前导传输的资源块中进行数据调度。

2. 基于竞争的随机接入

基于竞争的随机接入如图 4-36 所示。

竞争的随机接入适用于初始接入。竞争随机接入过程如下。

① UE 端通过在特定的时频资源上，发送可以标识其身份的 preamble 序列，进行上行（同步骤 1）。

② 基站端在对应的时频资源对 preamble 序列进行检测，完成序列检测后，发送随机接入响应（同步骤 2）。

③ UE 端在发送 preamble 序列后，在后续的一段时间内检测基站发送的随机接入响应（同步骤 2）。

④ UE 在检测到属于自己的随机接入响应，该随机接入响应中包含 UE 进行上行传输的资源调度信息（同步骤 3）。

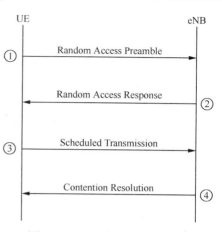

图 4-36　基于竞争的随机接入

⑤ 基站发送冲突解决响应，UE 判断是否竞争成功（同步骤 4）。

（1）MSG1：随机接入前导发送

根据 MSG3 消息块大小和路损情况决定在 Preamble Group A/B 中随机选择一个 Preamble 码在 PRACH 上发送。

根据 eNode B 指示的根 ZC 序列号、循环移位配置、是否采用 restricted set（仅 FDD）以及前导序列号，进行 ZC 序列的选择和循环移位的计算。

根据 eNode B 在广播消息中指示的 PRACH 期望接收功率、前导格式和前导发送计数，进行 PRACH 开环发射功率计算和 power ramping 过程。

eNB：根据接收的前导测量 UE 与基站距离，产生定时调整量。

（2）MSG2：随机接入响应（RAR）

该消息在 PDSCH 上发送具体位置由 PDCCH 指示，不需要 HARQ，其内容包括如下几点：

① 被响应的前导标识；

② 定时调整量；

③ Temporary C-RNTI；

④ Msg3 的资源分配。

UE：发完前导后在一个时间窗内等待 RA response。如果在时间窗内没有等到属于此 UE 的响应，认为本次接入失败，则退回第一步进行一次新的前导发送尝试；基于 Backoff 值加入一个随机延迟后，再进行一次新的前导发送尝试将前导发送计数加 1，并相应地调整前导发送功率（power ramping 过程），否则进入第三步。若前导发送次数未达到最大限定次数，则认为该次随机接入过程失败，并向高层指示该问题。

（3）MSG3 发送

根据 eNode B 指示的相关功控参数、路损估计、PUSCH 发送所占 RB 数等，计算 MSG 3 的开环发射功率。

根据随机接入响应授权，按指定的资源和格式在 PUSCH 上进行 MSG 3 发送，MSG 3 采用上行 HARQ。

消息内容如下。

① 初始接入：RRC Connection Request，使用 CCCH；至少传输 NAS UE ID，但是没有 NAS 消息。

② RRC 连接重建立：RRC Connection Reestablishment Request，使用 CCCH；没有任何 NAS 消息。

③ 切换：RRC Handover Confirm，通过 DCCH，传输 UE 的 C-RNTI。

其他情况至少传输 UE 的 C-RNTI（有上行数据要传输和接收到下行数据时）。

（4）MSG4：竞争解决

冲突检测，在 PDCCH 上发送 C-RNTI，或在 DL-SCH 上发送 UE 竞争解决 ID 给 UE；需要采用 HARQ，其内容包括如下几点。

NAS 层 UE ID。

分配资源情况等。

UE：检测到自己 NAS 层 ID 的 UE 发送 ACK 将 temporary C-RNTI 升级成 C-RNTI，上行同步过程结束，等待基站调度，发送上行数据。没有检测到自己 NAS 层 ID 的 UE 知道发生了冲突，一段时间后重新发起上行同步过程。

3. 基于非竞争的随机接入

基于非竞争的随机接入如图 4-37 所示。

与基于竞争的随机接入过程相比，基于非竞争的接入过程最大差别在于接入前导的分配是由网络侧分配的，而不是由 UE 侧产生的，这样也就减少了竞争和冲突解决过程。适用于切换或有下行数据到达且需要重新建立上行同步时。

非竞争随机接入过程如下。

① eNB 通过下行专用信令给 UE 指派非冲突的随机接入前缀（non-contention Random Access Preamble），这个前缀不在 BCH 上广播的集合中。

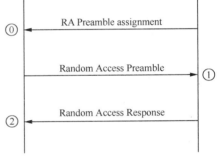

图 4-37　基于非竞争的随机接入

② UE 在 RACH 上发送指派的随机接入前缀。

③ eNB 的 MAC 层产生随机接入响应，并在 DL-SCH 上发送，随机接入过程结束。

4.4.4　移动性管理

移动性管理是蜂窝移动通信系统必备的机制，能够辅助 TDD-LTE 系统实现负载均衡，提高用户体验以及系统整体性能。移动性管理主要分为两大类：空闲状态下的移动性管理和连接状态下的移动性管理。空闲状态下的移动性管理主要通过小区选择/重选来实现，由 UE 控制；连接状态下的移动性管理主要通过小区切换来实现，由 eNode B 控制。

移动性管理算法负责解决 UE 在地理位置或逻辑小区位置改变时带来的一系列问题。作为后 3G 移动通信技术，移动性管理算法在 LTE RRM 中占有非常重要的地位。根据前后频点和接入技术的变化情况分类，移动性管理包括频内、频间和系统间管理。

根据 UE 的 RRC 连接状态分类，移动性管理分为小区选择/重选、切换和重定向。小区选择/重选对应 RRC Idle 状态下的 UE，切换对应 RRC 连接状态且建立有 DRB 的 UE。

对于具有 RRC 连接的 UE，还可以通过 RRC Connection Release 携带 Redirection 消息做重定向。

小区选择 / 重选的主要操作在 UE 侧，接入网络提供导向和辅助信息。切换操作由网络侧和 UE 侧共同完成，网络侧主导，UE 侧协助。LTE 系统中所有切换均是硬切换，即需要与原小区断开连接，再与目标小区建立新的连接。尽管在某些时刻，两个小区都会保留 UE 相关信息（e.g.UEContext），但是在同一个时刻 UE 只能与一个小区进行通信。根据触发原因的不同，切换又可以细分为基于覆盖（Radio Link Measurement）的切换、基于负荷（Load Balancing & Load Control）的切换、基于业务的切换、基于 UE 能力的切换等。

1. 小区选择 / 重选

小区重选对于网络侧而言，只需要 EUTRAN 配置 SIB 用于小区重选参数即可，如相关门限、定时器参数、测量偏置等，其他操作都在 UE 侧完成。

在实现上，小区重选需要考虑小区优先级。优先级是按频点区分的，相同载频的优先级相同，CSG 小区频点的优先级最高，小区优先级也就是对应载波的频点优先级。

小区重选的原则首先选择高优先级的 EUTRAN 小区，依次为同频 EUTRAN 小区、同优先级异频 EUTRAN 小区、低优先级 EUTRAN 小区、3G 小区、2G 小区。该优先级顺序也可由运营商根据实际需要进行配置。

重选到新小区的条件主要满足以下几点。

① 在时间 TreselectionRAT 内，新小区信号强度高于服务小区。

② UE 在以前服务小区驻留时间超过 1s。其中，Treselection RAT 为小区重选定时器。对于每一种 RAT 的每个目标频点或频率组，都定义了一个专用的小区重选定时器。当在 EUTRAN 小区中评估重选或重选到其他 RAT 小区都要应用小区重选定时器。

为实现系统间小区重选需要在系统信息块（System Information Block，SIB）3 中配置 s-NonIntraSearch（系统间测量触发门限）。EUTRAN 到 UTRAN 的小区重选参数，主要在 SIB 6 中配置，包含 UTRAN 小区频点信息、UTRAN 邻小区相关信息等，主要配置参数见表 4-14。

表4-14　小区重选主要配置参数

主要参数	说明
carrierFreq	UTRAN下行频点
cellReselectionPriority	UTRAN小区重选优先级
threshX-High	重选到比服务频点优先级高的UTRAN小区频点的高门限
threshX-Low	重选到比服务频点优先级低的UTRAN小区频点的低门限
q-RxLevMin	UTRAN小区中所需要的最小接收电平
p-MaxUTRA	上行最大允许传输功率
q-QualMin	UTRANFDD小区重选条件的最小质量要求
t-ReselectionUTRA	UTRAN小区重选定时器值
t-ReselectionUTRA-SF-Medium	在中速状态下的UTRAN小区重选时间比例因子
t-ReselectionUTRA-SF-High	在高速状态下的UTRAN小区重选时间比例因子

2. 小区选择 S 准则

UE 在以下情况可发起小区选择过程。

① UE 开机。

② UE 从连接模式回到空闲模式。

③ 模式过程中失去小区信息（例如信号衰减到很差时）。

通过系统消息广播或专用信令下达的载频或 RAT 优先级信息，不适用于小区选择。小区选择包括两种类型。

① 初始小区选择。适用于没有任何 EUTRAN 载频的先验信息，UE 根据自己的能力搜索所有 EUTRAN 的无线频率，直到找到一个合适的小区，或者找到一个可接收的小区。

② 基于存储信息的小区选择。适用于存储有一些 E-UTR A 载频信息甚至小区参数，UE 在相应载频上搜索小区，如果找到一个合适的小区则接入，否则回到初始小区选择过程。

不论可接收小区还是合适的小区，在信号强度方面必须满足小区选择的 S 准则：

Srxlev>0

其中，Srxlev = Qrxlevmeas−(Qrxlevmin + Qrxlevminoffset)+Pcompensation。

Srxlev 是小区选择接收电平值（dB），UE 根据此值来判断是否选择目标小区。

Qrxlevmeas 是 UE 测量得到的小区参考信号接收功率（RSRP）。

Qrxlevmin 是小区中需要的最小接收电平值，在 SIB 1 中发送。

Qrxlevminoffset 是小区选择最小接收电平值的偏移值，当 UE 漫游到 VPLMN 并进行周期性 PLMN 选择时有效。

Pcompensation = MAX PEMAX−PUMAX，0 ）。

（1）小区重选的准则

通过系统消息广播或在 RRC 连接释放时的专用消息中携带的频率和 RAT 优先级对小区重选适用。目前不支持 RAT 相同优先级情况，即 RAT 之间必然是不同优先级，而不同频点间可以是相同优先级，也可以是不同优先级。目前，移动性管理算法将小区重选优先级定义为：优先级按频点来区分，相同载频的优先级相同，CSG 小区频点的优先级最高；小区的优先级也就是对应载波的频点优先级。

（2）小区选择与重选的具体原则

尽量保证初始小区选择所选小区的质量，体现在小区选择所用的最小接收电平值的配置上。

小区重选首先选择高优先级 EUTRAN 小区，接下来的顺序依次是同频 E-UTR AN 小区、同优先级异频 EUTRAN 小区、低优先级 E-UTR AN 小区、3G 小区、2 G 小区，体现在小区优先级和重选参数配置上。一般来说，3G 和 2G 小区的优先级要低于 EUTRAN 小区。小区重选时 CSG 小区的优先级最高（包括各种 RAT CSG 小区），各种 RAT CSG 小区的优先级一般都相同。

基于移动速度的小区重选原则：高速 UE 的小区重选时间<中速 UE 的小区重选时间<正常速度 UE 的小区重选时间，高速 UE 的小区重选迟滞<中速 UE 的小区重选迟滞<正常速度 UE 的小区重选迟滞。

此外，核心网给 eNB 发送的 Subscriber Profile ID for RAT/Frequency priority 信息，属于专用优先级。如果 UE 到专用优先级，则忽略系统消息中的优先级。在以下情况可释放专用优先级信息。

① 进入 RRC 连接态。

② 可选的专用优先级有效时间过期。

③ 进行了 PLMN 的选择。

（3）小区重选的测量准则

UE 只对在系统消息中给定的并且通过系统消息或专用消息提供优先级信息的载频和 RAT 进行小区重选的评估。小区重选的测量准则（SServingCell 是服务小区的 S 值 Srxlev）如下。

1）同频

① 如果在服务小区广播信息中携带了 Sintrasearch 并且 SServingCell > Sintrasearch，那么 Ue 不执行频内测量。

② 如果 SServingCell ≤ Sintrasearch 或者在服务小区广播信息中没有携带 Sintrasearch，那么 Ue 执行频内测量。

2）频间 / 系统间

① 系统消息中广播的与 UE 相关的其他系统或载频的优先级高于 UE 当前 EUTRAN 载频的优先级，UE 开始执行高优先系统或载频的测量。

② 系统消息中广播的与 UE 相关的其他系统或载频的优先级等于或低于 UE 当前 E-UTRAN 载频的优先级：如果在服务小区广播信息中携带了 Snonintrasearch 并且 SServingCell > Snonintrasearch，那么 UE 不执行优先级等于或低于当前 EUTRAN 频率的系统或载频的测量；如果 SServingCell ≤ Snonintrasearch 或者在服务小区广播信息中没有携带 Snonintrasearch，那么 UE 开始测量，优先级等于或低于当前 EUTRAN 频率的系统或载频。

（4）异频或系统间小区重选准则

在时间间隔 TreselectionRAT 内，评估频点上的小区的 SnonServingCell，x 值大于门限值 ThreshXhigh。重选到比服务小区优先级高的 EUTRAN 频点或 RAT 系统的小区的条件。

① 比服务小区优先级高的 EUTRAN 频点或 RAT 系统的小区满足准则。

② UE 在服务小区驻留的时间超过 1s。

重选到比服务小区优先级低的 EUTRAN 频点或 RAT 系统的小区的条件。

① 当前频点或等优先级的 EUTRAN 频点或高优先级的 EUTRAN 频点或 RAT 系统都没有小区能满足准则。

② 在 Treselection 内，SServingCell < ThreshServing，low 且低优先频点或系统上有小区的 SnonServingCell，x > Threshx，low。

③ UE 在服务小区驻留的时间超过 1s。

（5）异频或系统间小区重选需要注意的两点

① 当 UE 处于中速或高速移动状态下时，以上准则中的 TreselectionRAT 要应用缩放准则。简单地说，速度越高，TreselectionRAT 应当越小。

② 如果有多个小区满足以上重选条件，UE 将重选一个在最高优先级频点或者在最高优先级系统中选择满足以上重选准则的排序最高的小区。当最高优先级系统为 E-UTR AN 系统时，则根据同频和异频同优先级小区重选准则（不同 RAT 必然具有不同优先级）。

3. 小区切换

下面根据不同的分类方式，对小区切换进行介绍。

根据组网方式，可以将切换分为以下 3 种。

① 频内切换。

② 频间切换。

③ 系统间切换。

根据触发原因，可以将切换分为以下 4 种。

① 基于覆盖的切换（无线链路质量）。

② 基于负荷的切换（基于负载均衡的切换和基于负荷控制的强切）。

③ 基于业务的切换（基于业务类型的切换和基于业务质量的切换）。

④ 基于 UE 能力的切换。

根据切换流程的外部接口，可以将切换分为以下两种。

① 基于 X2 口的切换。

② 基于 S1 口的切换。

根据网络拓扑结构，可以将切换分为以下 3 种。

① ENODEB 内的切换。

② 同一 MME 或 MME pool 的 eNode B 间切换。

③ 不同 MME 或 MME pool 的 eNode B 间切换。

根据基站是否下发测量，可以将切换分为以下两种。

① 基于测量的切换。

② 盲切换。

根据基站是否下发测量，可以将切换分为以下两部分。

① 有损切换。

② 无损切换。

博士课堂

网络可以向空闲状态和连接状态下的 UE 发送寻呼，寻呼过程可以由核心网触发，用于通知某个 UE 接收寻呼请求，或者由 eNode B 触发，用于通知系统信息更新，以及通知 UE 接收地震、海啸预警系统、商业移动告警服务等信息。

4. 切换测量报告触发的事件类型

3GPP 协议分别为系统内切换和系统间切换定义了如下测量报告触发机制。

A1 事件：服务小区质量高于一个绝对门限（serving > threshold）。

A2 事件：服务小区质量低于一个绝对门限（serving < threshold）。

A3 事件：邻区比服务小区质量高于一个门限（Neighbour > Serving + Offset，Offset：+/–）。

A4 事件：邻区质量高于一个绝对门限（Neighbour > threshold）。

A5 事件：服务小区质量低于一个绝对门限（Serving < threshold1）且邻区质量高于一个绝对门限（Neighbour > threshold2）。

B1 事件：系统间邻区质量高于一个绝对门限（Neighbour > threshold）。

B2 事件：服务小区质量低于一个绝对门限（Serving < threshold1）且系统间邻区质量高于一个绝对门限（Neighbour > threshold2）。

同时，3GPP 协议定义了周期性测量报告机制。一般情况下，事件触发机制对于切换就足够了。各测量事件的用途（建议但不限于）如下。

A1 事件：停止异频、异系统测量，同时在 RRC 控制下去激活 Gap。

A2 事件：初始化异频、异系统测量，同时在 RRC 控制下激活 Gap；如果配置了一个相对较低的门限，同频邻区列表以及随后的周期性上报机制，eNB 可以据此挑选一个最好的小区做频内切换。

A3 事件：频内、频间基于覆盖的切换。

A4 事件：频内、频间基于负载均衡的切换。

A5 事件：频内、频间基于覆盖的切换；同 A3 事件相比，A5 事件在某些特定场景有一定优势，例如能够在密集城区高干扰情况下避免频繁切换。

B1 事件：系统间基于负载均衡的切换。

B2 事件：系统间基于覆盖的切换。

5. TA 及相关的基本概念

跟踪区（Tracking Area，TA）是 LTE 系统为 UE 的位置管理新设立的概念。

跟踪区设计要求：一是对于 LTE 的接入网和核心网保持相同的位置区域的概念；二是当 UE 处于空闲状态时，核心网能够知道 UE 所在的跟踪区；三是当处于空闲状态的 UE 需要被寻呼时，必须在 UE 所注册的跟踪区的所有小区进行寻呼；四是在 LTE 系统中应尽量减少因位置改变而引起的位置更新信令。

相关概念见表 4–15。

表4-15　TA基本概念

LA	Location Area	位置区
RA	Routing Area	路由区
LAI	LA Identity	位置区标识
RAI	RA Identity	路由区标识
TAI	TA Identity	跟踪区标识
LAC	LA Code	位置区编码
RAC	RA Code	路由区编码
TAC	TA Code	跟踪区编码

LA（位置区：LAI = PLMN + LAC）是 2G 和 3G 时代电路域的概念。它使移动交换机（MSC/SEVER）能及时知道终端的位置，当寻呼终端时，移动交换中心就在该终端的位置区中的所有小区进行搜索。在一个位置区内终端不需位置更新；在跨 LA 移动时，需要发起 LA 更新过程，以便网络知道终端的位置区；同时，终端为了和网络侧保持紧密联系，需要周期性地发起 LA 更新过程。

RA（路由区：RAI = PLMN+ LAC + RAC）是 2G 时代和 3G 时代分组域的概念，它使

SGSN 能及时知道终端的位置，终端要发起数据传输前，须向 SGSN 和 HLR 注册，并寻呼路由区内终端。终端可以在一个 RA 内，不需要做 RA 更新；在跨路由区移动时将发生 RA 更新；同时需要进行周期性 RA 更新。

跟踪区（Tracking Area，TA）是 LTE/SAE 系统为 UE 的位置管理新设立的概念，其被定义为 UE，不需要更新服务的自由移动区域。TA 功能为实现对终端位置的管理，可分为寻呼管理和位置更新管理。UE 通过跟踪区注册告知 EPC 自己的跟踪区 TA。

当 UE 处于空闲状态时，核心网络能够知道 UE 所在的跟踪区，同时当处于空闲状态的 UE 需要被寻呼时，必须在 UE 所注册的跟踪区的所有小区进行寻呼。

TA 是小区级的配置，多个小区可以配置相同的 TA，且一个小区只能属于一个 TA。

TA 划分如图 4-38 所示。

TAI 是 LTE 的 跟 踪 区 标 识 （Tracking Area Identity），由 PLMN 和 TAC 组成。TAI = PLMN + TAC（Tracking Area Code）。

多个 TA 组成一个 TA 列表，同时分配给一个 UE，UE 在该 TA 列表（TA List）内移动时不需要执行 TA 更新，以减少与网络的频繁交互；当 UE 进入不在其所注册的 TA 列表中的新 TA 区域时，需要执行 TA 更新，MME 给 UE 重新分配一组 TA，新分配的 TA 也可包含原有 TA 列表中的一些 TA；每个小区只属于一个 TA。

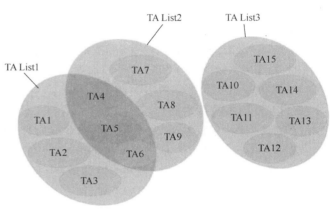

图 4-38　TA 划分

知识总结

1. 下行物理信号包括参考信号和同步信号。其目的：信道估计，用于相干解调和检测，包括控制信道，数据信道和信道质量的测量，用于调度、链路自适应，导频强度的测量，为切换、小区选择提供依据。

2. 上行物理信号包括解调用参考信号和探测用参考信号。

3. 随机接入目的、分类、过程。

4. 移动性管理：连接状态下移动性管理（如切换），非连接状态下移动性管理（如小区选择、重选）。

5. LTE 在空中接口上支持两种帧结构：类型 1 用于 FDD 模式；类型 2 用于 TDD 模式。FDD 帧结构：每个 10ms 无线帧被分为 10 个子帧。每个子帧包含两个时隙，每个时隙长 0.5ms。TDD 帧结构：每个 10ms 无线帧包括 2 个长度为 5ms 的半帧，每个半帧由 4 个数据子帧和 1 个特殊子帧组成。特殊子帧包括 3 个特殊时隙：DwPTS、GP 和 UpPTS，总长度为 1ms。支持 5ms 和 10ms 上下行切换点。子帧 0、5 和 DwPTS 总是用于下行发送。

6. LTE 同步信号的周期是 5ms，分为主同步信号（PSS）和辅同步信号（SSS）。LTE TDD 和 FDD 帧结构中，同步信号的位置 / 相对位置不同。在类型 2 TDD 中，PSS 位于

DwPTS 的第三个符号，SSS 位于 5ms 第一个子帧的最后一个符号；在类型 1 FDD 中，主同步信号和辅同步信号位于 5ms 第一个子帧内前一个时隙的最后两个符号。利用主、辅同步信号相对位置的不同，终端可以在小区搜索的初始阶段识别系统是 TDD 还是 FDD。

7. LTE_TDD 可根据不同业务类型调整上下行配比，以满足上下行非对称业务的需求，最大限度地增大频谱效率。而 FDD 仅有 1:1 一种子帧配比，无法根据业务需要使频谱效率最大化。TDD-LTE 中支持 5ms 和 10ms 的上下行子帧切换周期，7 种不同的上、下行时间配比，从将大部分资源分配给下行的 "9:1" 到上行占用资源较多的 "2:3"。

8. 频率上连续 12 个子载波，时域上一个 slot，称为 1 个 RB。根据一个子载波带宽是 15kHz 可以得出 1 个 RB 的带宽为 12×15kHz（常规 CP）=180kHz。一个时隙中，频域上连续的宽度为 180kHz 的物理资源称为一个资源块（RB）。一个 RE 在时域占用一个符号，在频域占用 1 个子载波，是最小的资源单位。

9. LTE 的频谱带宽包括 1.4 MHz、3 MHz、5 MHz、10 MHz、15 MHz 以及 20 MHz。

10. LTE 系统包括 6 个下行物理信道，即物理下行共享信道（Physical Downlink Shared Channel，PDSCH）、物理广播信道（Physical Broadcast Channel，PBCH）、物理多播信道（Physical Multicast Channel，PMCH）、物理控制格式指示信道（Physical Control Format Indicator Channel，PCFICH）、物理下行控制信道（Physical Downlink Control Channel，PDCCH）、物理 HARQ 指示信道（Physical Hybrid ARQ Indicator Channel，PHICH）。

11. 下行物理信号包括参考信号（Reference Signal）和同步信号（Synchronization Signal）。上行物理信号的作用：上行信道估计，用于 eNode B 端的相干检测和解调，称为 DRS。上行信道质量测量，称为 SRS。上行链路支持两种类型的参考信号：解调用参考信号（Demodulation Reference Signal）与 PUSCH 或 PUCCH 传输有关；探测用参考信号（Sounding Reference Signal）与 PUSCH 或 PUCCH 传输无关；解调用参考信号和探测用参考信号使用相同的基序列集合。

12. 小区搜索过程是指 UE 获得与所在 eNode B 的下行同步（包括时间同步和频率同步），检测到该小区物理层小区 ID。UE 基于上述信息，接收并读取该小区的广播信息，从而获取小区的系统信息以决定后续的 LTE 操作，如小区重选、驻留、发起随机接入等操作。

当 UE 完成与基站的下行同步后，需要不断检测服务小区的下行链路质量，确保 UE 能够正确接收下行广播和控制信息。同时，为了保证基站能够正确接收 UE 发送的数据，UE 必须取得并保持与基站的上行同步。

在 LTE 系统中，小区同步主要是通过下行信道中传输的同步信号来实现的。下行同步信号分为主同步信号（Primary Synchronous Signal，PSS）和辅同步信号（Secondary Synchronous Signal，SSS）。TDD-LTE 中，支持 504 个小区 ID，并将所有的小区 ID 划分为 168 个小区组，每个小区组内有 504/168=3 个小区 ID。小区搜索的第一步是检测出 PSS，再根据二者间的位置偏移检测 SSS，进而利用上述关系式计算出小区 ID。采用 PSS 和 SSS 两种同步信号能够加快小区搜索的速度。

思考与练习

一、填空题

1. TDD-LTE 中，特殊子帧由_____、_____、_____3 个部分组成。

2. 物理层能够标示的物理小区 ID 一共有_____个。

3. LTE 中资源分配所属 RB 的频域大小为_____个子载波，即_____kHz。

4. LTE 组网中，如果采用室外 F 频段与 TD 共组网，一般使用的上下行时隙配比为_____，特殊时隙配比为_____。

5. LTE 组网中，如果采用室外 D 频段组网，一般使用的上下行时隙配比为_____，特殊时隙配比为_____。

二、选择题

1. EUTRAN 小区搜索基于（　　　）完成。

    A. 主同步信号　　　　　　　　　　　　B. 辅同步信号

    C. 下行参考信号　　　　　　　　　　　D. PBCH 信号

2. 下列对于 LTE 系统中下行参考信号目的描述错误的是（　　　）。

    A. 下行信道质量测量（又称为信道探测）

    B. 下行信道估计，用于 UE 端的相干检测和解调

    C. 随机接入

    D. 时间和频率同步

3. EUTRAN 系统中，定义了哪几种类型的无线信道类型？（　　　）

    A. 无线信道　　　　　　　　　　　　　B. 物理信道

    C. 逻辑信道　　　　　　　　　　　　　D. 传输信道

4. LTE 系统中，RRC 包括的状态有（　　　）。

    A. RRC_IDLE　　　　　　　　　　　　B. RRC_DETACH

    C. RRC_CONNECTED　　　　　　　　　D. RRC_ATTACH

三、问答题

1. 阐述竞争随机接入过程。

2. 写出 LTE 上行信道映射关系。

实践活动：浅谈4G速度为什么那么快？

一、实践目的

领会 4G 速度与 LTE 制式带宽、调制技术和多天线技术的关系。

二、实践要求

各学员通过调研、查阅资料完成，字数不少于 500 字。写出 4G 速度与 4G 采用关键技术关系，并举例说明。

三、实践内容

1. 分析带宽与速度的关系。

2. 调制技术和多天线使用与速度的关系。

实 践 篇

项目5　初探LTE基站设备

项目6　基站开通调测与维护实例剖析

项目 5 初探 LTE 基站设备

Willa：师父，我已经系统地学习过了 4G 的种种，我能出师了吗？

Wendy：你才学习了一部分，重要的是要把学习的基本原理应用到工程实践中。

Willa：啊！我好期待呀！

Wendy：从今天起我要带你认识 4G 的系统设备，我们就从基站设备开始。

Willa：好！

Wendy：和我一起出去转转，去工程现场吧。

Willa：好！

Wendy：让我们一起来学习和认识一下我们以后要经常打交道的基站设备。

图 5-1 是我们常见的通信设施。天线是将传输线中的电磁能量有效地转化成自由空间的电磁波能量或将空间电磁波有效地转化成传输线中的电磁能的设备。那么，到底什么是基站？什么是天线？天线和基站有什么关系？

eNode B（Evolved Node B），即演进型 Node B，简称 eNB，又称 LTE 基站，在 3GPP 演进到 R8 版本后，我们又通常将之俗称为 4G 基站。

eNode B 是 LTE 系统接入网中最基本的单元，在网络中的数量也最多。通过本章的学习，读者可以系统地学习 eNode B 的硬件系统、组网方式、基站天馈系统等相关知识；同时，还能够使用 OMC 网管

图 5-1 常见的通信设施

对 eNode B 进行开局数据配置，掌握 eNode B 开局的配置方法。本章任务中的内容在实际工程中是 LTE 后台网管工作人员的必备知识，同时对工程安装、设备调测等岗位工作人员也具有很好的指导意义。

学习目标

1. 识记：分布式基站概述；

      eNode B 设备的演进。

2. 领会：ZXSDR B8300 硬件介绍；

      ZXSDR R8880 硬件介绍。

3. 应用：BBU、RRU 组网配置。

4. 领会：ZXSDR B8300 与 ZXSDR R8962 单板功能。

5. 认知：LTE 系统网络拓扑规划。

6. 应用：eNode B 设备开局调试。

4G 网络系统由核心网、承载网、无线接入网组成。

1. 核心网

核心网（Evolved Packet Core，EPC），由 SAE（System Architecture Evolution）研究其长期演进过程，它定义了一个全 IP 的分组。该系统的特点为仅有分组域，而无电路域、基于全 IP 结构、控制与承载分离且网络结构扁平化，其中主要包含 MME、SGW、PGW、HSS 等网元。其中，SGW 和 PGW 常常合设并被称为 SAE-GW。

2. 承载网

承载网是位于接入网和交换机之间的，用于传送各种语音和数据业务的网络，通常以光纤作为传输媒介。承载网有时又被称为传输网。现阶段，承载网融合了 SDH/MSTP、PTN、IPRAN 和 WDM/OTN 多种传输技术，逻辑上可以分为 4 个层次，即接入层、汇聚层、核心层和骨干层。

3. 无线接入网

LTE 无线接入网称为演进型 UTRAN（Evovled UTRAN，EUTRAN），相比传统的 UTRAN 架构，EUTRAN 采用更扁平化的网络结构。EUTRAN 结构中包含了若干个 eNode B，eNode B 之间底层采用 IP 传输，在逻辑上通过 X2 接口互相连接，即网格（Mesh）型网络结构。这样的设计主要用于支持 UE 在整个网络内的移动性，保证用户的无缝切换。每个 eNode B 通过 S1 接口连接到演进分组核心。

5.1　任务一：基站设备知多少

【任务描述】

基站系统主要由电源系统、传输系统、基带单元＋远端射频单元、天馈系统组成。

天馈系统主要由室外天馈系统、室内天馈系统组成。

5.1.1　4G 基站的分类及应用环境

4G 基站按照覆盖范围主要包括宏基站、微基站两大类。

4G 基站从硬件架构上可进一步分为一体化基站和分布式基站两种。

按照室内和室外的使用场景又分为室外基站和室内分布系统。

一体化基站多指信源、传输、天馈一体化设计成集成度更高的单一产品，形成一体化基站，主设备不需要机房，可以放置在一体化机箱或者 BBU/RRU 集成挂墙安装，站点协调难度降低，施工周期缩短，便于建站，主要用于小区覆盖或者补盲。其实一体化基站也是宏站的一种。

分布式基站把基带部分和射频部分分离，分别成为 BBU 和 RRU，中间用光纤连接，RRU 可以塔上或抱杆安装，RRU 和天线之间采用馈线连接，信号馈线损耗较小；分布式的室外宏基站主设备一般放在机房里，RRU 和天线在室外，一般有专用的。

各种基站的特点和应用环境如下。

1. 宏基站

宏基站主要包含传统的室外基站和分布式的室外宏基站。传统的室外基站基带处理部分和射频部分集中在一起，缺点在于信号从机房到天线之间的馈线传输损耗较大。

下面介绍其主要特点和应用环境。

1）特点

其主要特点为容量大，需要机房，可靠性较好，维护方便，具体如下。

覆盖能力：比较强，使用的场合较多。

馈线损耗：馈线长度大于 70m 时，馈线损耗较大，对覆盖有一定的影响。

容量：根据配置的载频数，支持的用户数可以变化；总的来说宏基站可以支持的容量比其他产品要大很多。

组网要求：传输可用微波或光纤。

缺点：设备价格较贵，需要机房，安装施工较麻烦，不易搬迁，灵活性差。

2）应用环境

广域覆盖：城区广域范围的覆盖；郊区、农村、乡镇、公路的覆盖。

深度覆盖：城区内话务密集区域的覆盖，室内覆盖（作为室内分布系统的信号源）。

2. 微基站

微基站可以看成是微型化的基站，将所有的设备浓缩在一个比较小的机箱内，可以方便安装；同时微基站和宏基站一样可以提供容量。

下面介绍其主要特点和应用环境。

1）特点

其主要特点为体积小，不需要机房，安装方便，不同作用的单板一般集成在设备上，维护起来不太方便，具体如下。

覆盖能力：可以就近安装在天线附近（如塔顶和房顶）直接用跳线将发射信号连接到天线端，馈缆短，损耗小；可以根据覆盖需求选择相应功放的微基站，其覆盖范围不一定比宏基站小。

容量：微基站体积有限，可以安装的信道板数量有限，一般只能支持一个载频，能提供的容量较小。

组网要求：2Mbit/s 传输（可用微波或光纤）。

缺点：室外条件恶劣，可靠性不如基站，维护不太方便。

2）应用环境

深度覆盖：城区小片盲区的覆盖，室内覆盖（如作为室内分布系统的信号源），城区的导频污染区覆盖。

广域覆盖：采用大功率微蜂窝覆盖农村、乡镇、公路等容量需求较小的广域覆盖。

宏基站和微基站均包括 S1/1/1（含 S1、S1/1）、OTSR、O1 三种类型。S1/1/1 即三扇区是最主要的扇区配置，能够承载较高的业务量，被广泛应用到各类地区，例如：市区、密集市区、繁华乡镇等；O1 即全向站，它主要解决信号覆盖，针对话务量较低且覆盖受限的区域，例如：农村地区、山区；S1、S1/1 即单扇区/两扇区，它主要解决信号覆盖，针对有明确覆盖需求或话务量集中的区域，例如：交通干线、室内覆盖（如地下停车场等）；OTSR（全向发射扇区接收）主要解决信号覆盖，针对有明确覆盖需求、覆盖范围广、当前话务较低的区域，例如：乡镇、开发区等。

3. 射频拉远站

射频拉远是指将基站单个扇区的射频部分用光纤拉到一定距离之外发射的设备，光纤拉远的基带部分安放在原基站，可以和原基站的其他扇区共用 CE 等资源，可以提供容量。

下面介绍射频拉远的特点和应用环境。

1）特点

其主要特点为体积小，安装方便，不需要专门的机房，可以将设备放置在比较远的位置，用光纤把信号送到发射点。由于可以补偿拉远带来的传输延迟（基站侧芯片集成器用延迟的方法对传输延迟进行补偿），与光纤直放站相比没有了延迟导致的各种问题。远端模块的维护不太方便，选用时需要注意。具体特点如下。

覆盖能力：馈缆损耗很小，覆盖能力较强。

容量：占用基站一个扇区的容量。

组网要求：需要一根专用光纤与源基站连接。

缺点：室外条件恶劣，可靠性不如宏、微基站，维护不太方便。

2）应用环境

其主要用于机房位置不理想导致馈缆很长的站点，使用射频拉远将射频部分拉到天线附近，减少馈缆损耗，增加覆盖范围。容量需求比较大，但无法提供机房的区域。

广域覆盖：用于高速公路、农村、乡镇等区域。为了节省投资，可以设计多扇区基站，用射频拉远把其中某些扇区信号送到合适的地点，如绕开山体的阻挡等，最大限度满足覆盖需求。

深度覆盖：用在城区地形地貌比较复杂的区域，如某个基站的某些扇区发射方向存在遮挡时，可以用射频拉远把信号送到遮挡物的后面发射。

4. 室内分布系统

室内分布系统位于建筑物内部，可用做室内分布系统的信号源。

室内分布系统是针对室内用户群，用于改善建筑物内移动通信环境的一种成功的方案。

它是利用室内天线分布系统将移动基站的信号均匀分布在室内每个角落，从而保证室内区域拥有理想的信号覆盖。

室内通信环境的特点如下。

① 室内移动通信环境有太多需要完善的地方。

② 覆盖方面，由于建筑物自身的屏蔽和吸收作用，造成了无线电波较大的传输衰耗，形成了移动信号的弱场强区甚至盲区。

③ 容量方面，建筑物诸如大型购物商场、会议中心，由于移动电话使用密度过大，局部网络容量不能满足用户需求，无线信道发生拥塞现象。

④ 质量方面，建筑物高层空间极易存在无线频率干扰，服务小区信号不稳定，出现乒乓切换效应，话音质量难以保证，并出现掉话现象。

室内分布系统的建设，可以较为全面地改善建筑物内的通话质量，提高移动电话接通率，开辟出高质量的室内移动通信区域。同时，使用微蜂窝系统可以分担室外宏蜂窝话务，扩大网络容量，从整体上提高移动网络的服务水平。

5.1.2 中兴基站设计及解决方案

LTE 作为以数据业务为主的第四代数字蜂窝移动通信系统在全世界范围内已经得到了广泛的应用。但是随着移动通信技术的发展和业务的多样化，人们对移动数据业务的需求不断增加。数据业务的需求日渐迫切，用户对 LTE 设备提出了明显的数据业务需求。针对不同机房空间及不同室内/外场景，为满足大容量的数据接口、与 2G/3G 业务融合。ZTE 采用 eBBU（基带单元）+eRRU（远端射频单元）分布式基站解决方案，两者配合共同完成 LTE 基站业务功能。

1. ZTE 基站解决方案及特点

1）一体化基站

一体化基站主要指一体化微基站。其是将基带模块和射频模块一体化集成在同一设备中，完成 LTE 基站业务功能，具备集成度高、适应性强、灵活部署的核心特点，用于解决某些特殊场景的覆盖难题，如解决分布式宏站的覆盖盲区及热点。

在分布式基站中，为了解决某些特殊场景的覆盖难题，有时也用分布式的 BBU+ 一体化 RRU 的解决方案。一体化 RRU 产品是分布式宏站的一种新站型，它使 RRU 和天线一体化设计通过盲插接口连接。

中兴通讯一体化微基站及网络组网见图 5-2 和图 5-3。

2）分布式基站

ZTE 采用 eBBU（基带单元）+eRRU（远端射频单元）分布式基站解决方案，两者配合共同完成 LTE 基站业务功能。

演进的基带单元（Evolved Base Band Unit，eBBU），为了便于记住也称 BBU。

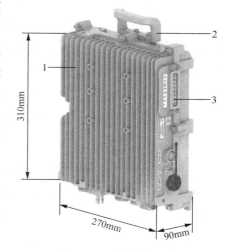

图 5-2 一体化微基站

1—下壳体；2—把手；3—指示灯

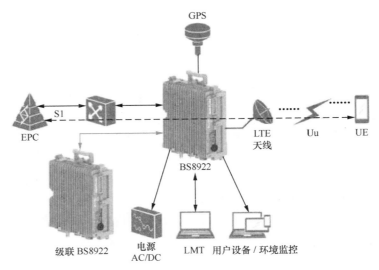

图 5-3　组网示意

同样，eRRU（Radio Remote Unit），演进的射频拉远单元（Evolved Radio Remote Unit，eRRU），也被称为 RRU。

ZTE 分布式基站解决方案示意如图 5-4 所示。

ZTE LTE eBBU+eRRU 分布式基站解决方案具有以下优势。

① 建网人工费和工程实施费大大降低。eBBU+eRRU 分布式基站设备体积小、重量轻，易于运输和工程安装。

② 建网快，费用省。eBBU+eRRU 分布式基站适合在各种场景安装，可以上铁塔、置于楼顶、壁挂，站点选择灵活，不受机房空间限制。可帮助运营商快速部署网络，发挥 Time-To-Market 的优势，节约机房租赁费用和网络运营成本。

③ 升级扩容方便，节约网络初期的

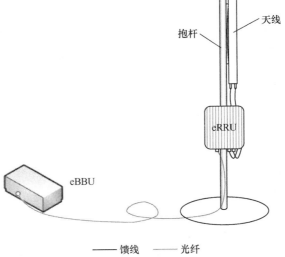

图 5-4　ZTE 分布式基站解决方案示意

成本。eRRU 可以尽可能地靠近天线安装，节约馈缆成本，减少馈线损耗，提高 eRRU 机顶输出功率，增加覆盖面。

④ 功耗低，用电省。相对于传统的基站，eBBU+eRRU 分布式基站功耗更小，可降低在电源上的投资及用电费用，节约网络运营成本。

⑤ 分布式组网，可有效利用运营商的网络资源。支持基带和射频之间的星形、链形组网模式。

⑥ 采用更具前瞻性的通用化基站平台。eBBU 采用面向未来 B3G 和 LTE 设计的平台，同一个硬件平台能够实现不同的标准制式，多种标准制式能够共存于同一个基站。这样可以简化运营商管理，把需要投资的多种基站合并为一种基站（多模基站），使运营商能更

灵活地选择未来网络的演进方向，终端用户也将感受到网络的透明性和平滑演进。

特殊场景下，分布式基站中的 RRU 部分使用一体化 RRU 来代替 RRU+ 天线。

由于一体化 RRU 产品的 RRU 和天线之间无需上跳线连接，省去了 RRU 安装、上跳线连接、接头防水的工程施工，以及单独安装 RRU 所需的额外天面空间，具有节省天面资源、工程施工量低、避免上跳线损耗等优势。

中兴通讯一体化 RRU 及网络组网如图 5-5 和图 5-6 所示。

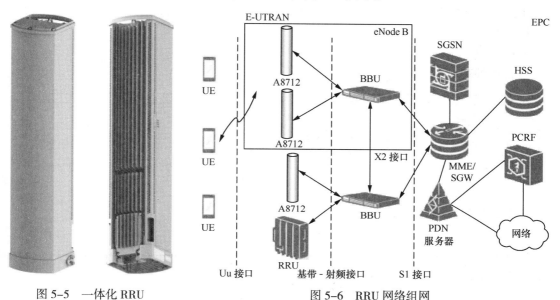

图 5-5　一体化 RRU

图 5-6　RRU 网络组网

2. 系统结构及工作原理

（1）系统结构

1）系统硬件结构

ZXSDR B8300 TL200 的硬件架构基于标准 MicroTCA 平台，为 19 英寸宽（1 英寸 =2.54 厘米），3U 高的紧凑式机箱，系统硬件结构如图 5-7 所示。

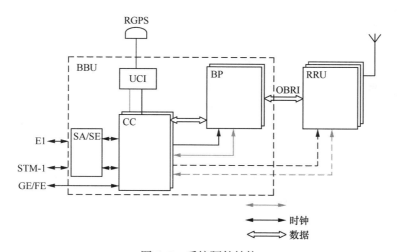

图 5-7　系统硬件结构

　　ZXSDR B8300 TL200 的功能模块包括控制 & 时钟（CC）板、基带处理（BPL）板、环境告警（SA）板、环境告警扩展（SE）板、电源模块（PM）和风扇模块（FAN）。

　　a. 控制 & 时钟（CC）板

　　（a）功能

　　CC 模块提供以下功能：支持主备倒换功能；提供 GPS 系统时钟和 RF 参考时钟；支持一个 GE 以太网接口（光口、电口二选一）；GE 以太网交换，提供信令流和媒体流交换平面；机框管理功能；时钟扩展接口（IEEE1588）；通讯扩展接口（OMC、DEBUG 和 GE 级联网口）。

　　（b）面板

　　CC 板外观如图 5-8 所示。

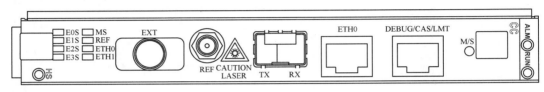

图 5-8　CC 板外观

　　CC 板接口说明见表 5-1。

表5-1　CC板接口说明

接口名称	说明
ETH0	S1/X2接口，GE/FE自适应电接口
DEBUG/CAS/LMT	级联，调试或本地维护，GE/FE自适应电接口
TX/RX	S1/X2接口，GE/FE光接口（ETH0和TX/RX接口互斥使用）
EXT	外置通信口，连接外置接收机，主要是RS485、PP1S+/2M+接口
REF	外接GPS天线

　　（c）指示灯

　　CC 板指示灯见表 5-2。

表5-2　CC板指示灯说明

指示灯	颜色	含义	说明
RUN	绿	运行指示灯	常亮：单板处于复位状态 1Hz闪烁：单板运行，状态正常 灭：表示自检失败
ALM	红	告警指示灯	亮：单板有告警 灭：单板无告警
MS	绿	主备状态指示灯	亮：单板处于主用状态 灭：单板处于备用状态

（续表）

指示灯	颜色	含义	说明
REF	绿	GPS天线状态	常亮：天馈正常 常灭：天馈正常，GPS模块正在初始化 1Hz慢闪：天馈断路 2Hz快闪：天馈正常但收不到卫星信号 0.5Hz极慢闪：天馈断路 5Hz极快闪：初始未收到电文
ETH0	绿	Iub接口链路状态	亮：S1/X2/OMC的网口、电口或光口物理链路正常 灭：S1/X2/OMC的网口的物理链路断
ETH1	绿	Debug接口链路状态	亮：网口物理链路正常 灭：网口物理链路断
E0S ~ E3S	关	—	保留
HS	关	—	保留

（d）按键

CC 板上的按键说明见表 5–3。

表5-3　CC板按键说明

按键	说明
M/S	主备倒换开关
RST	复位开关

b. 基带处理板（BPL）

（a）功能

BPL 模块提供以下功能：提供与 eRRU 的接口；用户面协议处理，物理层协议处理，包括 PDCP、RLC、MAC、PHY；提供 IPMI 管理接口。

（b）面板

BPL 板外观如图 5–9 所示。

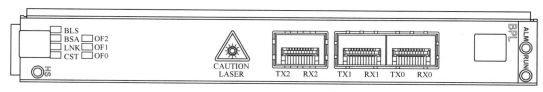

图 5–9　BPL 板外观

BPL 板接口说明见表 5–4。

（c）指示灯

BPL 板指示灯见表 5–5。

表5-4 BPL板接口说明

接口名称	说明
TX0/RX0 ~ TX2/RX2	2.4576G/4.9152G OBRI/Ir光接口，用以连接eRRU

表5-5 BPL板指示灯说明

指示灯	颜色	含义	说明
HS	关	—	保留
BLS	绿	背板链路状态指示	亮：背板IQ链路没有配置，或者所有链路状态正常 灭：存在至少一条背板IQ链路异常
BSA	绿	单板告警指示	亮：单板告警 灭：单板无告警
CST	绿	CPU状态指示	亮：CPU和MMC之间的通信正常 灭：CPU和MMC之间的通信中断
RUN	绿	运行指示	常亮：单板处于复位态 1Hz闪烁：单板运行，状态正常 灭：表示自检失败
ALM	红	告警指示	亮：告警 灭：正常
LNK	绿	与CC的网口状态指示	亮：物理链路正常 灭：物理链路断
OF2	绿	光口2链路指示	亮：光信号正常 灭：光信号丢失
OF1	绿	光口1链路指示	亮：光信号正常 灭：光信号丢失
OF0	绿	光口0链路指示	亮：光信号正常 灭：光信号丢失

（d）按键

BPL板上的按键说明见表5-6。

表5-6 BPL板按键说明

按键	说明
RST	复位开关

c. 环境告警板（SA）

SA提供以下功能；支持风扇监控及转速控制；通过IPMB-0总线与CC通讯；为外挂的监控设备提供扩展的全双工RS232与RS485通信通道；提供6路输入干结点和2路双向干节点。

d. 环境告警扩展模块（SE）

（a）功能

SE 支持以下功能：6 个输入干接点接口，2 个输入 / 输出的干接点接口。

（b）面板

SE 板外观如图 5–10 所示。

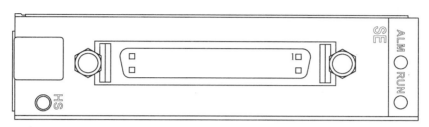

图 5–10 SE 板外观

SE 板接口说明见表 5–7。

表5-7 SE板接口说明

接口名称	说明
-	RS485/232接口，6+2干接点接口（6路输入，2路双向）

（c）指示灯

SE 面板指示灯说明见表 5–8。

表5-8 SE面板指示灯说明

指示灯	颜色	含义	说明
HS	关	—	保留
RUN	绿	运行指示灯	常亮：单板处于复位状态 1Hz闪烁：单板运行正常 灭：自检失败
ALM	红	告警指示灯	亮：单板有告警 灭：单板无告警

e. 电源模块（PM）

（a）功能

PM 主要有以下功能：输入过压、欠压测量和保护功能；输出过流保护和负载电源管理功能。

（b）面板

PM 板外观如图 5–11 所示。

PM 板接口说明见表 5–9。

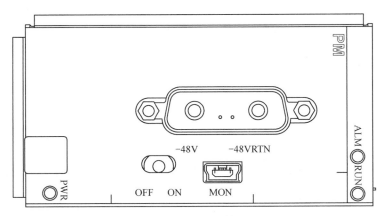

图 5-11　PM 板外观

表5-9　PM板接口说明

接口名称	说明
MON	调试用接口，RS232串口
-48V/-48VRTN	-48V输入接口

（c）指示灯

PM 板指示灯说明见表 5-10。

表5-10　PM板指示灯说明

指示灯	颜色	含义	说明
RUN	绿	运行指示灯	常亮：单板处于复位状态 1Hz闪烁：单板运行正常 灭：自检失败
ALM	红	告警指示灯	亮：单板有告警 灭：单板无告警

（d）按键

PM 板按键说明见表 5-11。

表5-11　PM板按键说明

按键	说明
OFF/ON	PM开关

f. 风扇模块（FAN）

（a）功能

FAN 有以下功能：风扇控制功能和接口；空气温度检测；风扇插箱的 LED 显示。

（b）面板

FAN 板外观如图 5-12 所示。

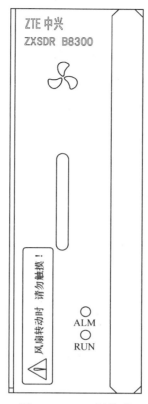

图 5-12 FAN 板外观

（c）指示灯

FAN 板指示灯说明见表 5-12。

表5-12　FAN板指示灯说明

指示灯	颜色	含义	说明
RUN	绿	运行指示灯	常亮：单板处于复位状态 1Hz闪烁：单板运行正常 灭：自检失败
ALM	红	告警指示灯	亮：单板有告警 灭：单板无告警

2）系统软件结构

ZXSDR B8300 TL200 软件系统可以划分为 3 层：应用软件层（Application Software）、平台软件层（Platform Software）、硬件层（Hardware），如图 5-13 所示。

下面介绍软件系统各部分功能。

a. 应用层

RNLC（Radio Network Layer Control Plane）：提

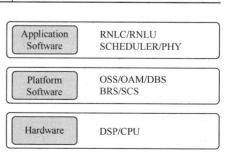

图 5-13　系统软件结构

供无线控制面的资源管理。

RNLUP（Radio Network Layer User Plane）：提供用户面功能。

SCHEDULER：包括 MULSD（MAC Uplink Scheduler，提供上行 MAC 调度）和 MDLSD（MAC Downlink Scheduler，提供下行 MAC 调度）。

PHY（Physical Layer）：提供 LTE 物理层功能。

b. 平台软件层

OSS（Operation Support Sub-system）：软件运行支撑平台，包括二次调度、定时器、内存管理功能、系统平台级监控、监控告警和日志等功能。

OAM（Operating And Maintainance）：提供配置、告警和性能管理等功能。

DBS（Database Sub-system）：提供数据管理功能。

BRS（Bearer Sub-system）：提供单板间或者网元间的 IP 网络通信。

SCS（System Control Sub-system）：提供系统管理功能，包括系统上电控制、倒换控制、插箱管理、设备运行控制等。

c. 硬件层

提供 DSP 和 CPU 支撑平台。

（2）系统工作原理

1）协议处理

a. 控制面协议

控制面协议栈如图 5-14 所示。

控制面包括 PDCP 子层、RLC 和 MAC 子层、RRC 和 NAS 子层，具体功能如下。

PDCP 子层功能：头压缩与解压缩；用户数据传输；RLC AM 模式下，PDCP 重建过程中对上层 PDU 的顺序

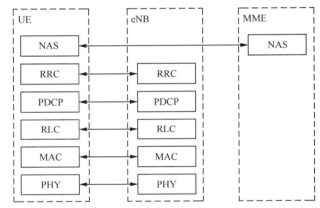

图 5-14　控制面协议栈

传送；RLC AM 模式下，PDCP 重建过程中对下层 SDU 的重复检测；RLC AM 模式下，切换过程中 PDCP SDU 的重传；加密 / 解密；基于定时器的 SDU 丢弃功能；加密和完整性保护；控制面数据传输。

RLC 子层功能：上层 PDU 传输；RLC 业务数据单元的级联、分组和重建；RLC 数据 PDU 的重新分段；上层 PDU 的顺序传送；重复检测；协议错误检测及恢复；RLC SDU 的丢弃；RLC 重建。

MAC 子层功能：逻辑信道和传输信道之间的映射；MAC 业务数据单元的复用 / 解复用；调度信息上报；通过 HARQ 进行错误纠正；同一个 UE 不同逻辑信道之间的优先级管理；通过动态调度进行的 UE 之间的优先级管理；传输格式选择；填充。

RRC 子层：NAS 层相关的系统信息广播；AS 层相关的系统信息广播；寻呼；UE 和 EUTRAN 间的 RRC 连接建立、保持和释放；包括密钥管理在内的安全管理；建立、配置、保持和释放点对点 RB；移动性管理；QoS 管理；MBMS 业务通知；UE 测量上报及上报控制；NAS 直传消息传输。

NAS 子层：EPS 控制管理；认证；ECM-IDLE 移动性处理；ECM-IDLE 下的起呼；安

全控制。

b. 用户面协议

用户面协议栈如图 5-15 所示。

用户面协议栈包括 3 个子层，具体功能如下。

PDCP 子层：头压缩与解压缩；用户数据传输；
RLC AM 模式下，PDCP 重建过程中对上层 PDU 的顺序
传送；RLC AM 模式下，PDCP 重建过程中对下层 SDU
的重复检测；RLC AM 模式下，切换过程中 PDCP SDU
的重传；加密 / 解密；基于定时器的 SDU 丢弃功能。

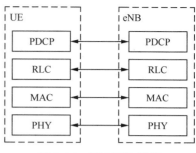

图 5-15　用户面协议栈

RLC 子层：上层 PDU 传输；RLC 业务数据单元的级联、分组和重建；RLC 数据 PDU
的重新分段；上层 PDU 的顺序传送；重复检测；协议错误检测及恢复；RLC SDU 的丢弃；
RLC 重建。

MAC 子层：逻辑信道和传输信道之间的映射；MAC 业务数据单元的复用 / 解复用；
调度信息上报；通过 HARQ 进行错误纠正；同一个 UE 不同逻辑信道之间的优先级管理；
通过动态调度进行的 UE 之间的优先级管理；传输格式选择；填充。

2）系统业务信号流向

eNode B 侧协议分为用户面协议和控制面协议。系统业务信号经过用户面协议处理后
到达 SGW。

系统业务信号流向示意如图 5-16 所示。

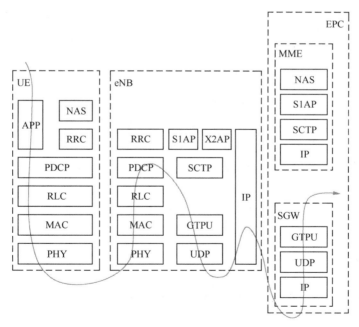

图 5-16　系统业务信号流向示意

UE 侧数据经过 PDCP 协议对下行数据信头压缩和加密，经 RLC 协议对数据分段，
MAC 复用，PHY 编码和调制后。eNode B 侧对接收到的数据经反向操作后，经 GTPU/UDP

协议与 SGW 交互，完成系统上行业务数据处理流程。下行处理流程执行与上行相反的操作过程。

3）系统控制信号流向

eNode B 侧协议分为用户面协议和控制面协议。系统控制信号经过控制面协议处理后到达 MME。

系统控制信号流向示意如图 5-17 所示。

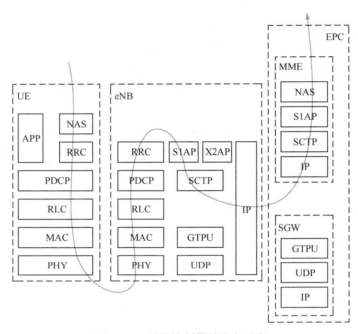

图 5-17　系统控制信号流向示意

当 UE 侧上层需要建立 RRC 连接时，UE 启动 RRC 连接建立过程，PDCP 对控制信令进行信头压缩和加密，经 RLC 协议对数据分段、MAC 复用、PHY 编码和调制后，eNode B 侧对接收到的控制信令经反向操作后，经 S1AP/SCTP 与 MME 交互，完成系统控制信令处理流程。

4）时钟信号流

CC 板负责分发系统时钟信号到其他单板，并通过基带传输光纤发送到 eRRU 设备。时钟信号流如图 5-18 所示。

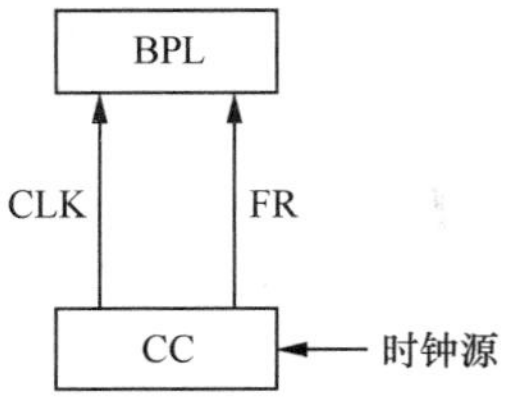

图 5-18　时钟信号流

5.1.3　4G 基站设备组成 BBU

中兴通讯 BBU 产品主要分为 B8300 和 B8200，商用以 B8300 为主。

1. 在网络中的位置

ZXSDR B8300 TL200 实现 eNode B 的基带单元功能，与射频单元 eRRU 通过基带 - 射频光纤接口连接，构成完整的 eNode B。

ZXSDR B8300 TL200 与 EPC 通过 S1 接口连接，与其他 eNode B 间通过 X2 接口连接。

ZXSDR B8300 TL200（eBBU）在网络中的位置如图 5-19 所示。

2. 产品外观

ZXSDR B8300 TL200 机箱从外形上看，主要由机箱体、后背板、后盖板组成，机箱外部结构如图 5-20 所示。

ZXSDR B8300 TL200 机箱由电源模块、机框、风扇插箱、基带处理模块、控制和时钟模块、现场监控模块等组成。模块及其典型位置如图 5-21 所示。

ZXSDR B8300 TL200 采用 19 英寸（1 英寸 =2.54 厘米）标准机箱，产品外观如图 5-22 所示。

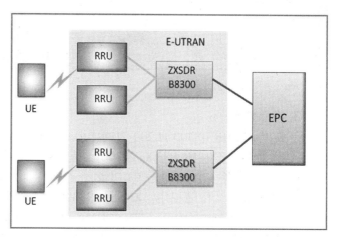

图 5-19　分布式基站在网络中的位置

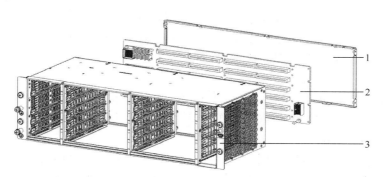

图 5-20　机箱外部结构 1

1—后盖板；2—背板；3—机箱体

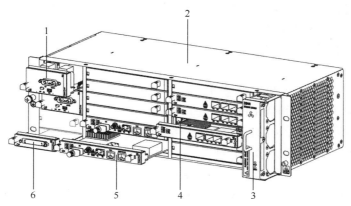

图 5-21　机箱外部结构 2

1—PM 模块；2—机框；3—FAN 模块；4—BPL 模块；5—CC 模块；6—SA 模块

ZTE B8200 如图 5-23 所示。

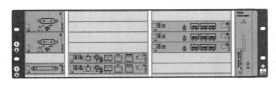

图 5-22　产品外观

图 5-23　ZTE B8200

3. 产品特点

下面以 ZXSDR B8300 TL200 为例详细介绍其特点。

① 大容量。ZXSDR B8300 TL200 支持多种配置方案，其中每块 BPL 可支持 3 个 2 天线 20M 小区，或者一个 8 天线 20M 小区。上下行速率最高分别可达 150Mbit/s 和 300Mbit/s。

② 技术成熟，性能稳定。ZXSDR B8300 TL200 采用 ZTE 统一 SDR 平台。该平台广泛应用于 CDMA、GSM、UMTS、TD-SCDMA、LTE 等大规模商用项目，技术成熟，性能稳定。

③ 支持多种标准，平滑演进。ZXSDR B8300 TL200 支持包括 GSM、UMTS、CDMA、WiMAX、TD-SCDMA、LTE 和 A-XGP 在内的多种标准，满足运营商灵活组网和平滑演进的需求。

④ 设计紧凑，部署方便。ZXSDR B8300 TL200 采用标准 MicroTCA 平台，体积小，设计深度仅 197mm，可以独立安装和挂墙安装，节省机房空间，减少运营成本。

⑤ 全 IP 架构。ZXSDR B8300 TL200 采用 IP 交换，提供 GE/FE 外部接口，适应当前各种传输场合，满足各种环境条件下的组网要求。

4. 产品功能

ZXSDR B8300 TL200 作为多模 eBBU，主要提供 S1、X2 接口、时钟同步、eBBU 级联接口、基带射频接口、OMC/LMT 接口、环境监控等接口，实现业务及通讯数据的交换、操作维护功能。

ZXSDR B8300 TL200 的主要功能如下。

① 系统通过 S1 接口与 EPC 相连，完成 UE 请求业务的建立，完成 UE 在不同 eNB 间的切换。

② eBBU 与 eRRU 之间通过标准 OBRI/Ir 接口连接，与 eRRU 系统配合通过空中接口完成 UE 的接入和无线链路传输功能。

③ 数据流的 IP 头压缩和加解密。

④ 无线资源管理，即无线承载控制、无线接入控制、移动性管理、动态资源管理。

⑤ UE 附着时的 MME 选择。

⑥ 路由用户面数据到 SGW。

⑦ 寻呼消息调度与传输。

⑧ 移动性及调度过程中的测量与测量报告。

⑨ PDCP/RLC/MAC/ULPHY/DLPHY 数据处理。

⑩ 通过后台网管（OMC/LMT）提供操作维护功能，即配置管理、告警管理、性能管理、版本管理、前后台通讯管理、诊断管理。

⑪ 提供集中、统一的环境监控，支持透明通道传输。

⑫ 支持所有单板、模块带电插拔；支持远程维护、检测、故障恢复、远程软件下载。

⑬ 充分考虑 TD-SCDMA、TDD-LTE 双模需求。

5. 操作维护简介

（1）操作维护系统简介

ZXSDR B8300 TL200 操作维护系统采用中兴的统一网管平台 NetNumen™ M31。

NetNumen™ M31 处于 EML 层，提供 2G/3G 或者 EPC 整体网络的操作和维护。

NetNumen™ M31 在网络中的位置如图 5-24 所示。

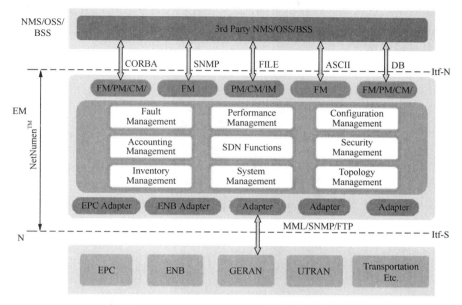

图 5-24　NetNumen™ M31 在网络中的位置

（2）维护功能简介

NetNumen™ M31 提供了强大的功能，满足运营商的需求。

1）性能管理

测量任务管理：提供专用工具测量用户需求的数据。

QoS 任务管理：支持设置 QoS 任务，检测网络性能。

性能数据管理：性能 KPI 支持添加、修改和删除性能 KPI 条目，查询 KPI 数据。

性能图表分析：性能测量报告：以 Excel/PDF/HTML/TXT 等文档形式导出。

2）故障管理

实时监测设备的工作状态；通知用户实时告警，如呈现在界面上的告警信息，普通告警的解决方案，告警声音和颜色；通过分析告警信息，定位告警原因并解决。

3）配置管理

添加、删除、修改、对比和浏览网元数据；配置数据的上传和下载；配置数据对比；配置数据的导入导出；配置数据审查；动态数据管理；时间同步。

4）日志管理

安全日志：记录登录信息，如用户的登录与注销。

操作日志：记录操作信息，如增加或者删除网元、修改网元参数等。

系统日志：同步网元的告警信息、数据备份等。

NetNumen™ M31 记录用户的登录信息，操作命令和执行结果等，对已有的日志记录，提供了更进一步的操作功能。

查询操作日志：提供操作日志搜索和查询功能。

删除操作日志：提供基于日期和时间的日志删除功能。

自动删除操作日志：超过用户自定义时间后，操作日志将被自动删除。

5）安全管理

安全管理提供登录认证和操作认证功能。安全管理可以保证用户合法的使用网管系统，并为每个特定用户分配了特定角色，用以保证安全性和可靠性的提升。

6. 组网与单板配置

典型组网模型如图 5-25 所示。

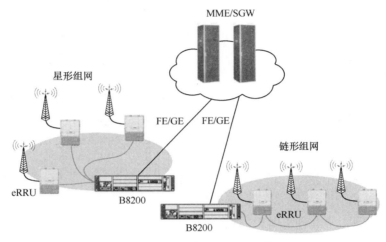

图 5-25　设备支持的组网示意

ZXSDR B8200 L200 与 eRRU 可以星形组网，传输均采用光纤。

ZXSDR B8200 L200 最多可以和 9 个 eRRU 星形组网。

（1）星形组网

在 ZXSDR B8300 TL200 星形组网模型中，9 对光纤接口连接 9 个 eRRU。

星形组网模型如图 5-26 所示。

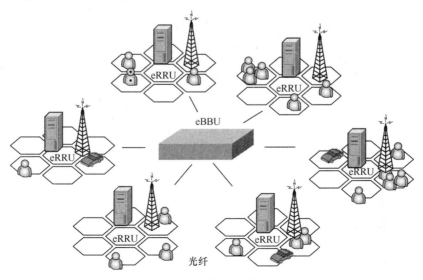

图 5-26　星形组网模型

（2）链形组网

在 ZXSDR B8300 TL200 的链形组网模型中，eRRU 通过光纤接口与 ZXSDR B8300 TL200 或者级联的 eRRU 相连，组网模型如图 5-27 所示。ZXSDR B8300 TL200 支持最大 4 级 eRRU 的链形组网。链形组网方式适合于呈带状分布、用户密度较小的地区，可以大量节省传输设备。

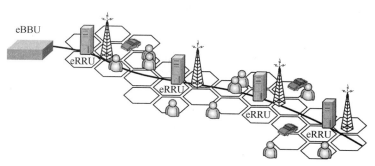

ZXSDR B8300 TL200 单板配置见表 5-13。

图 5-27　链形组网模型

表5-13　ZXSDR B8300 TL200单板配置

名称	说明	配置数量		
		2天线1扇区/2天线2扇区/2天线3扇区	8天线3扇区	8天线3扇区+2天线3扇区
CC	控制和时钟板	1	2	2
BPL	基带处理板	1	3	4
SA	现场告警板	1	1	1
SE（选配）	现场告警扩展板	1	1	1
PM	电源模块	1	2	2
FAN	风扇模块	1	1	1

5.1.4　4G 基站设备组成 RRU

LTE 网元的变化对传输网提出了更高的要求，需要部署低成本、高效率的 IP 传输网络。从现有 TD-SCDMA 网络向 LTE 演进时，要尽可能全面考虑现网升级情况及可能的演进路线。对于当前各种通信网络的扩建，RAN 设备要能够支持各种传输组网方式，包括 IP 接入，也要求现有设备做到充分利用旧设备、升级简单、充分保护运营商的原有投资，更好地适应未来移动网和互联网融合的大趋势，满足可持续运营的要求。

为了满足用户节省基站机房建设支出并降低运营成本需要，中兴通讯采用分布式基站的理念，将 eNode B 分为基带资源池和射频单元两个部分。将基带和射频分离，射频单元靠近天线安装，增大覆盖范围，降低基站数目，减少馈线损耗，降低设备功耗以及对功放的要求。基带资源池可用于室内无机房的环境安装，部署灵活，减少基础设施建设，加快建网速度。

1. 产品在网络中的位置

LTE 系统中，EPC 负责核心网侧业务，其中 MME 负责信令处理，SGW 负责数据处理，eNode B 负责接入网侧业务。eNode B 与 EPC 通过 S1 接口连接；eNode B 之间通过 X2 接口连接。

中兴通讯的 eNode B 采用基带与射频分离方式设计，BBU 实现 S1/X2 接口信令控制、业务数据处理和基带数据处理，RRU 实现射频处理。这样既可以将 RRU 以射频拉远的方式部署，也可以将 RRU 和 BBU 放置在同一个机柜内以组成宏基站的方式部署。RRU 与 BBU 之间通过标准基带光纤接口连接。

产品在网络中的位置如图 5-28 所示。

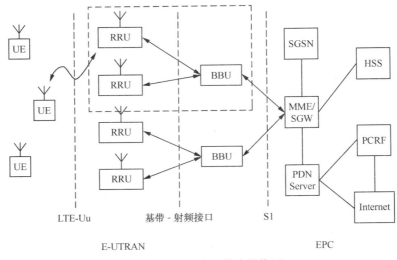

图 5-28　产品在网络中的位置

2. 产品特点

ZXSDR R8962 L26A 远端射频单元应用于室外覆盖，与 BBU 配合使用，覆盖方式灵活。Uu 接口遵循 3GPP TS36.104 V8.2.0 规范，和 BBU 间采用光接口相连，传输 IQ（In-phase Quadrature）数据、时钟信号和控制信息，和级联的 RRU 间也采用光接口相连。

ZXSDR R8962 L26A 为采用小型化设计、满足室外应用条件、全密封、自然散热的室外射频单元站，具有体积小（小于 13.5L）、重量轻（10kg）、功耗低（160W）、易于安装维护的特点。

ZXSDR R8962 L26A 可以直接安装在靠近天线位置的桅杆或者墙面上，可以有效降低射频损耗。

ZXSDR R8962 L26A 最大支持每天线 20 W 机顶射频功率，可以广泛应用于从密集城区到郊区广域覆盖等多种应用场景。

设备供电方式灵活。支持 –48 VDC 的直流电源配置，也支持 220 VAC 的交流电源配置。

支持功放静态调压。BBU 根据配置的小区信息，确定 ZXSDR R8962 L26A 需要的最大发射功率。ZXSDR R8962 L26A 根据 BBU 下发的小区功率调整对应的电源输出电压等级，并控制电源给功放提供的电压来调整它的输出功率等级，保证在不同功率等级下有较高的功率效率，以起到节能降耗的作用。

3. 产品功能

ZXSDR R8962 L26A 是分布式基站的远程射频单元。射频信号通过 ZXSDR R8962 L26A 基带处理单元传输 / 接收，通过标准的基带 – 射频接口做进一步处理。

无线口管理功能：ZXSDR R8962 L26A 在上电初始化后，支持 LTE TDD 双工模式；支持空口上 / 下行帧结构和特殊子帧结构；通过 BBU 的控制可以实现 eNode B 间的 TDD 同步；

支持 2530 ~ 2630MHz 频段的 LTE TDD 单载波信号的发射与接收；能够建立两发、两收的中射频通道；支持上 / 下行多种调制方式，支持 QPSK、16QAM、64QAM 的调制方式；支持 10MHz、20MHz 载波带宽。

接口功能：支持 BBU 与 RRU 之间两光纤接口收发；支持光模块热插拔；最多支持 4 级级联；支持标准的基带 – 射频接口；支持 NGMN OBRI 接口协议；通过和 BBU–RRU 接口，ZXSDR R8962 L26A 能够自动获取 BBU 分配给自己的标识号，并能够根据自己的标识号接收其对应信息；传输带宽随信道带宽变化。

复位功能：通过命令进行整机软复位功能；远程整机软复位功能；支持远程硬复位；系统复位原因记录。

版本管理功能：远程版本下载；本地版本下载；远程版本信息查询；远程资产信息查询。

配置管理功能：支持自由配置 RRU 当前的空口帧结构和特殊子帧结构；支持在 2 530 ~ 2630MHz 频带内，工作频点的灵活配置，频率步进栅格的最小步进支持 100kHz；支持多种灵活的带宽配置，可配置带宽包括 10MHz/20MHz；支持前向基带功率的检测和查询功能支持 RRU 输出射频功率的检测和查询功能；接收信号强度检测和指示；支持 Doherty 技术；支持数字预失真技术及其配置管理；支持削峰技术；支持削峰功能和削峰参数配置和查询；支持通过 BBU 实现对两路功放独立打开和关闭的功能；支持整机温度检测和查询功能；支持设备配置和出厂信息的查询和改写。

通道管理功能：ZXSDR R8962 L26A 能够在测试模式下独立发测试数据；ZXSDR R8962 L26A 应能对射频输出的功率结合 BBU 下发的基带功率进行自动定标；支持光纤接口传输质量的测量功能；支持接收增益控制功能；支持对连接到 BBU 的 RRU 设备进行闭塞操作；支持对连接到 BBU 的 RRU 进行解闭塞操作；支持发射通道对应关系配置；支持接收通道对应关系配置；电源管理功能；支持 –48 VDC 的直流电源配置；支持 220 VAC 的交流电源配置；支持功放静态调压。

告警管理功能：支持电源输入电压欠压 / 过压告警；支持电源过温告警；支持电源掉电告警；支持驻波比告警；支持发射功率告警；支持光口告警；支持时钟异常告警；支持前向链路峰值功率异常告警；支持数字预失真告警；支持光口传输质量过低告警；支持功放过温告警；支持单板过温告警；支持对告警门限进行配置。

故障诊断功能：ZXSDR R8962 L26A 支持级联下的环回测试功能；ZXSDR R8962 L26A 支持硬件自动检测功能；支持前向链路数据上传功能；支持反向链路数据上传功能；支持数字预失真数据上传功能；系统状态指示功能。

4. 产品外观

ZXSDR R8962 L26A 产品外观如图 5-29 所示。

5. 安装使用场景

抱杆安装示意如图 5-30 所示。

6. 产品硬件

（1）模块组成

1）收发信单元

收发信单元完成信号的模数和数模转换、变频、放大、滤波，实现信号的 RF 收发以及 ZXSDR R8962 L26A 的系统控制和接口功能。

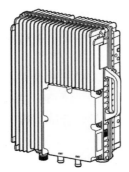

图 5-29　ZXSDR R8962 L26A 产品外观

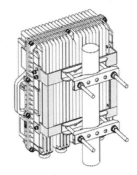

图 5-30　抱杆安装示意

2）交流电源模块 / 直流电源模块

将输入的交流（或直流）电压转化为系统内部所需的电压，给系统内部所有硬件子系统 或者模块供电。

3）腔体滤波器

内部实现接收滤波和发射滤波，提供通道射频滤波。

4）低噪放功放

包括功放输出功率检测电路和数字预失真反馈电路。实现收发信板输入信号的功率放大，通过配合削峰和预失真来实现高效率；提供前向功率和反向功率耦合输出口，实现功率检测等功能。

（2）外部接口和接地端子

产品物理接口如图 5-31 所示，设备接地端子位置示意如图 5-32 所示。

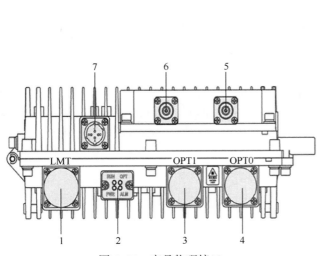

图 5-31　产品物理接口

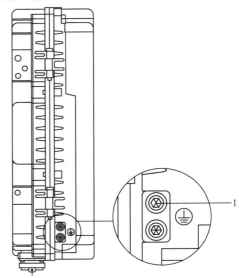

图 5-32　设备端子位置示意

1—接地端子

1—LMT：操作维护接口；2—状态指示灯：包括设备运行状态指示，光口状态指示，告警，电源工作状态指示；3—OPT1：连接 BBU 或级联 ZXSDR R8962 L26A 的接口 1；4—OPT0：连接 BBU 或级联 ZXSDR R8962 L26A 的接口 0；5—ANT0：天线连接接口 0；6—ANT1：天线连接接口 1；7—PWR：48V 直流或 220V 交流电源接口

（3）线缆

1）电源线缆

ZXSDR R8962 L26A 的电源电缆用于连接电源接口至供电设备接口，线缆长度按照工勘的要求制作。电缆 A 端为 4 芯 PCB 焊接接线插座，用于连接 RRU；B 端为工程预留，需要现场制作。

2）保护地线缆

ZXSDR R8962 L26A 的保护地线缆用于连接机箱的一个接地螺栓和接地铜排，采用 $16mm^2$ 黄绿色阻燃多股导线制作。

3）光纤

在 ZXSDR R8962 L26A 系统中，光纤有如下用途：作为 RRU 级联线缆；作为 RRU 与 BBU 的连接线缆。

4）天馈跳线

天馈跳线用于 ZXSDR R8962 L26A 与主馈线以及主馈线与天线的连接。当主馈线采用 7/8" 或 5/4" 同轴电缆时，需要采用天馈跳线进行转接。

7. 组网

在 ZXSDR B8300 TL200 的链形组网模型中，RRU 通过光纤接口与 ZXSDR B8300 TL200 或者级联的 RRU 相连，ZXSDR B8300 TL200 支持最大 4 级 RRU 的链形组网。ZXSDR R8962 L26A 通过标准基带 – 射频接口和 BBU 连接，支持星形组网和链形组网。

星形组网适用于一般的应用场合，城市人口稠密的地区一般用这种组网方法，如图 5-33 所示。

链形组网方式适用于呈带状分布，用户密度较小的地区，可以大量节省传输设备，如图 5-34 所示。

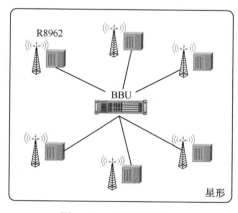

图 5-33　星形组网图

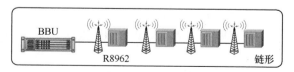

图 5-34　链形组网图

8. 操作维护系统简介

ZXSDR R8962 L26A 支持本地维护终端操作和网管维护操作，分别如图 5-35 和图 5-36 所示。

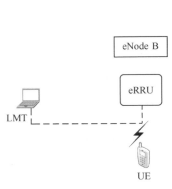

图 5-35　本地维护终端操作

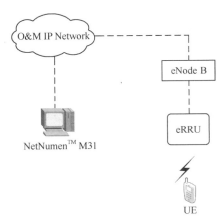

图 5-36　网管操作维护

5.2　任务二：eNode B 基站系统设备开局调测的实现

【任务描述】

本任务现场讲述如何开通一个基站，主要完成网络拓扑设计、商用机房设备部署及安装连线、网管软件安装、站点版本升级、网管数据配置并导入、故障排查，最终实现 LTE 终端的拨号连接和业务测试。操作步骤包括规划网络拓扑、硬件安装、LMT 调试、网管配置、版本升级和数据同步。下面我们就按照操作步骤进行讲解，每个操作步骤都列出了操作方法、注意事项、配置参数和数据记录。

5.2.1　网络拓扑规划

1. 任务描述

利用教学仿真软件将核心网设备放到任何一个区域，配置网络拓扑关系，记录对接参数。

2. 配置流程

（1）设计网络拓扑组网

LTE TDD 模式 SITE1 拓扑如图 5-37 所示。

（2）记录对接参数

回到网络拓扑，确认基站。在"网络拓扑"界面，确认需要开通的站点，记录相关参数见表 5-14，在网管配置和业务调试中使用。

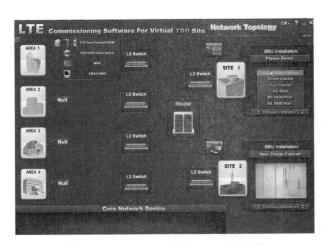

图 5-37　LTE TDD 模式 SITE1 拓扑图

表5-14 SITE 1规划参数

关键参数	参数值	功能描述
基站号	SITE 1	用户自己规划
基站连接CN的地址	10.10.21.12/24	SCTP和静态路由使用
基站连接CN的VLAN号	102	配置全局端口号使用
基站连接CN的端口号	36412	SCTP使用
基站连接EMS的地址	10.10.11.12/24	配置LMT使用
基站连接EMS的VLAN号	101	配置全局端口号使用
OMC服务器IP	192.192.10.101	配置VSOam使用

5.2.2 虚拟机房配置

1. 任务描述

TDD-LTE eNode B 基站仿真开通，利用仿真教学软件完成 BBU 和 RRU 设备选型、单板配置、线缆连接。

2. 配置流程

（1）常用线缆类型介绍

基站施工过程中，常用的线缆主要有：电源线缆、保护地线缆（接地线）、光纤 / 双绞线、天馈线缆。

1）电源线缆

电源电缆用于连接 BBU/RRU 设备电源接口至供电设备接口，线缆材质、直径、长度需按照工程要求制作。图 5-38 是常用电源电缆示意。

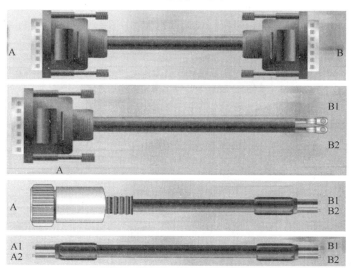

图 5-38 常用电源电缆示意

2）保护地线缆（接地线）

保护地线缆用于连接机箱的一个接地螺栓和接地铜排，采用 16mm² 阻燃多股导线制作。

图 5-39 是常用的保护地线缆示意。

图 5-39　保护地线缆示意

3）光纤 / 双绞线

在 LTE 接入系统中，光纤有如下用途：BBU 与传输设备的连接线缆、RRU 与 BBU 的连接线缆、RRU 级联线缆。

图 5-40 是常用光纤 / 双绞线示意。

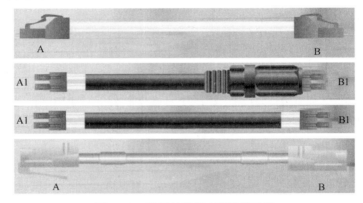

图 5-40　常用的光纤 / 双绞线示意

4）天馈跳线缆

天馈跳线用于 RRU 与主馈线以及主馈线与天线的连接。当主馈线采用 7/8" 或 5/4" 同轴电缆时，需要采用天馈跳线进行转接。

图 5-41 是常用的天馈跳线缆示意。

图 5-41　常用的天馈跳线缆示意

（2）BBU 安装及连接

BBU 有两种安装方式：机柜安装（见图 5-42）和挂墙安装（见图 5-43）。

图 5-42　机柜安装

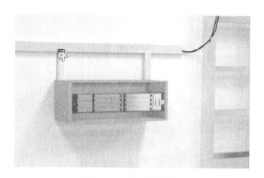

图 5-43　挂墙安装

BBU 通过 CC 板和传输设备相连接，如图 5-44 和图 5-45 所示。

图 5-44　CC 板线缆连接

图 5-45　传输设备线缆连接

BBU 通过基带板和 RRU 相连接，如图 5-46 和图 5-47 所示。

图 5-46　BBU 基带板

图 5-47　RRU 及线缆连接

（3）RRU 安装及连接

RRU 的安装方式有抱杆 / 铁塔安装（见图 5-48）和挂墙安装（见图 5-49）。

图 5-48　抱杆 / 铁塔安装

图 5-49　挂墙安装

（4）天馈安装及连接

天馈系统由天线和馈线组成，主要分室外天馈系统和室内天馈系统。室外天线按照通道不同分为单通道天线和多通道天线；室外天馈系统的馈线主要有 1/2 馈线、7/8 馈线；室内天线主要有全向吸顶天线、壁挂天线；室内天馈系统的辅件有功分器、耦合器等。

室外天线通过馈线与 RRU 相连接如图 5-50 所示。

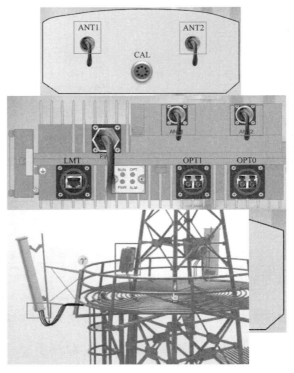

图 5-50 室外天线通过馈线与 RRU 相连接

（5）传输设备连接

BBU 通过 CC 板和传输设备相连接如图 5-51 所示。

图 5-51 BBU 通过 CC 板和传输设备相连接

（6）GPS 安装及连接

TDD-LTE 系统对时钟的要求非常高。因此，TDD-LTE 基站必须安装 GPS 天线。BBU 通过 CC 板上的 REF 端口与 GPS 设备相连接（见图 5-52）。

图 5-52 BBU 与 GPS 设备连接

5.2.3 LMT 配置

1. 任务描述

记录详细对接参数，完成 LMT 同步参数的配置，打通设备与网管的传输链路，使网管和基站正常建链。

2. 配置流程

（1）记录对接参数

回到网络拓扑，确认基站。在"网络拓扑"界面如图 5-52 所示，确认需要开通的站点，记录相关参数见表 5-15，在网管配置和业务调试中使用。

表5-15　SITE 1规划参数

关键参数	参数值	功能描述
基站号	SITE 1	用户自己规划
基站连接CN的地址	10.10.21.12/24	SCTP和静态路由使用
基站连接CN的VLAN号	102	配置全局端口号使用
基站连接CN的端口号	36412	SCTP使用
基站连接EMS的地址	10.10.11.12/24	配置LMT使用
基站连接EMS的VLAN号	101	配置全局端口号使用
OMC服务器IP	192.192.10.101	配置VSOam使用

（2）配置 LMT 同步参数

1）LMT 电脑连接 CC 单板

利用本地调试电脑连接 BBU 的 CC 单板，运行 LMT 程序（即 EOMS.jar），配置基站和 EMS 建链的必需参数。

操作步骤如下。

① 进入机房，点击进入本地调试电脑 Debugging PC，点击电脑键盘处的按钮，进入调试机网线连接界面，然后从"Transmission cable"中选择"Ethernet cable"，一侧连接到本地电脑的网口上，另外一侧连接到 CC 单板的"DEBUG/LMT"端口，这样就完成了本地调试电脑到 BBU 的网线连接。

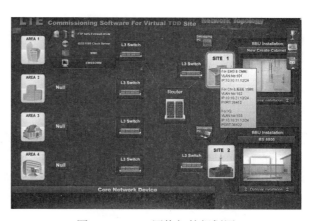

图 5-53　LTE 网络拓扑规划图

② 点击电脑屏幕，在电脑桌面可以看到一个网络连接图标，双击，然后在 TCP/IP 处选择"属性"，手动配置一个 IP 地址。

2）登录 LMT，配置参数并同步

通过机房的本地电脑，或者拓扑管理界面的"Debugging PC"，都可以进入 LMT 打开电脑桌面的"EOMS.jar"程序，弹出 LMT 登录界面。LMT 配置数据的时候是实时同步到基站上去的，不需要另外同步。仿真软件里需要配置的数据以实体黑色显示，不需要配置的数据以灰色显示。

操作步骤如下。

① 配置 PhylayerPort。PhylayerPort 是指 CC 物理单板网口。进入"TransportNetwork" - "PhylayerPort"，右键点击修改，其他参数默认。配置 CC 单板网口如图 5-54 所示，相关参

数配置见表 5-16。

表5-16 配置PhylayerPort关键参数

关键参数	参数值	功能描述
连接对象	RNC/BSC/CN/MME	对接核心网
使用以太网	GE：CCC（1.1.1）：0	固定以太网口

② 配置 EthernetLink。EthernetLink 是指 CC 单板网口的以太网属性和 VLAN 设置。网络拓扑中基站分配了 3 个 VLAN，在 LMT 中只需要增加基站规划到 EMS 的地址的 VLAN 号。进入"TransportNetwork"－"Ethernetlink"，右键点击修改。根据网络拓扑和硬件安装的参数规划进行配置，如果有故障需要进行核对，其他参数选择默认即可。

③ 配置 IPLayerConfig（见图 5-55）。

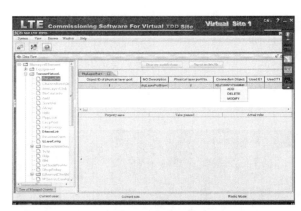 

图 5-54　配置 CC 单板网口　　　　图 5-55　配置 IPLayerConfig

IPLayerConfig 是指 CC 单板网口的 IP 地址设置。网络拓扑中基站分配了 3 个 IP 地址，在 LMT 中只需要增加基站规划到 EMS 的 IP 地址。进入"TransportNetwork"－"IPLayerConfig"，右键点击修改。根据网络拓扑和硬件安装的参数规划进行配置，如果有故障需要进行核对，其他参数选择默认即可。

④ 配置 VSOam。VSOam 是指 EMS 服务器的地址。进入"TransportNetwork"－"VSOam"的 ItfUnitBts，右键点击修改，其他参数默认。根据网络拓扑和硬件安装的参数进行配置，如果有故障需要进行核对，其他参数默认即可。点击关闭退出，上面配置的参数已经设置到 CC 单板上并生效了。

5.2.4　EMS 配置

1. 任务描述
登陆后台网管，创建网元，并按照规划数据配置相关平台参数和对接数据。

2. 配置流程
（1）EMS 启动及简介

1）打开 EMS 客户端

在"网络拓扑"界面，从基站上方的"Debugging pc"进入网管配置和操作界面，打开桌面的"NetNumenClient"程序，点击 OK 进入。登录的服务器 IP 是根据网络拓扑自动创建的。EMS&OMM 在 Area1 分配的地址是 192.192.10.101。

2）创建并启动网元代理

在 EMS 的拓扑管理最左侧 EMS 服务器总节点下点右键，"Create Object" – "MO SDR NE Agent"创建一个网元代理，然后在创建的网元代理中点右键，从"NE Agent Management"里面选择"Start"启动网元代理。

记录并确认下面的参数见表 5-17。根据网络拓扑和硬件安装的参数规划进行配置，如果有故障需要进行核对，其他参数选择默认即可。创建网元代理设置如图 5-56 所示。

表5-17　创建网元代理参数

关键参数	参数值	功能描述
名称	ZTE	OMM的名称
时区	+8：00北京时间	—
IP地址	192.192.10.101	同机部署，跟EMS一致

3）创建子网

在配置管理的节点下面右键"Create SubNetWork"创建一个子网。记录并确认下面的关键参数见表 5-18。

根据网络拓扑和硬件安装的参数规划进行配置，如果需要对故障进行核对，则选择默认其他参数即可。创建子网如图 5-57 所示。

表5-18　创建子网参数表

关键参数	参数值	功能描述
Alias	ZTE1	子网名称
SubNetWork　ID	0	默认从0开始

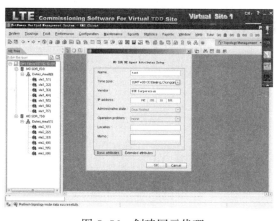

图 5-56　创建网元代理

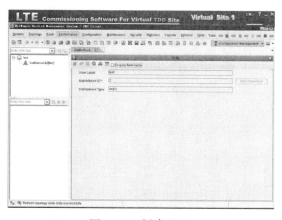

图 5-57　创建子网

4）创建基站

在子网的节点下面单击"Creat NE"创建一个基站。记录并确认表 5-19 基站规划参数中的关键参数。根据网络拓扑和硬件安装的参数规划进行配置，如果需要对故障进行核对，其他参数选择默认即可。创建基站操作视图如图 5-58 所示。

表5-19　基站规划参数

关键参数	参数值	功能描述
NE ID	0	基站唯一的号码，默认从0开始
无线电标准	TDD	与无线制式保持一致
NE 类型	BS8700	固定
NE 外部 IP	10.10.11.12	与系统创建的基站的EMS地址一致
NE 名称	Test（举例）	基站名称
BBU 类型	B8200	与硬件一致
保持状态	正常	商用状态是正常

（2）平台物理资源配置

1）申请权限

在创建的基站点右键，选择"Apply Mutex Right"申请操作权限，只有申请操作权限后才能配置数据。

2）配置运营商信息

双击"Operator"，点右键 + 号增加一个记录，记录并确认表 5-20 中的关键参数。根据网络拓扑和硬件安装的参数进行配置，如果需要对故障进行核对，选择默认其他参数即可。配置运营商设置如图 5-59 所示。

表5-20　运营商参数

关键参数	参数值	功能描述
操作者名称	ZTE	根据运营商要求
CE 百分比（%）	50（举例）	根据运营商要求

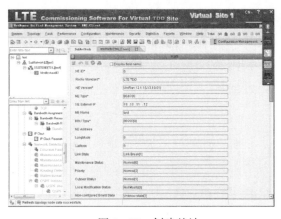

图 5-58　创建基站　　　　　　图 5-59　配置运营商

3）配置网络号 PLMN

进入"Operator"–"PLMN"，点右侧 + 号增加一个记录，记录并确认表 5-21 PLMN

规划参数中的关键参数。根据网络拓扑和硬件安装的参数规划进行配置，如果需要对故障进行核对，选择默认其他参数即可。

表5-21　PLMN规划参数

关键参数	参数值	功能描述
MCC	460	跟规划一致
MNC	11	跟规划一致

4）配置 RACK

增加完基站后，在 Cabinet 里面会自动创建一个标准的 8200 机架，配置有 PM、SA 和 CC 单板。需要根据实际硬件配置添加和修改相应的单板。对于 RRU 也需要创建机架、添加单板，如果有 3 个 RRU，需要创建 3 个机架。

① 进入"Equipment"，进入板位图配置界面。然后根据项目四中硬件安装的板位图进行添加单板，首先创建 BBU 单板。

② 进入"Equipment"，点击右侧 RRU 增加按钮，记录并确认表 5-22 中的关键参数。根据网络拓扑和硬件安装的参数规划进行配置，如果需要对故障进行核对，选择默认其他参数即可。每个 RRU 对应一条记录。

表5-22　RACK参数

关键参数	记录1	记录2	记录3	功能描述
RACK No	51	52	53	对应3个RRU机架
RRU 管理 ID	51	52	53	对应3个RRU机架
RRU 类型		R8962		固定

5）修改 BPL 光口参数

配置 BPL 单板后，每个 BPL 单板的 3 个光口会自动创建一个参数记录，包括接口协议、光端口速率、支持的无线产品载波数等。本软件设定 BPL 光端口速率固定为 4G，请修改。

进入"Equipment" – "B8200" – "BPL(1,1,X)"的 Optical port device，会看到 3 条记录，分别单击每条记录，选择"编辑"图标，修改光端口速率参数。记录并确认表 5-23 中的关键参数，根据网络拓扑和硬件安装的参数规划进行配置，如果需要对故障进行核对，选择默认其他参数即可。注意：以下配置选择了一条记录后一定要保存，否则直接退出，不会生效。

表5-23　BPL光口参数

关键参数	记录1	记录2	记录3	功能描述
RACK No	4G	4G	4G	固定
光模块的协议类型		PHY CPRI[0]		固定

6）修改 RRU 光口参数

添加 RRU 后，每个 RRU 的 2 个光口会自动创建一个参数记录，包括接口协议、光端口速率、支持的无线产品载波数等。本软件设定 RRU 光端口速率固定为 4G，请修改。

进入"Equipment" – "RRU"的 Optical port device 后，我们会看到两条记录，分别单

击每条记录,选择"编辑"图标,修改光端口速率参数。记录并确认表5-24中的关键参数,根据网络拓扑和硬件安装的参数规划进行配置,如果需要对故障进行核对,选择默认其他参数即可。

表5-24　RRU光口参数

关键参数	记录1	记录2	记录3	功能描述
光模块类型	4G	4G	4G	固定
光模块的协议类型	PHY CPRI[0]			固定

7)配置光纤连接

BPL到每个RRU的连接关系需要进行拓扑配置。

进入"Equipment"–"BTS Auxiliary Peripheral Device"的Fiber cable,点右侧+号增加一个记录。如果有3个RRU,需要增加3条记录,记录并确认表5-25中关键参数,根据网络拓扑和硬件安装的参数规划进行配置,如果需要对故障进行核对,选择默认其他参数即可。

表5-25　光纤连接参数

关键参数	记录1	记录2	记录3	功能描述
上光端口	BPL:0	BPL:1	BPL:2	固定
下光端口	R8882-L268(51):1	R8882-L268(52):1	R8882-L268(53):1	固定

(3)平台传输资源配置

1)配置PhyLayerPort

PhyLayerPort是指CC物理单板网口。进入"Transmission Network"–"Physical Layer Port",点右侧+号增加一个记录,点击确认,其他参数默认。CC物理单板网口参数见表5-26。

表5-26　CC物理单板网口参数

关键参数	参数值	功能描述
连接对象	RNC/BSC/CN/MME	对接核心网
使用以太网	GE:CCC(1.1.1):0	固定以太网口
以太网配置参数	工作模式=自协商 传输带宽=100000	以太网工作参数

2)以太网链路层

EthernetLink是指CC单板以太网口的以太网属性和VLAN设置。网络拓扑中的基站分配了3个VLAN,在LMT中需要增加基站规划到EMS的地址的VLAN号。进入"Transmission Network"–"IP Transport"–"Ethernet Link Layer",点击右侧+号增加一个记录,单击确认,其他参数默认。记录并确认表5-27中的关键参数。根据网络拓扑和硬件安装的参数规划进行配置,如果需要对故障进行核对,选择默认其他参数即可。

表5-27　CC单板以太网口参数设置

关键参数	参数值	功能描述
VLAN ID	101	根据基站位置决定
使用的物理层端口号	物理层端口号=0	固定端口号

3）配置 IP Layer Configuration

IP Layer Configuration 是指 CC 单板网口的 IP 地址设置。网络拓扑中基站分配了 3 个 IP 地址，如果没有基站互联的 X2 接口，只需要增加两条记录，一条是基站到 EMS 的地址，另一条是基站到 CN 的地址。进入"Transmission Network"－"IP Transport"－"IP LayerConfiguration"，单击右侧＋号增加两个记录，其他参数默认。记录并确认表 5-28 中的关键参数。根据网络拓扑和硬件安装的参数规划进行配置，如果需要对故障进行核对，选择默认其他参数即可。

表5-28　CC单板IP地址参数

关键参数	记录1	记录2	功能描述
IP 参数连接号	0	1	固定
使用以太网链路	以太网链路号=0	以太网链路=0	
VLAN ID	101	102	
IP 地址	10.10.11.12	10.10.21.12	固定
子网掩码	255.255.255.0	255.255.255.0	和基站规划参数一致
网关IP	10.10.11.1	10.10.21.1	和基站规划参数一致

4）配置 Bandwith Resource Group

Bandwith Resource 是为网口分配带宽资源。进入"Transmission Network"－"Bandwith assignment"－"Bandwidth Resource Group"，单击右侧＋号增加一个记录，所有参数保持默认。记录并确认表 5-29 中的关键参数。根据网络拓扑和硬件安装的参数规划进行设置，如果需要对故障进行核，选择默认其他参数即可。

表5-29　CC单板网口带宽配置

关键参数	参数值	功能描述
使用以太网链路	以太网链路号=0	固定
最大带宽	100000	100Mbit/s

再进入"Transmission Network"－"Bandwith Assignment"－"Bandwidth Resource Group"，单击右侧＋号增加一个记录，所有参数保持默认。

5）配置静态路由

Static Route Paramter 是指如果基站地址和核心网元地址不在一个网段内，需要制定一个路由。进入"Transmission Network"－"Static Route"－"Static Routing configuration"，单击右侧＋号增加 4 个记录，其他参数默认。记录并确认表 5-30 中的关键参数。根据网络拓扑和硬件安装的参数规划进行配置，如果需要对故障进行核对，选择默认其他参数即可。

表5-30　静态路由参数

关键参数	记录1	记录2	记录3
静态路由号	0	1	2
目的IP地址	192.192.10.101	192.192.10.100	192.168.10.200
子网掩码	255.255.255.0	255.255.255.0	255.255.255.0
下一跳IP	10.10.11.1	10.10.21.1	10.10.21.1
使用以太网链路	以太网链路号=0	以太网链路号=0	以太网链路号=0
VLAN ID	101	102	102
备注	EMS	XGW	MME

6）配置SCTP

SCTP是基站到MME的S1协议接口，需要增加一条记录。进入"Transmission Network"–"Signaling and business"–"SCTP"，单击右侧+号增加一条记录，其他参数默认。记录并确认表5–31中的关键参数。根据网络拓扑和硬件安装的参数规划进行配置，如果需要对故障进行核对，选择默认其他参数即可。

表5-31　SCTP参数

关键参数	参数值	功能描述
SCTP链路号	0	排序
使用的IP层参数	IP链路号=1	说明引用哪一条底层的IP链路
使用的带宽资源	带宽资源=1	说明使用的带宽资源
本地端口号码	36412	SCTP链路的基站侧端口号
远端端口号码	36412	SCTP链路的MME侧端口号
远端地址	192.192.10.200	规划的MME地址

（4）无线参数小区配置

Serving cell是对每个RRU进行无线参数配置。进入"Radio parameter"–"EUTRAN FDD CELL"，单击右侧+号增加相应记录并确认表5–32的关键参数。根据网络拓扑和硬件安装的参数规划进行配置，如果有故障需要进行核对。

表5-32　小区参数

关键参数	记录1	记录2	记录3	功能描述
小区ID	40～170	40～170	40～170	小区逻辑编号
PLMN列表	1	1	1	和前面配置对应
基带资源配置	1	2	3	物理小区编号
PCI	1	2	3	
TAC	171	171	171	
上行链路频率	2550Hz	2550Hz	2550Hz	2550Hz
下行链路频率	2635 Hz	2635Hz	2635Hz	2635Hz

5.2.5　软件版本管理的实现

1. 任务描述

对基站初始软件版本进行查询、软件包下载和更新、激活。

2. 配置流程

（1）软件版本查询

软件设计基站初始版本是 V3.10.01P02R1，现场后台版本是 V3.10.01B04R1，配置完数据，基站与后台网管建链后需要做一次版本升级，把基站版本从 V3.10.01P02R1 升级到 V3.10.01B04R1。

基站升级的顺序是版本包创建、版本包下载、版本包激活、复位、查询版本。从 V3.10.01P02R1 升级到 V3.10.01B04R1。版本创建包括产品软件版本、平台软件版本和平台固件版本。

查询版本操作步骤：从拓扑管理进入 "Software Version management"，进入版本界面。进入 "Query Task management"，勾选上已建链基站，就可以查询到基站当前版本是 V3.10.01P02R1。查询基站当前版本如图 5-60 所示。

（2）软件版本管理

1）建基站版本

进入 "Version Library management"，分别创建并自动下载下面 3 个版本包，包括产品软件版本、平台软件版本和平台固件版

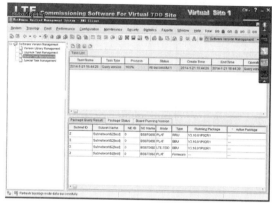

图 5-60　查询基站当前版本

本。其中，产品软件版本名称是 LTE-FDD-SW-V3.10.01B04R1.pkg；平台软件版本名称是 PLAT-SW-V3.10.10BR1.pkg；平台固件版本名称是 PLAT-FW-V3.10.10BR1.pkg。创建成功后会在版本管理下面生成 3 个版本包。

2）下载基站版本包

进入 "Upgrade Task management"，选择版本包和基站号，把刚才创建的版本包下发到基站上。

（3）软件版本更新

1）激活基站版本包

进入 "Upgrade Task management"，进行版本激活操作，把创建的 3 个版本都进行激活。

2）再次查询基站版本

进入 "Query Task management"，勾选上已建链基站，就可以查询到基站当前版本是 V3.10.01B04R1。

5.2.6　数据同步与业务拨测

1. 任务描述

将配置数据进行同步之后，进行业务验证。如果业务不通过，便有告警存在，则根据

告警和所有知识进行排障，直到完成业务拨测。

2. 配置流程

回到配置管理，在 EMS 创建的网元代理上右键选择"Data Synchronize"。如果建链成功的话，把整表配置数据下发到基站；如果没有建链成功，会提示无法同步数据。数据同步操作过程如图 5-61 所示。以后如果基站修复完 Bug，通过数据同步会将新增配置下发到基站。

通过拓扑管理界面的"Debugging PC"，进入"Mobile Broadband"。连接业务，观察上传、下载业务速率，如图 5-62 和图 5-63 所示。

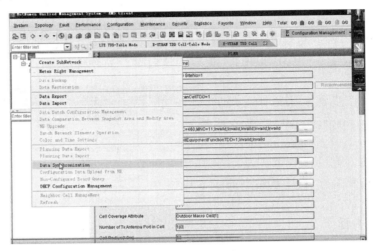

图 5-61　数据同步

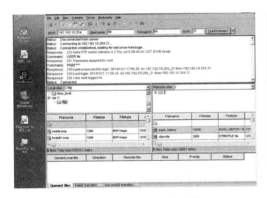

图 5-62　上传下载测试

图 5-63　数据业务速率

知识总结

1. 4G 网络系统由核心网、承载网、无线接入网组成；4G 核心网，又称 EPC，主要由 MME、SGW、PGW、HSS 等网元构成。EUTRAN 结构中包含了若干个 eNode B，eNode B 之间底层采用 IP 传输，在逻辑上通过 X2 接口互相连接；每个 eNode B 通过 S1 接口连接到演进分组核心。

2. 基站系统主要由电源系统、传输系统、天馈系统组成。天馈系统主要由室外天馈系统和室内天馈系统组成。

3. 光纤分为单模光纤和双模光纤。BBU 的安装方式主要有机柜安装和挂墙安装；RRU 的安装方式有抱杆（铁塔）安装和挂墙安装。

结合前面章节所学理论知识，本章主要讲述 TDD 模式下现场如何开通一个基站，操作步骤主要包括规划网络拓扑、硬件安装、LMT 调试、网管配置、版本升级和数据同步。

项目总结

eNode B 基站开局配置流程如下。

- TDD-LTE 网络拓扑设置。
- 网络规划参数。
- 硬件安装。
  - 设备选型及放置单板。
  - 高速线缆连接。
  - 传输线和 LMT 线连接。
  - GPS 线连接。
  - 馈线连接。
  - 电源线和地线连接。
- LMT 配置。
  - CC 单板物理端口配置。
  - C 单板网口的以太网属性和 VLAN 设置。
  - CC 单板网口的 IP 地址设置。
- EMS 服务器配置。
  - 配置 PLMN。
  - 配置基带资源。
  - 配置 S1AP。
  - 配置小区无线参数。
- 数据同步及验证。
  - 版本更新。
  - 数据同步。
  - 业务验证。

思考与练习

一、填空题

1. 4G 网络系统由_____、_____、_____3 个部分构成。

2. eNode B 之间在逻辑上通过_____接口互相连接；每个 eNode B 通过_____接口连接到演进分组核心。

3. 4G 核心网，又称 EPC，主要由_____、_____、_____、_____等网元构成。

4. MME 与 SGW 之间的接口是_____。

5. 分布式基站主要由_____和_____组成。

6. 分布式基站的 BBU 中文名称叫_____，RRU 中文名称叫_____。

7. 分布式基站中 BBU 和 RRU 的组网方式有_____组网和_____组网。

8. 分布式基站中，一个 BBU 下可以接_____个 RRU。

9. 光纤分为_____光纤和_____光纤。

10. BBU 的安装方式主要有_____安装和_____安装。

11. RRU 的安装方式有_____安装和_____安装。

12. BBU、RRU 和天线系统中，射频线的作用是连接_____和 RRU，光纤的作用是连接_____和 RRU。

13. _____是一个相对值，指天线在某特定方向上能量集中程度。

二、简答题

1. 4G 网络拓扑结构是怎样的呢？

2. 4G 基站系统由哪些部分组成。

3. 天馈系统由哪两种组成。

4. 什么是分布式基站，分布式基站的组成包括什么呢？

5. 分布式基站中，BBU、RRU、天线是如何进行连接的呢？

6. 分布式基站中的 BBU 和 RRU 及天线安装时要注意些什么。

三、实验思考题

1. 会有哪些原因导致数据不同步。

2. 为什么要进行数据同步。

3. 如果基站版本升级未成功，从哪些方面分析。

4. 平台传输资源配置共需要配置几条静态路由，简述每条路由的作用。

实践活动：使用分布式基站解决方案完成某场地信号覆盖设计

一、实践目的

考查和提升学生的站点选址和设计、文档编写、课堂讲课表达能力。

二、实践要求

1. 展示需要覆盖区域图片、范围、面积。

2. 明确站点建设高度，站点经纬度。

3. 确定 BBU 安装机房。

4. 用仿真软件实现 eBBU（基带单元）+ eRRU（远端射频单元）+ 天线的物理连接。

三、实践内容

1. 选择学校一片区域，使用 eBBU（基带单元）+ eRRU（远端射频单元）分布式基站解决方案完成 LTE 的信号覆盖。

2. 分组选题（每组 4 ~ 6 人），采取课内发言，时间要求 5 ~ 8min。

项目6 基站开通调测与维护
实例剖析

经过 eNode B 基站系统设备开局调测的实现之后，我熟练地完成了使用模拟软件完成基站开通，接下来我师父 Wendy 要带我开通实际设备。

> Willa：师父，今天来的人怎么这么多？
>
> Wendy：多吗？这只是一小部分，主要是工程局和监理公司。工程局人员负责安装设备，包括电源配套、传输配套、告警配套、天馈等设备。工程局人员在安装过程中，我们负责安装指导和设备调测，监理负责查看和记录。
>
> Willa：哦！
>
> Wendy：在我们来之前，设计院的相关人员先到这个基站进行现场勘查，把机房内部和天面部分绘成图，我们今天安装的图纸就是由设计院设计的。之后是传输部门铺设光缆和安装光端机，调通基站和局端机房的传输。
>
> Willa：哦！
>
> Wendy：我们今天做好的是一个试运行的基站，后期需要网络优化部门根据周边基站的情况，把我们试运行的数据改成正式的数据，基站就可以正常运行了。基站入网验收后，再出现故障就由代维公司负责处理了。
>
> Willa：哦！
>
> Wendy：先简单说这些，以后再慢慢跟你细说。

我师父入行年头多，常与设计院、传输部门、工程局、监理、优化部门以及代维公司的人打交道。他说我们是一个整体，需要互相协作才能做好我们的工程。

接下来，就看我和师父怎样调测和维护基站吧。

1. 识记：基站的作用。

2. 领会：基站开通的流程。

3. 识记：TDD-LTE 数据上传、备份和恢复；手机上网测试和拨号测试。

4. 应用：设备故障及其解决方法。

6.1 任务一：基站开通调测与维护知多少

【任务描述】

Willa："师父，调测和维护是做什么？"

Wendy："看到咱们的 ZXSDR B8300 和 R8972 了吗？ R8972 是 RRU，也就是拉远的射频处理单元，一般安装在天线附近。B8300 是 BBU，一般安装在机房内部 19 寸机架上，BBU 上传输和电源都加好后，我们需要用笔记本给它写入数据，激活后测试通话和上网是否正常，这些就是调测。"

Willa："那维护呢？"

Wendy："我们做的维护主要侧重于基站的故障处理和配合优化部门对设备的修改。"

下面我们跟随 Wendy 了解一下基站的调测和维护。

6.1.1 内容介绍

1. 基站

基站即公用移动通信基站，是无线电台站的一种形式，是指在一定的无线电覆盖区中，通过移动通信交换中心，与移动电话终端之间进行信息传递的无线电收发信电台。移动通信基站的建设是我国移动通信运营商投资的重要部分，移动通信基站的建设一般都是围绕覆盖面、通话质量、投资效益、建设难易、维护方便等要素进行。随着移动通信网络业务向数据化、分组化方向发展，移动通信基站的发展趋势也必然是宽带化、大覆盖面建设及 IP 化。

一个基站的选择需从性能、配套、兼容性及使用要求等各方面综合考虑，其中特别注意的是基站设备必须与移动交换中心相兼容或配套，这样才能取得较好的通信效果。

2. 通信工程督导

督导主要分硬件督导和软件督导两种。硬件主要负责的是监督硬件工程的安装质量，一般工作在前台，也就是基站现场；软件则主要负责调试设备，一般工作在后台，也就是局机房。通信的工程督导是代表厂家对设备进行开箱验货并指导施工队进行硬件的安装和设备光电性能的测试，利用网管对设备进行数据配置和调试，以配合工程队对系统进行全程测试等。工程督导不仅限于基站，从理论上来说，大一点的通信设备工程都需要工程督导，例如传输设备、交换设备、数据通信设备等。如果该工程是督导负责制，督导还需要承担起项目经理的职责，对该工程的项目进行全权的管理。

具体而言，通信工程督导的主要职责包括下面几点。

① 负责移动通信工程中的工程督导、设备开通、测试及维护工作，包括工程项目开工计划安排、进度控制、开通测试、困难协调、完工结算。参与 CDMA/GSM、TD-SCDMA、LTE 等室内覆盖工程设计、督导及检测项目的实施与技术支持。

② 熟悉通信工程施工工艺，现场材料进出库管理，具备基本的现场沟通协调与施工

队施工管理。

③ 负责工程现场的施工督导、工艺督导等；负责督导工程的资料收集、材料清场单的制作等。

④ 合同货物准确验收，工程实施、工程现场的组织协调，负责初验、文档整理，对工程进度、工程质量负直接责任，是工程现场的第一责任人。

⑤ 监督工程项目顺利实施。根据建设方的要求、工程实施的现实情况等因素，严格要求设计水平、施工工艺和工程材料质量，力争实现利润的最大化。

6.1.2 基站开通流程

新建基站的开通通常是由基站的选址和设计、设备安装、光纤接入、设备调试和试运行、基站验收和入网以及基站维护环节构成，主要涉及设计院、运营商、设备商、工程局、监理公司等。下面简单介绍一下大体流程。

1. 基站的选址和设计

基站的选址和设计一般是由运营商和设计院配合完成的。通常是先由运营商网络部查看现网的实际情况，在覆盖盲区或者网络拥塞较大的区域中心选定一个站址，再由设计院负责勘察现场实际情况，出现场的图纸和文件，指导后续的施工。

2. 设备安装和光纤接入

基站的设备安装和光纤接入是由工程局来完成的。在基站选址和设计完成以后，工程局按照设计院的图纸和文件来安装硬件设备，包括机房的主设备、电力设备、传输设备、告警设备、防雷设备、天面设备等。

3. 设备调试和试运行

设备调试是由设备厂家督导、工程局以及工程监理共同完成的。督导负责指导安装、设备的软件调试和故障排查。工程局负责硬件的安装和配合处理故障。工程监理负责记录施工过程是否符合规范，设备调测后试运行是否正常。

设备调试完成后要进行试运行检验。试运行是激活基站设备，通过拨打测试和上网测试检验基站是否正常运行，是否有故障。

4. 基站验收和入网

基站验收和入网是由运营商和优化部门共同完成的。基站设备调试完成后，运营商会到现场检查设备安装是否符合规范，设备运行是否正常。如果验收不合格，就需要施工单位和设备厂家重新整改；如果验收合格了，设备就可以交付，并由优化部门将设备上临时的数据改成正式的数据，将基站加入到现网中。

 注意

设备试运行正常才能验收。

5. 基站维护

未验收的基站出现故障，由厂家和工程局负责排查并处理。

已验收的基站出现故障，交由代维公司排查并处理，处理不好的，可由厂家和工程局协助处理。

6.2 任务二：如何进行网管启动与登录

【任务描述】

Wendy："我们的实验室模拟了整个现网的环境，包括核心网侧设备、基站侧设备以及相关服务器。我们在调试基站设备之前，需要把核心网侧设备和相关服务器加电，使其正常运行。"

下面我们跟随 Wendy 简单了解一下实验设备以及网管的启动和登录。

6.2.1 实验室相关设备

实验室相关设备主要由服务器、IEPC、EUTRAN、传输设备、GPS、天线、电源设备等构成。

1. 服务器

服务器不需要额外操作，直接开机进入系统。

从左至右、从上至下依次：左一是 4G 网管服务器，用来打开 4G 网管的服务端和客户端；左二是 FTP 服务器，实现手机数据业务功能；左三是 VOIP 语音服务器，实现手机语音业务功能；右一是操作台，用来控制服务器后台运行；右二是研华CCS2000U 服务器，打开服务端，实现学生机连上数据库排队做实验。服务器如图 6-1 所示。

2. IEPC

IEPC 是语音、数据、集群业务的控制节点，集成全套 EPC 和 DSS 产品，包 括 MME、SGW、PGW、HSS、PDS、PHR、DAS、GAS 等网元。IEPC 如图 6-2 所示。

图 6-1 服务器

3. EUTRAN 和传输设备

EUTRAN 硬件系统按照基带 – 射频分离的分布式基站的架构设计，分 BBU（左上），RRU（右一）两个功能模块。既可以射频模块拉远的方式部署，也可以将射频模块和基带部分放置在同一个机柜内组成宏基站的方式部署。EUTRAN 和传输设备如图 6-3 所示。

4. 其他设备

除了这些，还有配套的电源柜、GPS 以及天线等设备，分别负责设备供电、时钟同步与基站定位以及电磁波发射等。每个基站都会有一整套的配套设备，保障基站的正常运行。

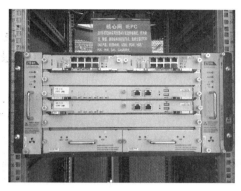

图 6-2　IEPC　　　　　　　　图 6-3　EUTRAN 和传输设备

6.2.2　网管的启动与登录

实验室设备加电正常运行之后，我们就可以启动网管了。先打开客户端，再打开服务端，客户端运行起来服务端才能正常开启。学生做实验不能同时进行，需要用 CCS2000U 排队轮流进行。服务器图标如图 6-4 所示。

1. 服务端的启动

首先双击打开客户端，当看见操作结果显示成功时，说明服务器启动成功，可以启动客户端，并连接服务器。客户端界面如图 6-5 所示。

图 6-4　服务器图标

2. 用户端的登录

双击打开用户端，填入服务器地址为安装网管时的 IP 地址，用户名为 admin，密码为空。用户端登录界面如图 6-6 所示。

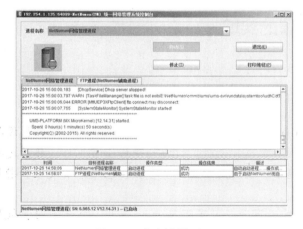

图 6-5　客户端界面　　　　　　　图 6-6　用户端登录界面

 注意

级联 IP 也就是我们服务端机的 IP 地址。

3. CCS2000U 的排队

双击 CCS2000U 图标，先确认 IP 地址 1 与实际电脑 IP 地址是否一致，再确认 CCS2000U 后台服务器是否正常运行，确认之后单击连接，初始化操作完成 100% 后单击登录（**登录的账号随意填写，无密码**）。CCS2000U 登录界面如图 6-7 所示。

进入 CCS2000U 以后，选择实验和队列选择界面排队。在可选课程，可选课程实验列表，可选实验设备队列选择对应的标签，然后加入队列。当界面显示"还可以实验：××**分钟**"时，可以操作设备。CCS2000U 排队界面如图 6-8 所示。

图 6-7　CCS2000U 登录界面

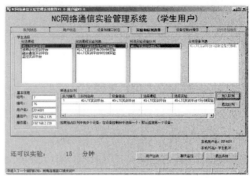

图 6-8　CCS2000U 排队界面

知识引申

在服务端没有连接到设备的情况下，不影响我们正常配置数据。我们可以在 **CCS2000U** 排队的时候配置服务端参数并检查错误，队列排到后，将配置好的数据同步到设备中。

6.3　任务三：网管数据配置的实现

【任务描述】

Wendy："服务器正常运行以后，我们就可以开始配置网管数据了。"

Willa："我们需要做些什么？"

Wendy："网管数据包含 4 部分。首先是配置网元和运营商数据，使我们的**手机能找**到我们对应的运营商基站。接着是配置设备数据，使我们设备的硬件正常工作。然后是配置传输数据，使基站和核心网侧能正常通信。最后是配置无线参数，包括基带处理和射频处理部分，使基站设备正常运行。"

网管数据配置是在服务端里面配置的，下面我们跟随 Wendy 简单了解一下**网管数据**配置的实现。

6.3.1　网元和运营商数据配置

1. 创建子网

单击功能区视图下拉菜单的配置管理，然后右键创建子网，如图 6-9 所示。

用户标识可以自由设置，子网 ID 不可重复，子网类型请选择 EUTRAN 子网（适用于无 RNC 情况），如配置多个子网，请单击推荐值按钮。子网配置如图 6-10 所示。

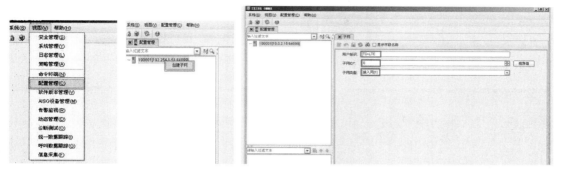

图 6-9　创建子网　　　　　　　　　　　　图 6-10　子网配置

 注意

配置完每个界面都必须要保存。

2. 创建网元

单击子网右键创建网元，如图 6-11 所示。

① 无线制式：根据前台类型，本次试验我们使用 TDD-LTE。

② 网元类型：统一为 BS8700。

③ 网元 IP 地址：即基站和外部通信的 eNode B 地址，若在实验室适用 Debug 口直连 **1 号槽位 CC**，直接配置为 192.254.1.16。

④ BBU 类型：根据前台 BBU 机架类型选择 8300。

3. 申请互斥权限

单击 BS8700 右键申请互斥权限，如图 6-12 所示。

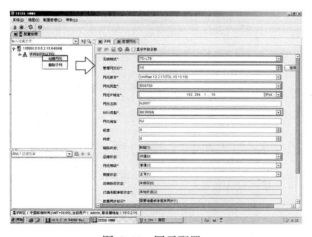

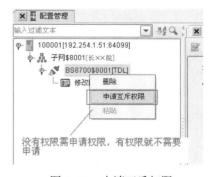

图 6-11　网元配置　　　　　　　　　　　　图 6-12　申请互斥权限

　　BS8700 前面的两个插头分离是用户端和设备处于断开状态，断开状态不影响数据配**置，**但无法进行后面的数据同步；连接状态是两个插头变绿并连接到一起。

注意

申请互斥权限后才能解锁，获得后续操作的权限。

4. 运营商配置

单击配置运营商数据，如图 6-13 和图 6-14 所示。

图 6-13　运营商数据配置　　　　　　图 6-14　PLMN 数据配置

6.3.2　设备数据配置

1. 添加 BBU 侧设备

添加 BBU 设备：单击网元，选中修改区，双击"设备"后，右边会显示出机架图。根据前台实际位置情况添加 CCC（即 CC16）板，以及其他单板。添加 BBU 设备如图 6-15 所示。

2. 添加 RRU 侧设备

在机架图上单击 🔲 图标添加 RRU 机架和单板，可以自动生成 RRU 编号，用户也可以自己填写，但是前台有限制是 51 ~ 107，请按前台的编号范围填写。添加 RRU，右键设备，单击添加 RRU，会弹出 RRU 类型选择框，选中类型即可，如图 6-16 所示。

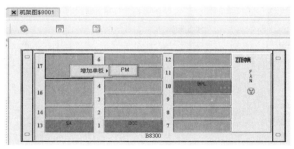

图 6-15　添加 BBU 设备　　　　　　图 6-16　添加 RRU 设备

注意

BBU 和 RRU 型号和板卡槽位要与实际一一对应。

3. BPL 光口设备配置

添加单板后，每个单板都会连带生成一些基础设备集，如光口设备、环境监控设备、Aisg 设备、接收发送设备等。不同单板连带生成的设备都是不同的，单击相应的单板，就可以看到生成的设备有哪些，并根据单板、RRU 支持的光模块类型及光口协议进行相应修改。BPL 光口设备配置如图 6-17、图 6-18 和图 6-19 所示。

图 6-17　BPL 光口设备配置步骤　　　　　　图 6-18　BPL 光口设备数据配置

4. 光纤配置

光纤配置是配置光接口板和 RRU 的拓扑关系。光纤配置步骤如图 6-20 所示。

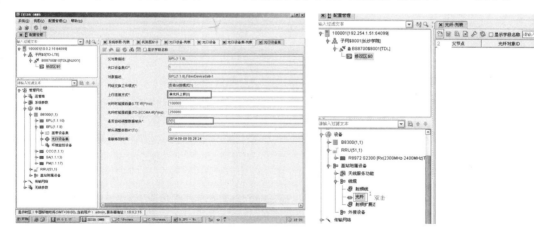

图 6-19　BPL 光口设备集数据配置　　　　　　图 6-20　光纤配置步骤

光纤的上级对象光口和下级对象光口必须存在，上级对象光口可以是基带板的光口，也可以是 RRU 的光口，需要检查 RRU 是否支持级联。光口的速率和协议类型必须匹配。点击下拉箭头，可以选择上下级光口。光纤数据配置如图 6-21 所示。

5. 配置天线物理实体对象

天线物理实体对象是配置天线，天线个数要跟实际对应上，如图 6-22 和图 6-23 所示。

6. 射频线配置

射频线配置是配置天线和 RRU 之间的光纤，光纤个数要与实际对应，每根光纤连接的天线端口和 RRU 端口也要对应，如图 6-24 所示。

图 6-21　光纤数据配置

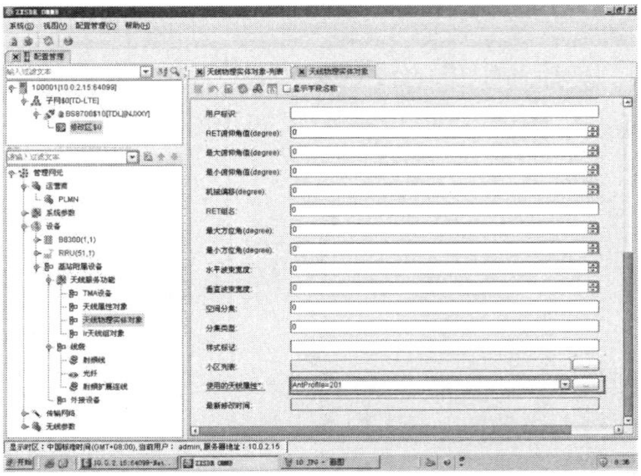

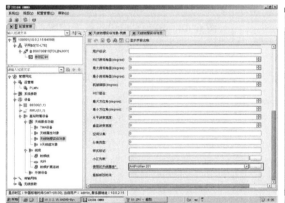

图 6-22　天线物理实体对象 1

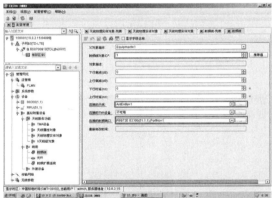

图 6-23　天线物理实体对象 2

图 6-24　射频线配置

7. Ir 天线组对象配置

Ir 天线组对象配置是用来关联 RRU 与物理天线实体的，使用的天线和 RRU 可以从下拉框中直接选择，如图 6-25 所示。

8. 配置时钟设备

配置时钟设备是为了使基站设备达到网络同步的目的。配置时钟同步设备如图 6-26 和图 6-27 所示。

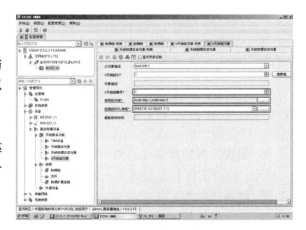

图 6-25　Ir 天线组对象配置

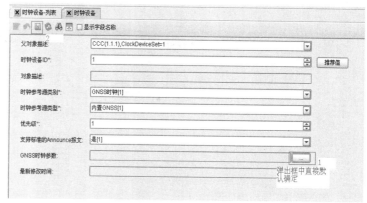

图 6-26　配置时钟同步设备 1　　　　　图 6-27　配置时钟同步设备 2

6.3.3　传输数据配置

1. 物理层端口配置

以以太网方式配置参数，TDL 用一个物理层端口。因此，发送带宽最好更改为 1000000。使用以太网，选择 CCC 单板的 GE 端口 0，保持默认连接对象即可，如图 6-28 所示。

2. IP 层配置

如果环境配置了多条以太网链路，要注意与以太网链路号对应正确，否则会引起获取不到 IP 地址的情况。IP 层配置如图 6-29 所示。

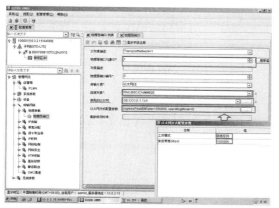
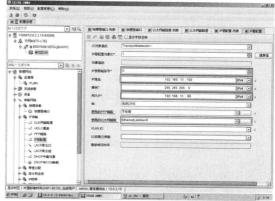

图 6-28　物理层端口配置　　　　　图 6-29　IP 层配置

3. 带宽配置

后面配置业务与 DSCP 映射需要引用。配置主要分 3 个阶段：带宽资源组、带宽资源和带宽资源 QoS 队列，如图 6-30、图 6-31 和图 6-32 所示。

4. SCTP 配置

如果环境配置多条 IP，如操作维护的 IP、LTE 传输 IP，要注意对应的 IP 链路号是否正确，否则会引起链路不通。SCTP 配置如图 6-33 所示。

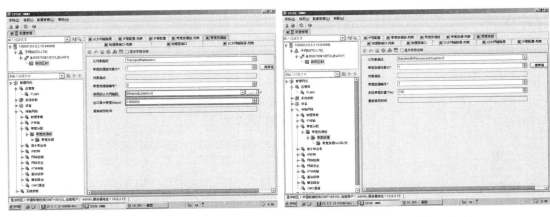

图 6-30　带宽资源组配置　　　　　　　图 6-31　带宽资源配置

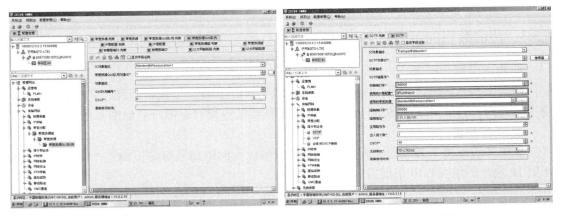

图 6-32　带宽资源 QoS 队列配置　　　　图 6-33　SCTP 配置

5. UDP 配置

UDP 配置使用的 IP 层，如图 6-34 所示。

6. 业务与 DSCP 映射配置

配置 TDD-LTE 与 DSCP 映射关系时，下拉菜单把所有的映射关系都选上，如图 6-35 所示。

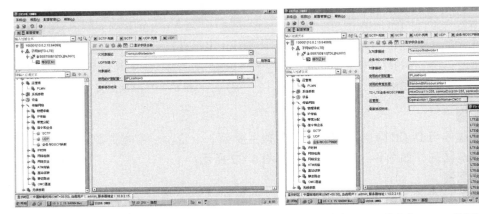

图 6-34　UDP 配置　　　　　　　　　图 6-35　业务与 DSCP 映射配置

7. 静态路由配置

静态路由目的地址包括 EPC 核心网控制面及用户面网段地址，下一跳连接到核心网 S1 接口，如图 6-36 所示。

8. OMC 通道配置

OMC 服务器地址写本机 192.254.1 网段地址。OMC 通道配置如图 6-37 所示。

图 6-36 静态路由配置

图 6-37 OMC 通道配置

6.3.4 无线参数配置

1. 创建 LTE 网络

PLMN 选择之前配置的 PLMN。创建 LTE 网络如图 6-38 所示。

2. 基带资源配置

其中小区 CP ID 参数一项，范围是 0 ~ 2，表示一个 LTE 小区内最多只有 3 个 CP。一般从 0 开始编号。在发射和接收设备配置中，天线端口有标数字，代表着频段。基带资源配置如图 6-39 所示。

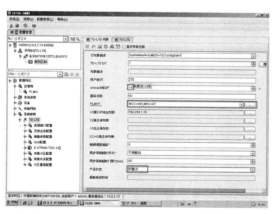

图 6-38 创建 LTE 网络

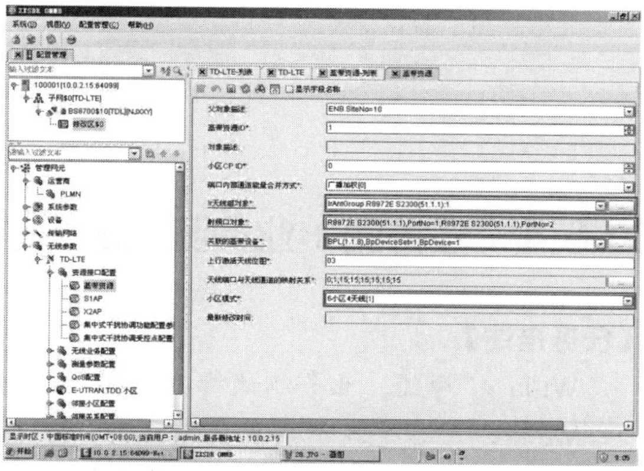

图 6-39 基带资源配置

3. 集中式干扰协调功能配置

集中式干扰协调功能配置如图 6-40 所示。

4. 配置服务小区

在该配置项里，主要配置小区 ID、物理小区识别码（PCI）、上下子帧、对应基带资源、中心频点、跟踪区码（跟踪区码要与核心网对应）、UE 天线发射模式等。其中在一个核心网中，对于特定小区 PCI 要唯一，最大输出功率、实际发射功率、参考信号功率 3 项关系到灌包流量，要根据具体的 RRU 进行配置。配置服务小区如图 6-41 和图 6-42 所示。

图 6-40　集中式干扰协调功能配置

图 6-41　配置服务小区 1

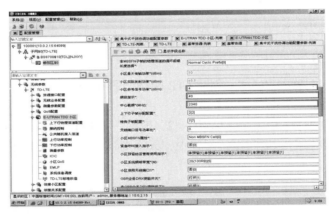

图 6-42　配置服务小区 2

6.4　任务四：业务测试的实现

【任务描述】

Willa："师父，业务测试都测试些什么呢？"

Wendy："首先我们要把之前做好的数据加载到设备中，使基站设备正常运行，然后把数据做好备份，一旦设备出现问题或者数据丢失，可以导入备份好的数据，恢复基站设备运行，最后还要用手机测试基站设备是否可以正常通话和正常上网。"

Willa："还要测试？"

Wendy："是的，测试是确保基站设备正常运行，如果有故障我们需要及时处理。"

下面我们跟随 Wendy 了解一下 TDD-LTE 数据管理和业务测试。

6.4.1　TDD-LTE 数据管理

1. TDD-LTE 数据上传

首先单击数据管理下拉菜单找到数据同步选项并点击，如图 6-43 所示。

然后执行同步，如图 6-44 所示。

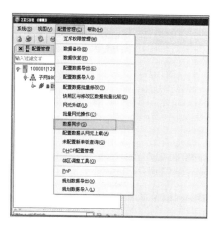

图 6-43　数据同步

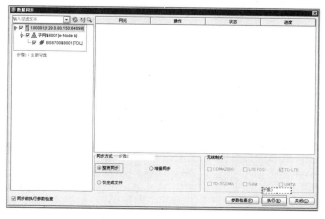

图 6-44　执行同步

接着开展参数检查，如图 6-45 所示。

最后输入验证码，同步完成，如图 6-46 和图 6-47 所示。

图 6-45　参数检查

图 6-46　输入验证码

2. TDD-LTE 数据备份

首先单击数据管理下拉菜单找到数据备份选项并点击，如图 6-48 所示。

然后给文件命名，如图 6-49 所示。

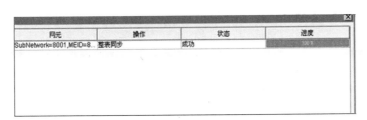

图 6-47　同步完成　　　　　　　　　　　　图 6-48　数据备份

接着添加保存路径，如图 6-50 所示。

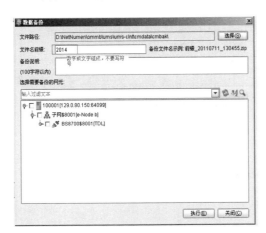

图 6-49　文件命名

图 6-50　保存路径

最后执行备份并显示备份完成，如图 6-51 和图 6-52 所示。

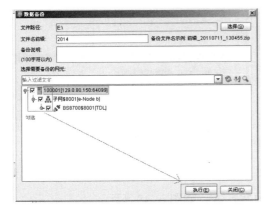

图 6-51　执行备份

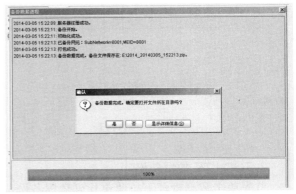

图 6-52　备份完成

3. TDD-LTE 数据恢复

首先单击数据管理下拉菜单找到数据恢复选项并点击，如图 6-53 所示。

然后找到之前的备份，如图 6-54 所示。

图 6-53 数据恢复

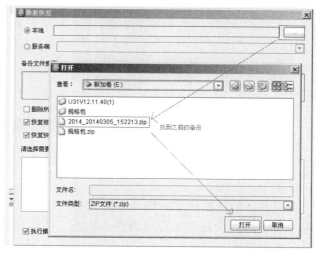

图 6-54 找到之前备份

接着勾选需要恢复的网元并单击执行数据恢复，如图 6-55 所示。

最后勾选需要恢复的网元并单击执行数据恢复，如图 6-56 和图 6-57 所示。

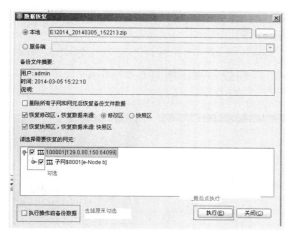

图 6-55 执行数据恢复

图 6-56 输入验证码

6.4.2 手机上网和拨号测试

1. 手机上网测试

基站真正开通时，我们需要用现网手机和卡号对基站信号进行测试，通过直接拨打电话或者上网的形式就可以进行测试。

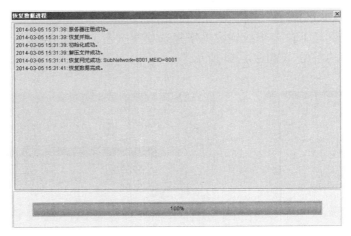

图 6-57　数据恢复成功

　　我们的实验室搭建了一整套实验设备，包括核心网、传输网、无线网以及 VoIP 服务器等。由于这些设备并未与现网设备相连，所以测试的时候我们需要用 ZTE 测试手机和测试卡进行测试。

　　我们需要先把装好测试卡的手机连接到网络，在手机设置打开移动网络，在网络模式选择"4G/3G/2G 自动选择"，再启用数据网络连接基站信号。当手机右上角显示 4G标识时，即为连接成功，此时可以使用浏览器进行上网业务测试，如图 6-58 所示。

　　2. 手机拨号测试

　　上网功能测试成功后，我们还需要对手机进行拨号测试。拨号测试需要两个测试手机，一个拨打，一个接听，网络设置步骤和上网测试相同。

　　设置好网络以后，我们需要打开手机桌面 Zoiper 软件，打开软件会显示本机号码就绪，此时就可以使用 Zoiper 软件进行手机拨打测试。手机拨号测试如图 6-59 所示。

图 6-58　手机上网测试　　　　　　　　图 6-59　手机拨号测试

6.5 任务五：故障处理的解析

【任务描述】

Wendy："我们实验室的核心网集成设备 IEPC、4G 网管服务器、FTP 服务器、VoIP 服务器和研华 CCS2000 服务器是方便我们做试验用的，实际基站现场没有这些，只有 BBU、RRU、传输设备以及相关配套设备，所以实际现场遇到的故障点相对于实验室会少很多。"

Willa："实际现场都会遇到些什么故障？"

Wendy："以实验室为例，常见有客户端故障、主设备故障和测试故障。"

下面我们跟随 Wendy 简单了解一下实验室常见故障及处理方法。

1. 客户端故障

调试设备时遇到最多的问题就是客户端连接不上，如图 6-60 左图所示。

左图显示断开状态，客户端未连接上，无法进行数据同步。右图是连接状态，可以进行数据同步。断开状态常见原因是 CCS2000 队列未排到、CCS2000 和 4G 网管服务器冲突、网元 IP 配置错误以及 LMT 连线错误。

首先检查 CCS2000 队列是否排到。如果未排到需加入队列等待；如果排到仍有故障，检查教师机是否连接到服务器，因为教师机权限大于学生机，会导致学生机连接异常。

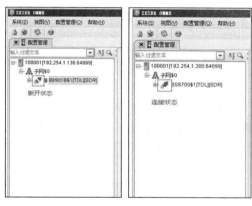

图 6-60 客户端断开状态和连接状态

> **注意**
>
> CCS2000 登录前需要在服务器里面打开后台，否则无法连接 CCS2000。

检查 CCS2000 是否与 4G 服务器冲突。因为 4G 服务器权限大于 CCS2000 连接的设备，所以实验时最好拔掉 4G 服务器后面的网线。

接着查看创建网元时网元 IP 地址是否和 eNode B 地址对应。eNode B 地址是设备安装人员之前调好的，具体 IP 需要和安装人员确认或者导出原始文件查看 IP 参数。

最后查看 LMT 连线是否正确。实验室里，BBU 的 LMT 口先连接到集线器上，再由集线器分别连接 4G 服务器、学生机和教师机。检查各节点的连线和标签，看是否有接口错误或者连线未连。

2. 设备故障

数据同步后，RRU 的 ACT 指示灯为绿色常亮。如果硬件安装错误或者参数配置错误，会导致 RRU 一直无法正常运行，表现为 RRU 的 ACT 指示灯不亮或者 RRU 的 RUN 指示灯为红色。

首先需要检查硬件安装是否正确。客户端设备里面的槽位、型号以及后面的参数配置须和实际设备一一对应，也就是如果设备配置里面 BPL 配置在槽位 10 上，后面配置的对应参数要在槽位 10 上，实际设备安装位置也要在槽位 10 上。设备槽位配置如图 6-61 所示。

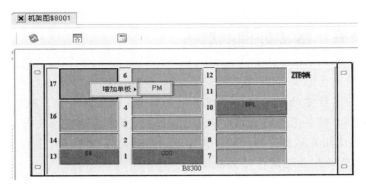

图 6-61　设备槽位配置

注意

BPL 上面光纤接口顺序从右至左依次为 1、2、3。

检查参数配置是否正确。我们每次同步数据前都要检查一下配置好的参数，事先发现问题远比出现问题后解决要省事得多。参数配置错误比较常见的是 TDD 模式配置成了 FDD 模式；参数及型号和实际设备不匹配；配置完某个选项后忘记保存等。

3. 测试故障

基站正常开启，须经拨号测试和上网测试检验。

拨号测试常见故障是电话正常可以拨通，但是没有声音。一般引起的原因是 IEPC 临时 License 过期，重启下 IEPC 会生成新的临时 License，故障即可消除。如果重启 IEPC 故障仍未消除，需要检查 VOIP 服务器是否正常运行。

上网测试常见故障是测试手机正常连接设备，但无法上网。一般引起的原因是连接核心网的本地 IP 网络发生故障，需要检查本地 IP 网络是否有故障。

知识总结

1. 基站的作用及通信工程督导的职责。

2. 基站开通的流程。

3. 服务器的名称及作用。

4. 网管的启动与登录；CCS2000 排队。

5. 网元和运营商数据配置。

6. 设备数据配置。

7. 传输数据配置。

8. 无线参数配置。

9. TDD-LTE 数据上传、备份和恢复。

10. 手机上网测试和拨号测试。

11. 客户端故障及其解决方法。

12. 设备故障及其解决方法。

13. 测试故障及其解决方法。

思考与练习

1. 基站即公用移动通信基站是_____站的一种形式，是指在一定的无线电覆盖区中，通过_____，与移动电话终端之间进行信息传递的无线电收发信电台。

2. 基站工程督导的职责包括_____。

3. 基站开通涉及的公司有_____。

4. 简述基站开通的流程。

5. 实验室用的服务器包括_____、_____、_____和_____。

6. EUTRAN 包括_____和_____。

7. 简述网管的启动与登录。

8. CCS2000 排队以后是不是马上可以做试验，为什么呢？

9. 创建网元时，无线制式选择_____，网元类型选择_____，BBU 类型选择_____。

10. 添加 BBU 侧设备需添加_____、_____、_____和_____。

11. 添加 RRU 侧设备时，RRU 类型为_____。

12. BPL 光口配置中，光模块类型为_____。

13. 静态路由目的地址包括_____和_____地址，下一跳连接到_____接口。

14. 添加 BBU 侧设备时，BPL 选择哪个槽位，为什么？

15. 带宽配置中，SCTP 和 UDP 各是起什么作用的？

16. 配置服务小区中，频段指示和中心频率有什么关系？

17. 数据上传时，先进行_____，然后进行_____。

18. 手机上网测试需要使用_____和_____进行测试。

19. 数据同步或者数据恢复之前是否需要数据备份，为什么？

20. 测试的时候是否可以给非测试手机的号码拨打电话，为什么？

21. 数据同步或者数据恢复时，客户端须处于_____状态。

22. 板卡槽位如果没有和实际一一对应会出现什么情况呢？

23. 如果 VoIP 服务器没有开启会有什么影响呢？IEPC 未连接本地网络会有什么影响呢？

实践活动：通过实验室 LTE 系统设备对 eNode B 管理网元进行数据配置，实现开局

一、实践目的

1. 考查学生对设备的认识能力。

2. 考查学生的动手实践能力。

3. 锻炼学生处理问题的应变能力。

4. 考查学生知识迁移能力。

二、实践要求

1. 爱护实验室实验设备，保持环境卫生。

2. 遵守实验室规定，按照操作规范进行设备的上下电等相关操作。

3. 仔细记录设备工作对接参数，观察实验设备工作状态。

4. 按开局调测步骤完成基站设备的开局调测，并进行业务拔测验证。

三、实践内容

1. 通过实验室中兴 TDD-LTE 系统设备对 eNode B 管理网元进行数据配置，实现 eNode B 的开局。

2. 分组选题（每组 4 ~ 6 人），采取课内发言，时间要求 5 ~ 8min。

拓展篇

项目7　5G移动通信技术

项目8　常见典型工程案例解析

项目 7　5G 移动通信技术

项目引入

　　Willa 晚上做了一个梦。2050 年的一天清晨 Willa 一醒来，卧室的灯就自动关闭了，窗帘自动开启。Willa 来到卫生间洗漱，洗脸水不冷不热，温度刚刚好，数码牙刷记录并上传牙齿以及口腔的健康数据。戴上眼镜，显示妻子带着孙子正走在上学的路上，通过眼镜片上的虚拟现实显示，孙子向自己挥手说早安。此时，"小美一号"已经把食物和咖啡端上了餐桌。哦，忘记说了——"小美一号"是机器人，既勤劳又聪明。"小美一号"根据 Willa 的身体数据，自动调节好营养成分。玻璃上显示的是 Willa 感兴趣的新闻消息。吃过早餐，Willa 轻声说："帮我打印第 8 款衣服。"3D 打印出 Willa 存储在云端的衣物信息——一套淡蓝色的休闲装。稍作打扮后，Willa 对着摄像头说："我要出去。"一会儿，一辆可飞可跑的车就停在了阳台上。汽车自动行驶在马路上，在车上闲来无事，回忆 Willa 年轻时，那是 2019 年，当时盛行一句话：4G 改变生活，5G 改变世界……

5G 总体愿景

1. 识记：5G 的基本概念及提出背景。
2. 认知：5G 与 4G 的区别与联系；5G 的标准化历程。
3. 领会：5G 的频谱使用；5G 的典型关键技术。
4. 分析：5G 的组网及应用场景。

在"互联网＋"战略及新形势下，传统运营商的角色、模式、技术均受到越来越多的挑战与考验。对于手机、通信制造商而言，5G 的发展方向将决定通信行业的走向何方。因此，5G 的崛起给通信行业确实带来了重大的机遇和挑战。如能抓住机遇又能应付好挑战的话，传统运营商就有可能真正成为网络信息技术方面的主导者。

在 5G 的通信之争中，各国已经开始加快步伐，争抢这块通信的"大蛋糕"：中国移动预计投入 10000 亿元人民币建设 5G 网络，截至 2018 年 7 月，全球共有 66 个国家的 154 家运营商以正在进行的共计约 412 个独立的 5G 使能技术及候选技术展示、试验、验证、场测……全世界的电信运营商也随着 5G 的进行发生结构性的调整，谁能及时地抓住 5G 通信这个机会，谁将会在整个格局中取得更多的发展机会。然而，对于 5G，你是否还仍觉得只是个懵懂抽象的概念？对于 5G，你是否还没有任何思路？对于 5G，你的思维是否还滞留在 4G 通信革新中？

▶▶ 7.1 任务一：什么是 5G

【任务描述】

中国高度重视 5G 战略地位，政府大力推进 5G 技术、标准和产业发展。《中国制造 2025》提出要全面突破第五代移动通信（5G）技术。《"十三五"规划纲要》指出，要积极推进 5G 发展并启动 5G 商用。在此大背景下，我们学习增强型移动互联网、海量互联网等 5G 的基本概念，了解 5G 的需求与挑战，会为将来的技术积累奠定基础。

5G 是面向 2020 年以后移动通信需求而发展的新一代移动通信系统。根据移动通信的发展规律，5G 将具有超高的频谱利用率和能效，在传输速率和资源利用率等方面较 4G 移动通信提高一个量级或达到更高的效果，其无线覆盖性能、传输时延、系统安全和用户体验也将得到显著的提高。5G 移动通信将与其他无线移动通信技术密切结合，构成新一代无所不在的移动信息网络，满足未来 10 年移动互联网流量增加 1000 倍的发展需求，5G 移动通信系统的应用领域也将进一步扩展，对海量传感设备及机器与机器（M2M）通信的支撑能力将成为系统设计的重要指标之一。未来 5G 系统还须具备充分的灵活性，具有网络自感知、自调整等智能化能力，以应对未来移动信息社会难以预计的快速变化。5G 的应用前景如图 7-1 所示。

| 车联网 | 智能家居 | 高清视屏 | 虚拟现实 |

图 7-1 5G 应用前景

7.1.1 5G 的技术特点

5G 具有以下技术特点。

① 5G 研究在推进技术变革的同时将更加注重用户体验，网络平均吞吐速率、传输时延以及对虚拟现实、3D、交互式游戏等新兴移动业务的支撑能力等将成为衡量 5G 系统性能的关键指标。

② 与传统的移动通信系统理念不同，5G 系统研究将不仅仅把点到点的物理层传输与信道编译码 等经典技术作为核心目标，而是从更为广泛的多点、多用户、多天线、多小区协作组网作为突破的重点，力求在体系构架上寻求系统性能的大幅度提高。

③ 室内移动通信业务已占据应用的主导地位，5G 室内无线覆盖性能及业务支撑能力将作为系统 优先设计目标，从而改变传统移动通信系统"以大范围覆盖为主、兼顾室内"的设计理念。

④ 高频段频谱资源将更多地应用于 5G 移动通信系统，但由于受到高频段无线电波穿透能力的限 制，无线与有线的融合、光载无线组网等技术将被更为普遍地应用。

⑤ 可"软"配置的 5G 无线网络将成为未来的重要研究方向，运营商可根据业务流量的动态变化 实时调整网络资源，有效地降低网络运营的成本和能源的消耗。

7.1.2 5G 与 4G 的性能比较

1. 4G 的性能

① 4G 技术支持 100 ～ 150Mbit/s 的下行网络带宽。

② 仍处在 3GHz 以下的频段范围内。

③ 开启了全球移动通信标准全面融合的趋势，但仍存在 TDD-LTE 与 LTE-FDD 的标准之争。

④ 专为移动互联网设计的通信技术，是单一的无线接入技术。

2. 5G 的性能

① 可提供超级容量的带宽，短距离传输速率是 10Gbit/s。

② 高频段频谱资源将更多地应用于 5G。

③ 超高容量、超可靠、随时随地可接入，有望解决"流量风暴"。

④ 在通信智能、资源利用率、无线覆盖性能、传输时延、系统安全和用户体验都比 4G 有了显著提升。

⑤ 全球 5G 技术有望共用一个标准；

⑥ 5G 并不是一个单一的无线接入技术，也不是几个全新的无线接入技术，而是多种新型无线接入技术和现有无线接入技术集成后的解决方案总称。

因此，5G 是一个真正意义上的融合网络。

① 引入新的无线传输技术将资源利用率在 4G 的基础上提高 10 倍以上。

② 引入新的体系结构（如超密集小区结构等）和更加深度的智能化能力将整个系统的吞吐率提高 25 倍左右。

③ 进一步挖掘新的频率资源（如高频段、毫米波与可见光等），使未来无线移动通信的频率资源扩展 4 倍左右。

总的来说，5G 相比 4G 有着很大的优势：

① 在容量方面，5G 通信技术将比 4G 实现单位面积移动数据流量增长 1000 倍。

② 在传输速率方面，典型用户数据速率提升 10 ～ 100 倍，峰值传输速率可达 10Gbit/s（4G 为 100Mbit/s），端到端时延缩短 5 倍。

③ 在可接入性方面：可联网设备的数量增加 10 ～ 100 倍。

④ 在可靠性方面：低功率 MMC（机器型设备）的电池续航时间增加 10 倍。

由此可见，5G 将在方方面面全面超越 4G，实现真正意义的融合性网络。

7.1.3　5G 标准化历程

通信行业的国际标准化组织 ITU、3GPP、IEEE 等机构定期会在世界各地召开大会，以讨论通信技术的标准化。来自全球的电信公司或研究机构都会出席。这些大会是全球规模的标准化专家峰会，也是最高规格的会议。图 7-2 为 ITU 会议现场。

图 7-2　ITU 会议现场

下面就国际标准化组织 ITU、3GPP、IEEE 的标准化进展列举如下。

1. ITU（国际电信联盟）

① ITU 于 2015 年启动 5G 国际标准制定的准备工作，首先开展 5G 技术性能需求和评估方法研究，明确候选技术的具体性能需求和评估指标，形成提交模板。

② 2017 年 ITU-R 发出征集 IMT-2020 技术方案的正式通知及邀请函，并启动 5G 候选技术征集。

③ 2018 年年底启动 SG 技术评估及标准化。

④ 计划在 2020 年年底形成商用能力。

2. IEEE（电气和电子工程师协会）

IEEE 作为 3G4G 标准的制定机构，IEEE 802 标准委员会结合自身优势，积极推进下一代无线局域网标准（IEEE 802.11ax）的研制，并希望将其整合至 5G 技术体系。IEEE 通信学会也在积极探索 5G 标准化工作思路，目前计划成立信道建模、下一代前传接口、基于云的移动核心网和无线分析 4 个研究组，深入开展 5G 技术研究。

3. 3GPP（第三代合作伙伴计划）

全球业界普遍认可将在 3GPP 制定统一的 5G 标准。从 2015 年年初开始，3GPP 已启动 5G 相关议题讨论，初步确定了 5G 工作时间表。

3GPP 5G 研究预计将包含 3 个版本，即 R14、R15、R16。具体有以下几点。

① R14 主要开展 5G 系统框架和关键技术研究。

② R15 作为第一个版本的 5G 标准，满足部分 5G 需求，如 5G 增强移动宽带业务的标准。

③ R16 完成全部标准化工作，于 2020 年年初向 ITU 提交候选方案。3GPP 无线接入网工作组已在 2016 年 3 月启动 5G 技术研究工作。

3GPP 业务需求工作组（SA1）最早于 2015 年启动 "Smarter" 研究课题，该课题于 2016 一季度完成了标准化，目前已形成 4 个业务场景继续后续工作。3GPP 系统架构工作组（SA2）于 2015 年年底正式启动 5G 网络架构的研究课题 "extGen" 立项书，明确了 sG 架构的基本功能愿景，包括以下内容。

① 有能力处理移动流量、设备数快速增长。

② 允许核心网和接入网各自演进。

③ 支持如 NFV、SDN 等技术，降低网络成本，提高运维效率、能效，灵活支持新业务。

2017 年 2 月世界移动通讯大会（MWC）在巴塞罗那开幕，基于 OFDM 的全新孔口设计的全球性 5G 标准——5GNR。继 2016 年的物联网后，5G 成为最大热点。全球多家移动通信企业宣布将共同支持加速 5G 新空口（5G NR）标准化进程，以推动 2019 年尽早实现 5G 新空口的大规模试验和部署。NR 是 New Radio 的缩写。2017 年，全球 5G 标准制定机构 3GPP 启动了一个 5G 新空口研究项目，希望能制定一个基于 OFDM（正交频分复用技术）的全新 5G 无线空口标准，并选定了 5G NR 这个名字。

按照时间表，基于符合标准的 5G 新空口基础设施与终端的 5G 新空口部署最早将于 2020 年才会实现。与上述时间表不同，新提案建议完成非独立 5G 新空口的规范文件，并将其作为中期里程碑，从而支持在 2019 年启动大规模试验和部署。

7.2 任务二：5G 频谱和关键技术

【任务描述】

各个区域都在积极推进 5G 发展并启动 5G 商用。在此大背景下，学习并掌握 5G 关键技术是必要的；本节中给各位读者介绍了高频传输、新型 MIMO、超密组网等技术，掌握这些技术有助于将来在 5G 建设浪潮中，让你的知识与技能更上一层楼。

7.2.1 5G 频谱

① 低频段。小于 3GHz，具备良好的无线传播特性，可用于 5G 网络的广覆盖，WRC-15 定义了 700MHz 和 1.4GHz 为 5G 候选频段，但带宽有限，其他频段也被 2G、3G 及 4G 等占得差不多了，5G 想要的连续大带宽的频谱恐怕只能等到频谱调整的那一天了。

② 高频段。大于 6GHz，带宽充裕，但受限于覆盖范围较小，只能用于 5G 网络某些特定场景，如室内外热点、无线家庭宽带、无线自回传等。

③ 中频段。3 ~ 6GHz，中频段兼顾带宽和覆盖的优点，是 5G 最主要的频段，也是全球最可能先投入商用的频段。

C-band。"c 波段"是频率 3.7 ~ 4.2GHz 的一段频带。在此之前，该频段作为通信卫星下行传输信号的频段。

我国于 2016 年发布的《国家无线电管理规划（2016—2020 年）》中明确规定的目标是适时开展公众移动通信频率调整重耕，为 IMT-2020 也就是 5G 网络的商用部署 / 建设储备不低于 500MHz 的频谱资源。为此，我国 5G 的第一个工作频段（3300 ~ 3600MHz 频段），带宽为 300MHz；第二个工作频段（4800 ~ 5000MHz 频段），带宽为 200MHz。

7.2.2 5G 关键技术

5G 技术创新主要来源于无线技术和网络技术两个方面。在无线技术领域，大规模天线阵列、超密集组网、新型多址、全频谱接入等技术已成为业界关注的焦点；在网络技术领域，基于软件定义网络（SDN）和网络功能虚拟化（NFV）的新型网络架构已取得广泛共识。此外，基于滤波的正交频分复用（F-OFDM）、滤波器组多载波（FBMC）、全双工、灵活双工、终端直通（D2D）、多元低密度奇偶检验码、网络编码、极化码等也被认为是 5G 重要的潜在无线关键技术。下面我们先介绍一下 5G 关键技术，如图 7-3 所示。

1. 高频段传输

移动通信传统工作频段主要集中在 3GHz 以下，这使得频谱资源十分拥挤，而在高频段（如毫米波、厘米波频段）可用频谱资源丰富，能够有效缓解频谱资源紧张的现状，可以实现极高速短距离通信，支持 5G 容量和传输速率等方面的需求。

高频段在移动通信中的应用是未来的发展趋势，业界对此高度关注。足够量的可用带宽、小型化的天线和设备、较高的天线增益是高频段毫米波移动通信的主要优点，但也存在传输距离短、穿透和绕射能力差、容易受气候环境影响等缺点。射频器件、系统设计等方面的问题也有待进一步研究和解决。

监测中心目前正在积极开展高频段需求研究以及潜在候选频段的遴选工作。高频段资源虽然目前较为丰富，但是仍需要进行科学规划，统筹兼顾，从而使宝贵的频谱资源得到最优配置。

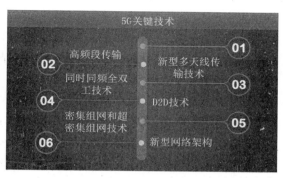

图 7-3　5G 关键技术

2. 新型多天线传输技术

多天线技术经历了从无源到有源，从二维（2D）到三维（3D），从高阶 MIMO 到大规模阵列的发展，将有望实现频谱效率提升数十倍甚至更高，是目前 5G 技术重要的研究方向之一。

由于引入了有源天线阵列，基站侧可支持的协作天线数量将达到 128 根。此外，原来的 2D 天线阵列拓展成为 3D 天线阵列，形成新颖的 3D-MIMO 技术，支持多用户波束智能赋形，减少用户间干扰，结合高频段毫米波技术，这将进一步改善无线信号覆盖性能。

新型多天线示意如图 7-4 所示。

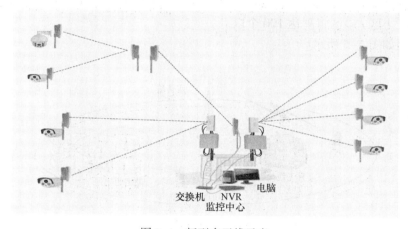

图 7-4　新型多天线示意

目前，研究人员正在针对大规模天线信道测量与建模、阵列设计与校准、导频信道、码本及反馈机制等问题进行研究，未来将支持更多的用户空分多址（SDMA），显著降低发射功率，实现绿色节能，提升覆盖能力。

3. 同时同频全双工技术

最近几年，同时同频全双工技术吸引了业界的注意力。利用该技术，在相同的频谱上，通信的收发双方同时发射和接收信号，与传统的 TDD 和 FDD 双工方式相比，从理论上可使空口频谱效率提高 1 倍。

全双工技术能够突破 FDD 和 TDD 方式的频谱资源使用限制，使得频谱资源的使用更加灵活。然而，全双工技术需要具备极高的干扰消除能力，这对干扰消除技术提出了极大的挑战，同时还存在相邻小区同频干扰问题。在多天线及组网场景下，全双工技术的应用难度更大。

4. D2D 技术

传统的蜂窝通信系统的组网方式是以基站为中心实现小区覆盖，而基站及中继站无法移动，其网络结构在灵活度上有一定的限制。随着无线多媒体业务不断增多，传统的以基站为中心的业务提供方式已无法满足海量用户在不同环境下的业务需求。

D2D 技术无须借助基站的帮助就能够实现通信终端之间的直接通信，拓展网络连接和接入方式。由于短距离直接通信，信道质量高，D2D 能够实现较高的数据速率、较低的时延和较低的功耗；通过广泛分布的终端，能够改善覆盖，实现频谱资源的高效利用；支持更灵活的网络架构和连接方法，提升链路的灵活性和网络的可靠性。目前，D2D 采用广播、组播和单播技术方案，未来将发展其增强技术，包括基于 D2D 的中继技术、多天线技术、联合编码技术等。

5. 密集网络

在未来的 5G 通信中，无线通信网络正朝着网络多元化、宽带化、综合化、智能化的方向演进。随着各种智能终端的普及，数据流量将出现井喷式增长。未来数据业务将主要分布在室内和热点地区，这使得超密集网络成为实现未来 5G 的 1000 倍流量需求的主要手段之一。超密集网络能够改善网络覆盖，大幅度提升系统容量，并且对业务进行分流，具有更灵活的网络部署和更高效的频率复用。未来，面向高频段大带宽将采用更加密集的网络方案，部署小区 / 扇区将高达 100 个以上。

密集组网如图 7-5 所示。

图 7-5　密集组网

与此同时，越发密集的网络部署也使得网络拓扑更加复杂，小区间干扰已经成为制约系统容量增长的主要因素，极大地降低了网络能效。干扰消除、小区快速发现、密集小区间协作、基于终端能力提升的移动性增强方案等，都是目前密集网络方面的研究热点。

6. 新型网络架构

4G 过渡到 5G 时代，3GPP 将向分离式的核心网构架演进之路出发。我们把它叫"全分离式"的网络构架。在"全分离式"构架下，SGW 和 PGW 被分离为控制面和用户面两个部分，5G 网络架构如图 7-6 所示。

SGW 分离为 SGW-C 和 SGW-U，PGW 分离为 PGW-C 和 PGW-U。同样，SGSN 也被分离为控制面（SGSN-C）和用户面（SGSN-U）。

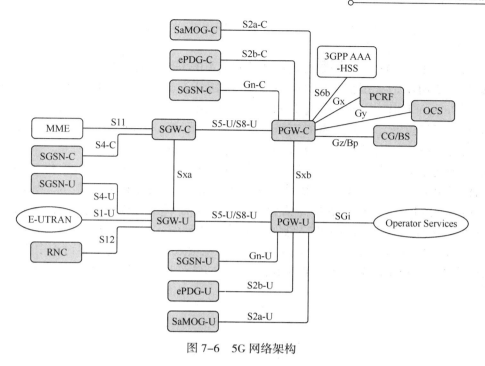

图 7-6　5G 网络架构

想一想

在以前的课程中我们学过了 4G 的网络拓扑结构，请结合图 7-7，对比 4G 与 5G 网络结构的不同，为什么要做这些改变？

为什么需要这种"全分离式"的网络构架？目的是让网络用户面功能摆脱"中心化"的囚禁，使其既可灵活部署于核心网，也可部署于接入网（或接近接入网），这就是所谓的核心网用户面下沉，同时其也保留了控制面功能的中心化。我们也戏称这叫"杯子式"的网络构架。杯子，即 CUPS，Control and User Plane Separation of EPC nodes。为什么核心网用户面要下沉呢？这要从 5G 的容量和时延目标上去理解。5G 时代，高清视频、VR/AR 等应用必然给网络带来超大的数据流量，这不但给回传带来沉重负担，而且对核心网集中处理能力也是挑战，只能核心网用户面下沉，从集中式向分布式演进。另外，将内容缓存于接入网，更接近用户，还降低了时延。

对于毫秒级的 5G 时延，下沉与分布式是一个必然的选择。光纤传播速度为 200km/ms，数据要在相距几百千米以外的终端和核心网之间来回传送，显然是无法满足 5G 毫秒级时延的。物理距离受限，这是硬伤。

7. LDPC 与 Polar Code 码

3GPP RAN1 在 2016 年 10 月里斯本会议和 11 月里诺会议中已形成如下决议：

① eMBB 场景的上行和下行数据信道均采用 flexible LDPC 编码方案；

② eMBB 场景的上行控制信道采用 Polar 编码方案；

③ eMBB 场景的下行控制信道倾向于采用 Polar 编码方案而不是 TBCC（咬尾卷积码）方案，但仍需在以后会议中确认；

④ uRLLC 和 mMTC 场景的数据信道和控制信道的编码方案需要进一步研究。

如图 7-7 所示，法国提出的 Turbo 2.0、美国高通提出的 LDPC 即低密度奇偶校验码（Low Density Parity Check Code）、中国华为提出的 Polar 编码方案各有千秋，在编码效率上均可以接近或"达到"香农容量，并且有着低编码和译码复杂度，对芯片的性能要求和功耗不高。但由于 LDPC 和 Polar 编码更适应 5G 的高速率、低时延、大容量数据传输及多种场景的要求，事实上 Turbo 编码方案已经退出了竞争。uRLLC 和 mMTC 场景的数据信道和控制信道的编码方案是 LDPC 和 Polar 编码方案的双雄竞争，从技术角度而言，LDPC 和 Polar 编码方案难分伯仲。究竟在哪种场景、哪种信道选择哪种编码方案，市场、专利、产业链成熟度等恐怕是更重要的砝码。结果在美国当地时间 2016 年 11 月 17 日凌晨 0 点 45 分结束的 3GPP RAN1 87 次会议的 5G 短码方案讨论中揭开分晓，Polar 编码拿下了控制信道短码，而在数据信道的上行和下行短码以及全长码方案则花落 LDPC 方案。

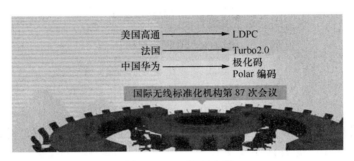

图 7-7　5G 编码方案

📖 **想一想**

华为在 3GPP 中提出的非常具有竞争力的 Polar 编码，虽然没有在大范围采用，但这是首次在通信界的核心技术大会中提出的中国解决方案，请查找相关新闻，了解 Polar 编码的优缺点。

以上是 5G 在无线技术上的改变。除此之外，5G 在网络侧也进行了较大的改变，基于软件定义网络（SDN）和网络功能虚拟化（NFV）等的新型网络架构已取得广泛共识，如图 7-8 所示。下面简单介绍一下这些技术。

1. 软件定义网络（SDN）

传统网络的运作模式是静态的，网络中的设备是决定性的因素，控制单位和转发单位紧密耦合。网络设备的连接产生了不同的拓扑结构，不同厂商的交换机模型也各不相同，导致目前的网络非常复杂。网络设备所依赖的协议由于历史原因，存在多样化、不统一、静态控制和缺少共性的问题，这进一步加大了网络的复杂性。在网络中增删一台中心设备是非常复杂的，往往需要多台交换机、路由器、Web 认证门户等。这些因素都导致传统的通信网络适合于一种静态的、不需要管理者太多干预的状态。大数据应用依赖于两点，即海量数据处理和预先定义好的计算模式，分布式的数据中心和集中式的控制中心，必然导致大量的数据批量传输及相关的聚合划分操作，这对网络的性能提出了非常高的要求。为了更好地利用网络资源，大数据应用需要按需调动网络资源。

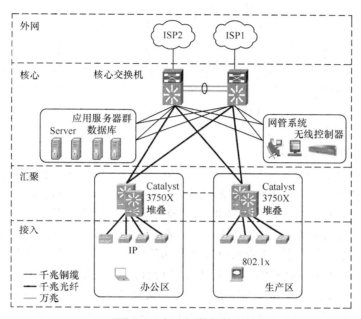

图 7-8　新型网络架构图

总结以上问题，实际上是网络缺乏统一的"大脑"。一直以来，网络的工作方式是网络节点之间通过各种交互机制，独立地学习整个网络拓扑，自行决定与其他节点的交互方式；当流量过来时，根据节点间交互做出决策，独立地转发相应报文；当网络中节点发生变化时，其他节点感知变化重新计算路径。网络设备的这种分散决策的特点，在此前很长一段时间内满足了互联互通的需要，但由于这种分散决策机制缺少全局掌控，在需要流量精细化控制管理的今天，出现了越来越多的问题。在此背景之下，SDN 应运而生。

软件定义网络（Software Defined Network，SDN）是 Emulex 网络一种新型网络创新架构，是网络虚拟化的一种实现方式，其核心技术 OpenFlow 通过分离开网络设备控制面与数据面，从而实现网络流量的灵活控制，使网络作为管道变得更加智能。

SDN 实现了控制层面和转发（数据）层面的解耦分离，使网络更开放，可以灵活支撑上层业务 / 应用。对运营商而言，SDN 实现了动态控制方面的诸多创新，包括分组数据连接、可变 QoS、下行链路缓冲、在线计费、数据包转换和选择性链接等。图 7-9 为软件定义网络架构示意。

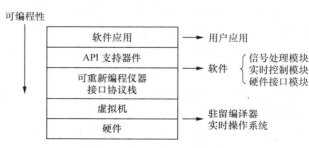

图 7-9　软件定义网络架构

目前已经有越来越多的 5G 架构开始基于 SDN 理念构建。例如，移动通信网 NGMN 设想的架构，借助硬件和软件分离，以及 SDN 和 NFV 提供的可编程能力，全面覆盖 5G 的各个方面，包括设备、移动 / 固网基础设施、网络功能等，从而实现 5G 系统的自动化编排。

SDN 带来的敏捷特性，可以更好地满足 5G 时代不同应用的不同需求，让每个应用都有特定的带宽、延迟等。同时，IT 人员还能借助 SDN 的可编程性，将网络资源变成独立的、端到端的"切片"，包括无线、回程、核心和管理域。有了 SDN 架构的支撑，运营商真正实现了将网络作为一种服务，并在连续提供服务的同时有效地管理网络资源。SDN 还将为运营商提供最佳的数据传输路径，进一步优化运营商的网络。综合来看，基于 SDN 构建的 5G 架构，将会进一步降低运营商的 capex 和 opex，让运营商有更多的资金去实现服务的创新，将网络真正转化为价值收益。

2. 网络功能虚拟化（NFV）

网络功能虚拟化（Network Function Virtualization，NFV）的初衷是通过使用 x86 等通用性硬件以及虚拟化技术，以承载很多功能的软件处理。典型应用是一些 CPU 密集型功能，并且对网络吞吐量要求不高的情形。主要评估的功能虚拟化有 WAN 加速器、信令会话控制器、消息路由器、IDS、DPI、防火墙、CG–NAT、SGSN/GGSN、PE、BNG、RAN 等。SDN 的核心理念是将网络功能和业务处理抽象化，并且通过外置控制器来控制这些抽象化的对象。SDN 将网络业务的控制和转发进行分离，分为控制平面和转发平面，并且控制平面和转发平面之间提供一个标准接口。需要指出的是控制平面和转发平面的分离，类似于现代路由器的架构设计方法，但是 SDN 的设计理念和路由器的控制转发分离完全不同。

从上面可以看出，NFV 可以采用 SDN 进行实现（如采用控制转发分离的方法来搭建服务器网络），但是 NFV 也可以采用普通数据中心技术来实现。

NFV 的目标是通过基于行业标准的服务器、存储和网络设备，来取代私有专用的网元设备。由此带来的好处是主要有两个：一是标准设备成本低廉，能够节省巨大的投资成本；二是开放 API 接口，获得更灵活的网络能力。NFV 是以下三大技术的集合：一是服务器虚拟化托管网络服务虚拟设备，尽可能高效地实现网络服务的高性能；二是 SDN 对网络流量转发进行编程控制，以所需的可用性和可扩展性等属性无缝交付网络服务；三是云管理技术可配置网络服务虚拟设备，并通过操控 SDN 来编排与这些设备的连接，从而通过操控服务本身实现网络服务的功能。

3. 云技术（CloudRAN）

对 5G 网络而言，不仅是引入新的无线技术，它会涉及整体网络架构的调整。对于 5G 时代而言，一个非常重要的要素是整个移动网络需要服务于不同行业的诉求。对于不同行业，它对移动网络的 QoS 保障诉求是不一样的，因此从网络架构来讲，整个移动网络必须保持一定的灵活性，来满足不同业务的诉求。只有在这样的网络架构基础上，运营商才有可能为不同的行业提供不同的服务。CloudRAN 是移动通信历史上，第一次把云技术引入无线接入网，这是一种全新的网络架构，基于这种全新的网络架构使得移动网络有可能为不同的行业、不同的应用提供不同的 QoS 保障。

如图 7-10 所示，在网络技术方面，5G 将采用"三朵云"的新型网络架构，整个网络将会更加灵活、智能、高效和开放。5G 网络将以 SDN 和 NFV 作为基础使能技术，网络架构可分成接入云、控制云和转发云 3 个域。接入云支持多制式无线接入，融合集中式、分布式及 Mesh 无线接入网架构，适应各种类型的回传链路，实现更灵活的组网部署和更高效的无线资源管理。5G 网络控制功能和数据转发功能将解耦，从而形成集中统一的控制云和灵活高效的转发云。控制云实现局部和全局会话控制、移动性管理和服务质量保证，并构建面向业务的网络能力开放接口，从而满足业务的差异化需求，并提升业务的部署效率。转发云基于通用的硬件平台，在控制云的高效控制下，实现海量业务数据的高可靠、低时延、均负载的高效传输。

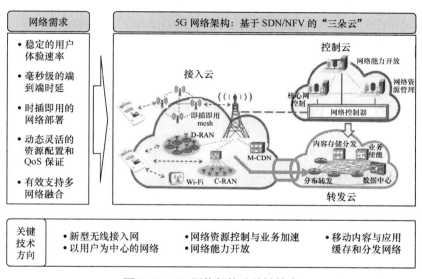

图 7-10　5G 网络架构及关键技术

7.3　任务三：5G 的应用场景

【任务描述】

第五代移动通信标准，也称第五代移动通信技术（外语缩写为 5G），又称 IMT-2020。它是 4G 之后的延伸，平均网速可达 10Gbit/s。

由于物联网尤其是互联网汽车等产业的快速发展，其对网络速度有着更高的要求，这无疑成为推动 5G 网络发展的重要因素。因此，全球各地均在大力推动 5G 网络，以迎接下一波科技浪潮。

7.3.1　5G 组网应用

5G 的应用场景与能力需求如下：

① 增强型移动宽带（EMBB）：体验速率，峰值速率，频谱效率，流量密度；

② 大容量物联网（Massive MTC）：连接数目，低成本，设备功耗；

③ 低时延高可靠通信（Critical MTC）：时延，可靠性。

5G 的典型应用分为以下 3 个方面。

1. 增强型移动互联网（Enhance Mobile Broadband，eMBB）

增强型移动宽带、3D/ 超高清视频等大流量移动宽带业务是指在现有移动宽带业务场景的基础上，对于用户体验等性能的进一步提升。

对于用户体验等性能的进一步提升，主要还是追求人与人之间极致的通信体验。信道编解码是无线通信领域的核心技术之一，其性能的改进将直接提高网络覆盖及用户传输速率。5G 移动电话行动通信标准，它将在传输速度、覆盖广度等方面远远优于 4G 技术。为了研发 5G 技术，中国专门成立了 IMT-2020（5G）推进组，其技术研发试验于 2016 年 1 月全面启动。增强型移动互联网的应用如图 7-11 所示。

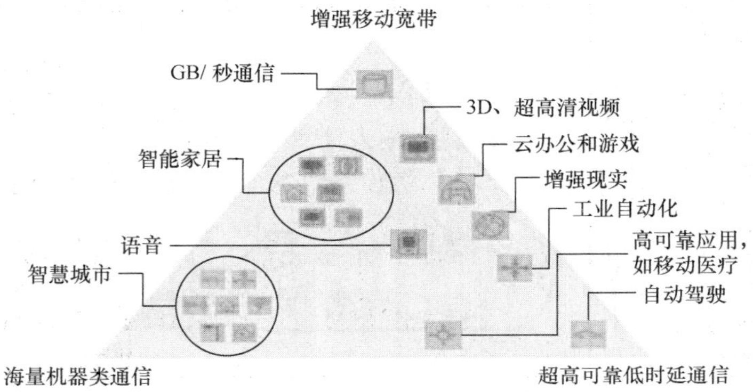

图 7-11　增强型移动互联网的应用

2. 超高可靠性与超低时延通信（ultra Reliable & LowLatency Communication，uRLLC）

"超低延迟 / 时延"对于自动驾驶、工业控制以及其他高度延迟敏感型业务的广泛应用非常关键。E2E（端到端）的 5G 移动通信时延须在上述应用场景中降低至 1ms 以下。在大多数情况下，时延在 1 ~ 10ms，而在目前已广泛部署的 4G 网络中，端到端时延在 50 ~ 100ms，比 5G 要大约高一个数量级。

uRLLC 将是 5G 移动通信网络的三大应用场景之一，其中都是延迟 / 时延高度敏感类型的业务应用，包括自动或辅助驾驶、AR（增强现实）、VR（虚拟现实）、触觉互联网、工业控制。如果网络时延较高，uRLLC 类业务的正常运行就会受到影响，并会出现（工业）控制方面的误差。图 7-12 所示为在 5G 移动通信时代对时延的需求在 10ms 以下的业务类型。

"端到端时延"是 5G 移动通信网络路径中所有部分 / 段的累积时延。因此，如果要使 5G uRLLC 类型业务的端到端时延降低到 1ms 以下（含），就不能只是降低 5G 网络中某一部分的延迟，一条 5G 端到端传输路径的所有部分均必须被纳入到延时控制的对象范畴之内。在延迟敏感型数据传输的每个阶段，可采取多项措施来达到最终获得极低延迟 / 时延的目标，包括如下几点：

① 提高空口传输效率；

② 完善 5G 移动通信网络体系结构；

③ 减小中间传输节点数量；

④ 优化网络传输协议；

⑤ 提高流编码 / 解码效率。

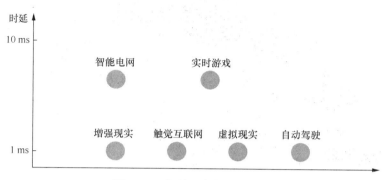

图 7-12 各种业务的时延要求

为了最终达到 5G uRLLC 的端到端极低时延目标，须对身份认证、数据传输保护、于网络节点处的数据加密与解密、面向移动终端设备的安全上下文变更这四大安全因素进行优化。图 7-13 是各个部分时延构成。

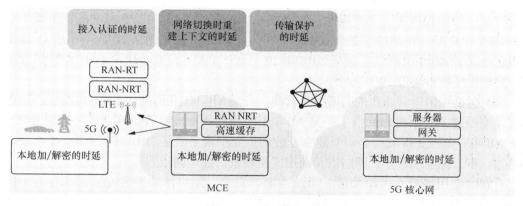

图 7-13 时延构成图

3. 海量物联网通信（massive Machine Type Communication，mMTC）

以海量机器类通信场景为例，5G 网络将提供对海量用户的支持并保障数以亿计的设备安全接入网络，实现"万物互联"。在众多标准技术中，NB-IoT（窄带物联网）是最热门、最被看好的一项技术，该技术只要占用 180kHz 的带宽的条件下，提供海量的连接数、成本低终端、低功耗、超强的覆盖能力。图 7-14 是一些物联网的使用领域。

NB-IoT 具备四大特点：一是广覆盖，将提供改进的室内覆盖，在同样的频段下，NB-IoT 比现有的网络增益 20dB，相当于提升了 100 倍覆盖区域的能力；二是具备支撑海量连接的能力，NB-IoT 一个扇区能够支持 10 万个连接，支持低延时敏感度、超低的设备成本、低设备功耗和优化的网络架构；三是更低功耗，NB-IoT 终端模块的待机时间可长达 10 年；

四是更低的模块成本，企业预期的单个接连模块不超过 5 美元。

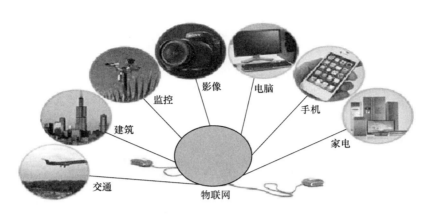

图 7-14　物联网的应用

　　NB-IoT 聚焦于低功耗、广覆盖的物联网市场，是一种可在全球范围内广泛应用的新兴技术。其具有覆盖广、连接多、速率低、成本低、功耗低、架构优等特点。NB-IoT 使用 License 频段，可采取带内、保护带或独立载波 3 种部署方式，与现有网络共存。因为 NB-IoT 自身具备的低功耗、广覆盖、低成本、大容量等优势，使其可以广泛应用于多种垂直行业，如远程抄表、资产跟踪、智能停车、智慧农业等。3GPP 标准的首个版本已于 2016 年 6 月发布，并经过了 2 个版本的演讲，工业和信息化部从 2017 年 6 月 15 日正式通知启动部署 NB-IoT 网络，截至 2018 年 12 月底，3 大运营商已建设 100 万的 NB-IoT 基站，终端连接数量超过 3000 万个。

　　目前包括我国运营商在内的诸多运营商在开展 NB-IoT 和研究。就 NB-IoT 的发展现状，专家详细阐述了 3 个精彩观点：一是 NB-IoT 是蜂窝产业应对万物互联的一个重要机会；二是 NB-IoT 要想获得成功必须要建立开放的产业平台；三是 2016 年是 NB-IoT 产业非常关键的一年，标准、芯片、网络以及商用应用场景都在走向成熟。

　　不同的应用场景在网络功能、系统性能、安全、用户体验等方方面面都有着不同的需求。如果使用同一个网络提供服务，势必会导致这个网络十分复杂、笨重，并且无法达到应用所需的极限性能要求，同时也会导致网络运维变得相当复杂，网络运营成本也会提升。相反，如果按照不同业务场景的不同需求，为其部署专有的网络来提供服务，这个网络只包含这个类型的应用场景所需要的功能，那么服务的效率将大大提高，应用场景所需要的网络性能也能够得到保障，网络的运维变得简单，投资及运维成本均可降低。这个专有的网络即一个 5G 切片实例。图 7-15 就是一个网络切片的示意，一个 5G 网络切片是一组网络功能、运行这些网络功能的资源以及这些网络功能特定的配置所组成的集合，这些网络功能及其相应的配置形成一个完整的逻

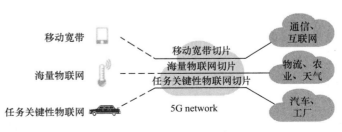

图 7-15　网络切片示意

辑网络，这个逻辑网络包含满足特定业务所需的网络特征，为此特定的业务场景提供相应的网络服务。

5G 网络切片技术通过在同一网络基础设施上虚拟独立逻辑网络的方式为不同的应用场景提供相互隔离的网络环境，使得不同应用场景可以按照各自的需求定制网络功能和特性。5G 网络切片要实现的目标是将终端设备、接入网资源、核心网资源以及网络运维和管理系统等进行有机组合，为不同商业场景或者业务类型提供能够独立运维的、相互隔离的完整网络。

网络架构的多元化是 5G 网络的重要组成部分，5G 网络切片技术是实现这一多元化架构的不可或缺的方法。随着虚拟化和网络能力开放等技术的不断发展，网络切片的价值和意义正在逐渐显现。网络切片技术将是未来运营商与 OTT 公司后向合作的重要手段，是运营商为了实现新的盈利模式不可或缺的关键技术。

7.3.2　5G 应用场景

1. B2C

B2C 是英文 Business to Customer（商家对顾客）的缩写，而其中文简称为"商对客"。B2C 中的 B 是 Business，意思是企业；2 是 to 的谐音；C 是 Customer，意思是消费者，所以 B2C 是企业对消费者的电子商务模式。这种形式的电子商务一般以网络零售业为主，主要借助于网络开展在线销售活动。B2C 即企业通过互联网为消费者提供一个新型的购物环境——网上商店，消费者通过网络在网上购物、网上支付。由于这种模式节省了客户和企业的时间和空间，大大提高了交易效率，特别对于工作忙碌的上班族，这种模式可以为其节省宝贵的时间。同时，B2C 的电子商务模式也越来越被平凡大众接受。

2. B2V

商家通过组织方建立的联盟体获得广泛资源和优质客户的利用，同时以促销目的将让利等增值服务提供给忠实会员。会员通过加盟入会享受联盟平台提供的涵盖食、住、行、娱、游、购等万家商户消费增值权益；采用线上预订和线下消费相结合的方式，享受折扣优惠和消费返利。这样既能极大地满足优质会员对增值服务的需求，也节省了品牌商家营销宣传推广的费用，使商家收入稳定增长。商家与会员通过联盟商务平台，产生相互吸引互动，积聚注意力资源而产生内循环经济，这将是 B2V 商务模式产生的理论基础。

3. V2X

V2X 是未来智能交通运输系统的关键技术。它使车与车、车与基站、基站与基站之间能够实现通信。从而获得实时路况、道路信息、行人信息等一系列交通信息，从而提高驾驶安全性、减少拥堵、提高交通效率、提供车载娱乐信息等，即车对外界的信息交换。车联网（图 7-16）通过整合全球定位系统（GPS）导航技术、车对车交流技术、无线通信及远程感应技术奠定了新的汽车技术发展方向，实现了手动驾驶和自动驾驶的兼容。简单来说，搭配了该系统的车型，在自动驾驶模式下，能够通过对实时交通信息的分析，自动选择路况最佳的行驶路线，从而大大缓解交通堵塞。除此之外，通过使用车载传感器和摄像系统，还可以感知周围环境，做出迅速调整，从而实现"零交通事故"。例如，如果行人突然出现，可以自动减速至安全速度或停车。

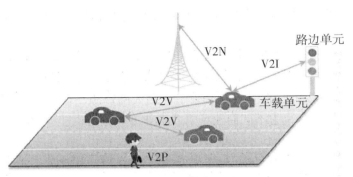

图 7-16　车联网示意

V2X 是车联网的关键技术,重在实现车与外界的信息交互。V2X(Vehicle to X)即"车对外界"的无线信息交换技术,是"车对车(V2V)"信息交换技术和"车对基础设施(V2I)"信息交换技术等的统称。搭载 V2X 模块的车辆能够实时感知周围环境,自动选择最佳的行驶路线、避免交通事故等。V2X 是车联网的关键技术,真正意义上的车联网由网络平台、车辆和行驶环境 3 个部分组成,三者缺一不可,并实现 3 个部分之间的"互联互通"。其中, 行驶环境包括道路信息、信号灯及其他交通基础设施、附近车辆、行人等与车辆行驶相关的外部环境。随着 GPS、北斗等卫星导航技术、4G 技术等车联网关键技术的成熟应用,车辆与网络平台、网络平台与行驶环境之间的信息"沟通"已经通畅,而 V2X 技术的成熟将重点解决车辆与行驶环境之间的信息交互问题。

4. B2H

广义上来说 B2H 是 B2C 的一种,但又有别于 B2C。B2C 是企业直接面对消费者,B2H 也是企业直接面对消费者,只不过前者是广义的消费者,囊括了所有的互联网上的买家,而后者的消费者是居于某一特定社区的以家庭为单位的消费者,同时这也决定了 B2H 的模式是被限制在社区内的,只有当 B2H 完全占领了全世界所有的社区,才能真正意义上为 B2C。B2H(Business to Home,企业对家庭)家庭消费 H 包含了 B2C 中最优质的消费者 C,但 H 的购物单元大于消费者 C,模式在满足 C 的个性化消费需求后,重点开发 H 的购物需求,也就是最优质 C 的组合消费——家庭消费。

运营新模式"B2H",通过建立线下市场开发团队和分销商管理与运营团队,成功地实现了平台拓展、壮大线下实体销售渠道;有效地解决了网络购物诚信担保问题,使消费者无后顾之忧;以网购 + 小区分销体验店"的模式,将网上商城、电话、电脑及社区 DM 单组合为一个信息沟通平台;以社区分销体验服务店为服务载体,以社区家庭为终端消费客户,形成最贴近社区居民的终端服务模式。

5. 5G 技术需求及挑战

5G 技术要求高速率、低时延、大连接。低功耗大连接场景主要面向智慧城市、环境监测、智能农业、森林防火等以传感和数据采集为目标的应用场景,具有小数据包、低功耗、海量连接等特点。这类终端分布范围广、数量众多,不仅要求网络具备超千亿连接的支持能力,满足 $1000000/km^2$ 连接数密度指标要求,而且还要保证终端的超低功耗和超低成本。低时延高可靠场景主要面向车联网、工业控制等垂直行业的特殊应用需求。这类应用对时延和可靠性具有极高的指标要求,需要为用户提供毫秒级的端到端时延和接近 100% 的业务可靠性保证。各种场景的挑战见表7-1。

表7-1　5G各种场景技术需求表

场景	关键挑战
连续广域覆盖	100Mbit/s用户体验速率
热点高容量	用户体验速率：1Gbit/s 峰值速率：10Gbit/s 流量密度：10Tbit/s/km²
低功耗大连接	连接数密度：100000/km² 超低功耗：超低成本
低时延高可靠	空口时延：1ms 端到端时延：ms级 可靠性：接近100%

在低功耗大连接场景中，海量的设备连接、超低的终端功耗与成本是该场景面临的主要挑战。新型多址技术通过多用户信息的叠加传输可成倍提升系统的设备连接能力，还可通过免调度传输有效降低信令开销和终端功耗；F-OFDM、FBMC等新型多载波技术在灵活使用碎片频谱、支持窄带和小数据包、降低功耗与成本方面具有显著优势；此外，终端直接通信（D2D）可避免基站与终端间的长距离传输，可实现功耗的有效降低。

图7-17为5G的挑战场景图。

图7-17　5G的挑战场景图

知识总结

1. 哪些机构参与了5G技术的标准化。

2. 5G有哪些协议版本。

3. 什么是eMMB，什么是URLLC，什么是MMTC，什么是NB-IoT。

4. 5G 在时延及容量上有什么需求。

5. 5G 在典型的应用有哪些。

6. 什么是网络切片,为什么要采用这种方式。

7. 中国的 5G 频谱是怎么分配的。

8. 5G 在无线侧有哪些关键技术。

9. 5G 在网络侧有哪些关键技术。

10. 5G 的网络架构。

思考与练习

一、选择题

1. 5G eMBB 场景上,信令信道采用了(　　　　)编码。

    A. polar　　　　　　　B. LDPC　　　　　　　C. Tturbo　　　　　　D. Walsh

2. 5G 又叫(　　　　)。

    A. IMT-2018　　　　B. IMT-2019　　　　C. IMT-2020　　　　D. IMT-2021

3. 以下属于 5G 典型应用的有(　　　　)。

    A. NB-IoT　　　　　B. eMBB　　　　　　C. uRLLC　　　　　D. mMTC

二、简答题

1. 5G 的关键技术有哪些?

2. 5G 有哪些技术需求及挑战?

3. 对比 4G 与 5G 网络结构的区别,为什么要做这些改变?

实践活动:调研5G的发展现状及应用

一、实践目的

1. 熟悉我国 5G 的产业化、标准化情况。

2. 熟练掌握 5G 的三大应用方向:eMMB、MMTC 及 URLLC。

3. 调研 5G 的可能典型应用。

4. 了解 5G 的标准化进展。

二、实践要求

各学员通过调研、搜集网络数据等方式完成。

三、实践内容

1. 调研 5G 的热点新闻和资讯,了解 5G 的特点和发展现状。

2. 调研 5G 的关键性能指标,5G 的关键应用场景,有哪些似乎已经开始应用?

3. 分组讨论:有这样一个观点,通信的快速发展已经把社会带入了未来,可以在其他行业,尤其是一些基础研究方面我们依然在使用百年前的技术,5G 移动通信的到来,是社会的真实需求还是过快发展,通信的快速发展真的超越了社会其他行业了吗?学员从正反两个角度进行讨论,提出 5G 应用的利与弊。

项目 8　常见典型工程案例解析

项目引入

　　经过两周的基站开局训练后，Willa 能熟练完成 TDD-LTE 整个基站的开局过程，包括设备安装、LMT 配置和网管数据配置。

　　在基站开局配置后，Willa 遇到了不少问题，业务验证总是不正常，经过 Wendy 指导和自己认真的查找，总算解决了所有故障，顺利通过了业务验证。

　　师父 Wendy 告诉 Willa，故障的查找和定位需要理清思路和不断总结。接下来我们看看，在基站开局和运行过程中，会遇到哪些常见的问题……

学习目标

　　1. 识记：常见的故障告警。
　　2. 领会：常见故障的识别与处理方法。
　　3. 应用：常见网络故障的判别与处理能力。

8.1　任务一：BBU 相关故障剖析

【任务描述】

　　Willa：在基站开局的过程中，我一遇到故障总是手忙脚乱，没有头绪，不知道如何排查故障。

　　Wendy：排查故障需要有清晰的思路，掌握基本的排查思路和方法，并且需要积累经验和不断总结。首先我们来看下，关于 BBU 相关故障的处理思路和方法吧。

8.1.1　BBU 相关故障处理思路

　　常见 BBU 相关故障包括硬件单板常见故障、传输类常见故障、GPS 类常见故障等。

1. 硬件单板常见故障

（1）CC 单板运行异常

故障现象：CC 单板运行异常。

排查思路：检查 PM 单板运行是否异常，是否正常供电；查看 CC 单板是否正常上电，观察 RUN 灯是否 1Hz 闪烁；供电正常情况下，由测试 PC 机对 CC 单板进行 PING 包业务测试；PC 机无法 PING 通 CC 单板，考虑为 CC 板硬件或版本故障；重启及更换 CC 板后，进行整表数据配置。

（2）BPL 单板无法正常上电

故障现象：BPL 单板无法正常上电。

排查思路：检查单板状态，查看 PM 单板运行是否正常；检查单板配置情况，是否在配置界面对应槽位上配置 BPL 单板；重新插拔 BPL 单板，进行上电操作；更换 BPL 单板。

2. 传输类常见故障

传输物理接口可以是光口和电口。由于目前在后台无法查看当前使用的光口 / 电口是否正常，故需要通过相关方式查看目前传输物理接口使用的是光口还是电口，以及判断它们的状态是否正常。

传输物理接口查看方法：在 CC 中输入命令“BspPhystate Show X”（X 为网口编号，0 表示 ETH0；1 表示 ETH1/DEBUG）查看当前网口的工作模式。

当传输接口为电口时，图 8-1 显示电口工作正常且工作模式为 100Mbit/s 全双工。

当传输接口为光口时，图 8-2 显示光口工作正常且工作模式为 1000Mbit/s 全双工。

当传输接口异常时，如图 8-3 所示，ETH0 口异常、ETH1 口正常。

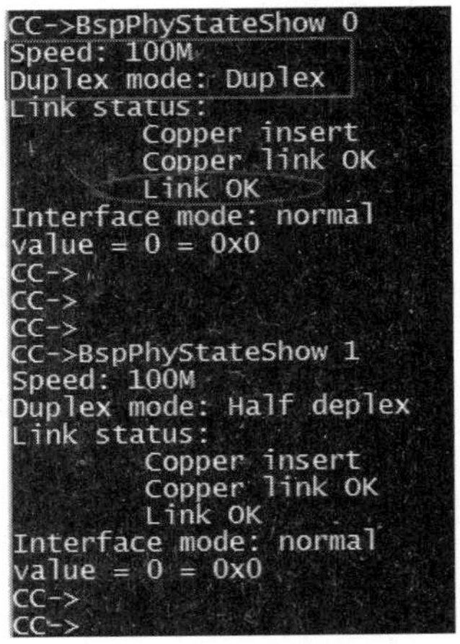

```
CC->BspPhyStateShow 0
Speed: 100M
Duplex mode: Duplex
Link status:
        Copper insert
        Copper link OK
        Link OK
Interface mode: normal
value = 0 = 0x0
CC->
CC->
CC->
CC->BspPhyStateShow 1
Speed: 100M
Duplex mode: Half deplex
Link status:
        Copper insert
        Copper link OK
        Link OK
Interface mode: normal
value = 0 = 0x0
CC->
CC->
```

图 8-1　查看电口的工作模式

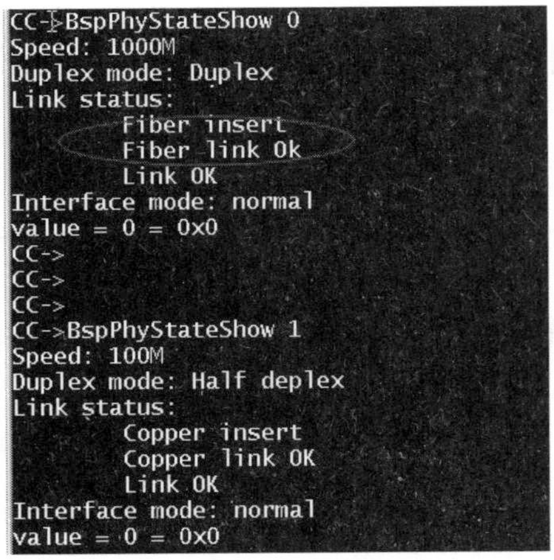

```
CC->BspPhyStateShow 0
Speed: 1000M
Duplex mode: Duplex
Link status:
        Fiber insert
        Fiber link Ok
        Link OK
Interface mode: normal
value = 0 = 0x0
CC->
CC->
CC->
CC->BspPhyStateShow 1
Speed: 100M
Duplex mode: Half deplex
Link status:
        Copper insert
        Copper link OK
        Link OK
Interface mode: normal
value = 0 = 0x0
```

图 8-2　查看光口的工作模式

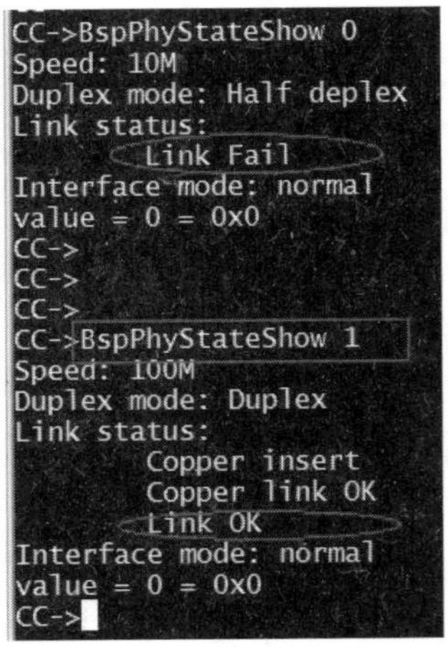

```
CC->BspPhyStateShow 0
Speed: 10M
Duplex mode: Half deplex
Link status:
        Link Fail
Interface mode: normal
value = 0 = 0x0
CC->
CC->
CC->
CC->BspPhyStateShow 1
Speed: 100M
Duplex mode: Duplex
Link status:
        Copper insert
        Copper link OK
        Link OK
Interface mode: normal
value = 0 = 0x0
CC->
```

图 8-3　传输接口异常时的查看结果

（1）偶联建立失败

故障现象：在告警管理中出现 SCTP 偶联的严重告警；使用查看偶联状态的调试命令"showtcb"，显示偶联状态为 closed 或 cookie_wait。

原因分析：一是物理链路故障。由于接入方法和底层链路不稳定，导致不能正常收发数据包。二是传输参数配置不正确。配置的 IP 参数、静态路由、SCTP 参数和对端不对应，导致偶联不能正常建立。三是 ARP 表中 Mac 地址不正确。

排查思路：首先，在保证物理链路连接正确的情况下，需要检查传输参数的配置，其中包括 FE 参数、全局端口参数、IP 参数和 SCTP 参数。其次，FE 参数和全局端口参数在不使用 VLAN 的情况下，按照默认配置即可。IP 参数为 eNode B 网口的 IP 地址，配置的 SCTP 参数本端端口、对端端口以及对端 IP 要和对端的配置保持对应。不同网段的配置，静态路由参数配置也要正确。最后，使用命令"PrintfArp"，查看是否获取到 Mac 地址，如图 8-4 所示。

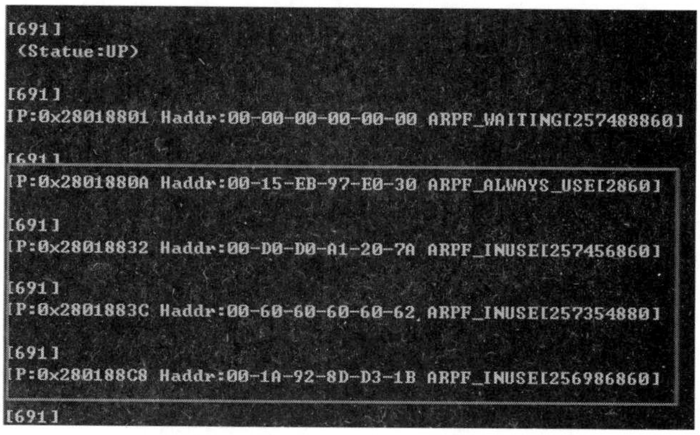

（2）S1 建立故障

故障现象：S1 断链告警。

排查思路：确定 SCTP 偶联是否正常建立，确保传输层通信正常及相关参数对接正确；检查 RRU 是否启动正常，小区是否正常建立；检查小区 TA 是否配置正确。

图 8-4　查看是否获取到 Mac 地址

（3）X2 建立故障

故障现象：X2 口一直打印 X2 口建立请求的消息。

原因分析：物理层故障，主要指链路不通导致故障；SCTP 参数设置错误；邻接网元未添加。

排查思路：检查一下物理连接是否正常，网卡的指示灯是否都正常，确保物理层连接正常；检查 SCTP 参数是否设置正确；邻接网元是否添加。

（4）IP 地址冲突故障

故障现象：后台网管上报"IP 地址冲突"告警。

排查思路：在核心网上连接多个 eNB 时，如果配置的 IP 地址没有按照规划好的 IP 地址进行配置，就可能出现配置的两个 eNB 的 IP 地址相同。eNB 在启动后，发送 ARP 请求，检查是否有和自己相同的 IP 地址，如果有，这时就会出现 IP 冲突的现象。按照参数对接表对基站的 IP 地址进行检查，纠正错误的 IP 地址配置。

3. GPS 类常见故障

首先来看一下 GPS 的外观，如图 8-5 所示。

GPS 类故障常见现象有：GPS 天线连接开路、GPS 天线连接短路、与 GPS 卫星接收模块通信链路中断、GPS 卫星丢失等。

针对常见故障的排查思路：针对 GPS 状态异常的故障，主要考虑 GPS 物理连接方面的问题。

① 与 GPS 模块通信链路中断：一般情况下不会出现，若出现则考虑换 CC 单板。

图 8-5　GPS 的外观

② GPS 天线连接开路、短路：物理连接方面的问题，排查方法主要采用电压和电阻测量法。

③ 针对 GPS 故障告警中"GPS 卫星丢失告警"：一般出现不用管。如果上述告警一直不消除，则考虑更换 CC 单板。若上述告警长时间反复出现，则说明 GPS 位置不好，或者线缆接触不良。

④ 针对 GPS 天线及线缆故障，排查方法主要采用电压和电阻测量法。

下面对电压测量法和电阻测量法进行简要介绍。

① 电压测量法。一般情况下在机顶 GPS 避雷器、干路放大器、功分器、GPS 接收机等位置的 GPS 天馈线各接线柱处，GPS 天线的芯线和屏蔽套间的电压保持在 4.6 ~ 5.4V。

我们可以通过分别测量各个地方的电压来定位故障。例如，在 Node B 机顶的 GPS 天馈接线柱上量得电压是 4.9V，加上功分器后，在功分器接 GPS 天馈的接线柱处量得电压是 4.2V，那么我们就可以定位功分器肯定存在问题。

② 电阻测量法。将万用表电阻的量程调到 20k 电阻档（由于 GPS 天线是有极性的，所以万用表的表笔的红（正）笔和黑（负）笔测试的方向不同，数值也就不同）。

将红（正）笔接 GPS 天线的 N 头的芯线，黑（负）笔接 GPS 天线的 N 头的屏蔽地，记下几个 GPS 天线的等效电阻值 R1。将黑（负）笔接 GPS 天线的 N 头的芯线，红（正）笔接 GPS 天线的 N 头的屏蔽地，记下几个 GPS 天线的等效电阻值 R2。

正常情况下，同一品牌的不同 GPS 天线的 R1 或 R2 的电阻值，应该都在很小的范围内变化，如果某个 GPS 天线和同一品牌的其他 GPS 天线的 R1 或 R2 的电阻值有明显不同，或者 R1 和 R2 的电阻值差异较大（应该在同一数量级），那说明该 GPS 天线肯定有问题，应更换该天线。

8.1.2　案例一：偶联建立失败

1. 故障现象

① 在网管动态管理中查看 SCTP 运行状态为故障，如图 8-6 所示。

② 在告警监视中出现 SCTP 偶联断，S1 断链，基站退出服务的严重告警，如图 8-7 所示。

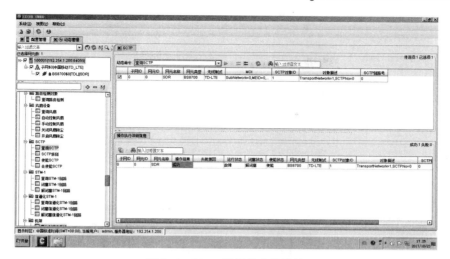

图 8-6　SCTP 运行状态为故障

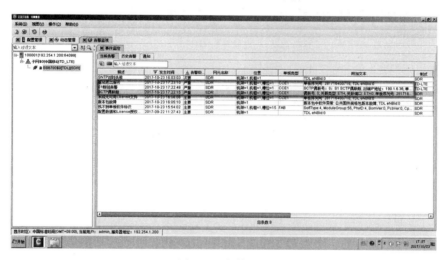

图 8-7　告警监视

③ 图 8-8 为 SCTP 偶联断详细信息，可以看到该偶联关联端口为 1 架 1 框 1 槽位的 CCE1 单板的 ETH0 接口。

2. 故障排查

① 检查物理层端口的状态，在动态管理中检查物理层端口的运行状态为正常，如图 8-9 所示。

② 检查 IP 参数配置没有问题。

③ 检查 SCTP 参数配置，发现 SCTP 中远端端口号配置错误，规划参数远端端口号应该为 60000，如图 8-10 所示。

④ 修改 SCTP 中远端端口号后，在网管动态管理中查看 SCTP 运行状态为正常，SCTP 偶联断，S1 断链，基站退出服务的严重告警消失，如图 8-11 所示。

图 8-8　SCTP 偶联断详细信息

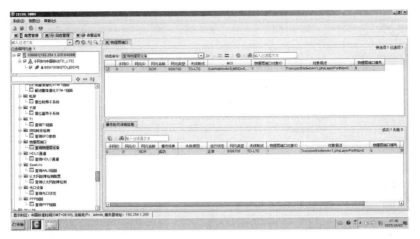

图 8-9　物理层端口状态

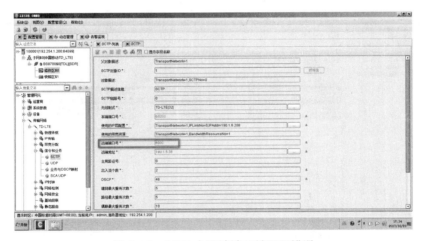

图 8-10　SCTP 中远端端口号配置错误

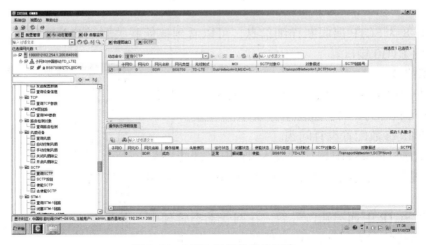

图 8-11　SCTP 运行状态为正常

图 8-12 为 SCTP 配置故障数据图标。

SCTP配置故障数据.
zip

图 8-12　SCTP 配置故障图标

8.1.3　案例二：S1 断链

1. 故障现象

告警管理中查看到基站上报"S1 断链告警（198094830）"告警码，如图 8-13 所示。

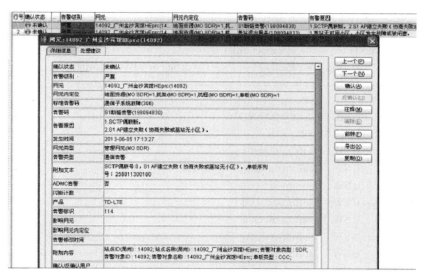

图 8-13　S1 断链告警

2. 故障排查

① 查看基站告警，是否存在传输类相关告警，如"网元断链告警""SCTP 偶联断链"告警等，若存在以上告警，先解决以上告警。

② 检查 eNode B——MME 或 SGW 路由 IP 地址是否配置正确；通过 telnet 命令登录 CC 板，使用 BRS 命令对 MME 及 SGW 地址进行 PING 包测试，详细登录方式如下。

通过服务器远程登录：bash-3.2$ telnet 10.30.143.201

前台通过网线直连登录地址：192.254.1.16

正在尝试 ...

连接到 10.30.143.201（192.254.1.16）

(none) login: zte（用户名）

Password: zte（密码）

Processing /etc/profile... Done

/ushell

-> Please input password!

->

*** （密码 zte）

-> Login success!!

ushell tool menu:

'ps'	or	'PS'	list process run on the board
'pr xxx'	or	'PR xxx'	take over xxx process printf info
'npr xxx'	or	'NPR xxx'	not take over xxx process printf info
'db xxx'	or	'DB xxx'	debug xxx process printf info
'ndb xxx'	or	'NDB xxx'	not debug xxx process printf info
'pad xxx'	or	'PAD xxx'	debug and take over xxx process printf info
'npad xxx'	or	'NPAD xxx'	not debug and take over xxx process printf info
'pall'	or	'PALL'	display current debug and take over info
'ncheck'	or	'NCHECK'	Do not check another ushell exist
'check'	or	'CHECK'	Do check another ushell exist
'Q'	or	'q'	cancel all process debug and printf info
'exit'	or	'EXIT'	cancel ushell

xxx   is process id you want to debug or take over printf info

----

$$ps（查看前台进程）

PID	USER	VSZ	STAT	COMMAND
1	root	1304	S	init
2	root	0	SW	[softirq-high/0]
3	root	0	SW	[softirq-timer/0]
4	root	0	SW	[softirq-net-tx/]
5	root	0	SW	[softirq-net-rx/]
6	root	0	SW	[softirq-block/0]
7	root	0	SW	[softirq-tasklet]
8	root	0	SW	[softirq-sched/0]
9	root	0	SW	[softirq-hrtimer]
10	root	0	SW	[softirq-rcu/0]
11	root	0	SW	[watchdog/0]
12	root	0	DW	[chkeventd/0]
13	root	0	SW<	[events/0]
14	root	0	SW<	[rt_events/0]
15	root	0	SW<	[khelper]
16	root	0	SW<	[kthread]
17	root	0	SW<	[rt_kthread]
37	root	0	SW<	[kblockd/0]
42	root	0	SW<	[khubd]
83	root	0	SW	[pdflush]
84	root	0	SW	[pdflush]
85	root	0	SW<	[kswapd0]
86	root	0	SW<	[aio/0]
621	root	0	SW	[mtdblockd]
678	root	1253m	S	/MGR.EXE
680	root	9156	S	/tftp

```
683 root          1308 S      telnetd
685 root          1312 S      inetd
686 root          1312 S      -/bin/./ash
697 root             0 SWN    [jffs2_gcd_mtd0]
1201 root   457m S   /Product_lte_tdd.so 88 91 V3.10.10P30R1 /AGT_LTE_TDD.EXE
1750 root          1316 S      -sh
1751 root          9216 R      /ushell
1753 root          1304 R      sh -c ps
1754 root          1308 R      ps
```

$$pad 678（登录到平台进程）
[678]
ushell enter print mod
ushell enter debug mod
$$brsping "200.1.10.200"（ping 核心网 MME 地址）
[678]
[begin to excel fun:brsping   ]
value = 0(0x0)
[end to excel fun:brsping   ]
Ping : find no route for dest, send by default gateway [0xac1e8fc1].
send ping seq: 1...
$$
[678]
PING===>reply from 200.1.10.200 packetsize=36 time=14ms.——正常 ping 通时返回的时长
[678]
send ping seq: 2...
[678]
PING===>reply from 200.1.10.200 packetsize=36 time=4ms.
[678]
send ping seq: 3...
[678]
PING===>reply from 200.1.10.200 packetsize=36 time=3ms.
[678]
send ping seq: 4...
[678]
PING===>reply from 200.1.10.200 packetsize=36 time=24ms.
[678]
Ping statistics for 200.1.10.200:
    Packets: Sent = 4, Received = 4, Lost = 0(0% loss),
Approximate round trip times in milli-seconds:
Minimum = 3ms, Maximum =   24ms, Average =   11ms
（ping 核心网 MME 控制面 200.1.10.200 地址结果，丢包率 0%，证明基站到 MME 链路正常。）
brsping "200.1.30.20"（ping 核心网 SGW 地址）
[678]
[begin to excel fun:brsping   ]
value = 0(0x0)
[end to excel fun:brsping   ]

send ping seq: 1...

$$

[678]

PING===>reply from 200.1.30.20 packetsize=36 time < 1ms.

[678]

send ping seq: 2...

[678]

PING===>reply from 200.1.30.20 packetsize=36 time < 1ms.

[678]

send ping seq: 3...

[678]

PING===>reply from 200.1.30.20 packetsize=36 time=1ms.

[678]

send ping seq: 4...

[678]

PING===>reply from 200.1.30.20 packetsize=36 time < 1ms.

[678]

Ping statistics for 200.1.30.20:

    Packets: Sent = 4, Received = 4, Lost = 0(0% loss),

Approximate round trip times in milli-seconds:

    Minimum = 0ms, Maximum = 1ms, Average = 0ms

（ping 核心网 SGW 用户面 200.1.30.20 地址结果，丢包率 0%，证明基站到 SGW 链路正常。）

通过以上步骤，排查基站到 EPC 的控制面 MME 和用户面 SGW 链路均正常。

③ pad 到平台进程，showtcb 查看偶联状态，继续在平台进程中输入"showtcb"命令，查看偶联状态是否正常。

$$showtcb

[678]

[begin to excel fun:showtcb   ]

=====Begin:Show Assoc TCB Info=====

TCB info 0: 偶联号 0

ULPID = 0, AssoID = 0, Checksum = 1, InstanceID = 0

LocalPort = 6051, SourIP = 100.64.20.108, VpnId = 31

PeerPort = 6051, DestIP = 200.1.10.200, VpnId = 31

Association State = established（此处显示偶联状态，established 标示偶联正常）

CulTsnAcked = 2597222824, NextTsnAssign = 2597222825, LastRecvTSN = 1479945961

OutStandingSize = 0, PendingChkNum = 261888, MtuSize = 1500

TxReChkNum = 0

TxStrmNum = 2, RxStrmNum = 2

PeerVerifTag = 1479945957, MyVerifTag = 2597222817

TCB info 11: 偶联号 11

ULPID = 11, AssoID = 11, Checksum = 0, InstanceID = 11

LocalPort = 36422, SourIP = 100.64.20.108, VpnId = 31

PeerPort = 36422, DestIP = 100.64.20.109, VpnId = 31

Association State = established（此处显示偶联状态，established 标示偶联正常）

CulTsnAcked = 1926134201, NextTsnAssign = 1926134202, LastRecvTSN = 866462450

OutStandingSize = 0, PendingChkNum = 261888, MtuSize = 1500
TxReChkNum = 0
TxStrmNum = 2, RxStrmNum = 2
PeerVerifTag = 866462422, MyVerifTag = 1926134177

TCB info 12: 偶连号 12
ULPID = 12, AssoID = 12, Checksum = 1, InstanceID = 12
LocalPort = 36422, SourIP = 100.64.20.108, VpnId = 31
PeerPort = 36422, DestIP = 100.64.43.43, VpnId = 31
Association State = established（此处显示偶联状态，established 标示偶联正常）
CulTsnAcked = 1926134201, NextTsnAssign = 1926134202, LastRecvTSN = 2040807940
OutStandingSize = 0, PendingChkNum = 261888, MtuSize = 1500
TxReChkNum = 0
TxStrmNum = 2, RxStrmNum = 2
PeerVerifTag = 2040807912, MyVerifTag = 1926134177

TCB info 13: 偶连号 13
ULPID = 13, AssoID = 13, Checksum = 1, InstanceID = 13
LocalPort = 36422, SourIP = 100.64.20.108, VpnId = 31
PeerPort = 36422, DestIP = 100.64.25.85, VpnId = 31
Association State = cookie_wait（此处显示偶联状态，cookie wait 标示偶联不正常）
CulTsnAcked = 0, NextTsnAssign = 2957087305, LastRecvTSN = 0
OutStandingSize = 0, PendingChkNum = 4294967168, MtuSize = 0
TxReChkNum = 0
TxStrmNum = 2, RxStrmNum = 2
PeerVerifTag = 0, MyVerifTag = 2957087305

TCB info 14: 偶连号 14
ULPID = 14, AssoID = 14, Checksum = 1, InstanceID = 14
LocalPort = 36422, SourIP = 100.64.20.108, VpnId = 31
PeerPort = 36422, DestIP = 100.64.43.39, VpnId = 31
Association State = cookie_wait（此处显示偶联状态，cookie wait 标示偶联不正常）
CulTsnAcked = 0, NextTsnAssign = 2529838369, LastRecvTSN = 0
OutStandingSize = 0, PendingChkNum = 4294967168, MtuSize = 0
TxReChkNum = 0
TxStrmNum = 2, RxStrmNum = 2
PeerVerifTag = 0, MyVerifTag = 2529838369
=====End:Show Assoc TCB Info=====
value = 34(0x22)
[　　end to excel fun:showtcb　　　　]

④ 排查传输中的偶联异常问题后，若 S1 断链故障还未解决，需要排查基站与 EPC 之间的 S1 对接参数，检查 TDD–LTE 的 EUTRAN TDD 小区中跟踪区码 TAC 是否按照 EPC 协商的值配置，如图 8–14 所示。如发现 TAC 参数与 EPC 侧配置不一致导致 S1 链路建立失败，需要按照规划修改此配置参数。

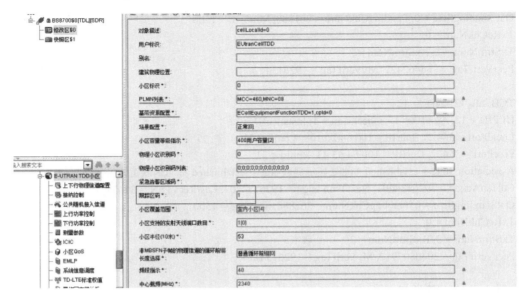

图 8-14　跟踪区码 TAC 配置

8.2　任务二：RRU 相关故障剖析

【任务描述】

Willa：在上一节任务中，我们对 BBU 相关常见故障的处理思路和方法进行了学习和总结。常见的 BBU 相关故障包括硬件单板常见故障、传输类常见故障、GPS 类常见故障等。在基站开局和运行过程中，我们也经常会遇到 RRU 出现故障的情况。

Wendy：常见的 RRU 相关故障包括 RRU 链路异常故障、RRU 无法进入工作状态、RRU 驻波比告警等。我们来看下，关于 RRU 相关类故障的处理思路和方法吧。

8.2.1　RRU 相关故障处理思路

常见的 RRU 相关故障包括 RRU 链路异常故障、RRU 无法进入工作状态、RRU 驻波比告警等。

首先我们来看一下 RRU 的调试方法，以 R8962 为例。R8962 本地操作维护口为以太网电口，连接 R8962 的办法：PC 网口直连，telnet 登录 RRU 的 IP 为 199.33.33.33，用户名密码均为 zte；也可以从 BBU 侧远程，RRU 支持 Telnet 从 CC 远程登录，IP 由 CC 分配给 RRU 的光网口 IP 决定。如 telnet 200.X.0.1，第二位为 BPL 单板所在槽位号，第三位为 RRU 连接的光口号，依次为 0、1、2。

1. RRU 链路异常故障

故障现象：RRU 启动后，在 BBU 上显示 RRU 链路一直处于异常状态。RRU 则反复重启。

排查思路：检查光模块是否安装正确；检查光纤是否损坏，可能的话，在 BBU 侧和 RRU 侧分别进行环回测量，或者在 BBU 侧和 RRU 侧交叉光纤测试以定位故障是出在 BBU 侧还是 RRU 侧；检查 RRU 的光口是否连接正确，RRU 的第三个光口不可用于建链；

输入 SVI，确认 RRU 版本是否正确；在 EOMS 上确认，RRU 所连接的 BBU 光口是否已经配置了 RRU；在 EOMS 上确认，RRU 的实际型号与配置的型号是否符合；BBU 和 RRU 均掉电复位后，继续观察。

2. RRU 无法进入工作状态

故障现象：RRU 与 BBU 已经建链，使用 STA 命令查看。RRUStat：Remote Cfg，5min 以上停留在此状态中。

排查思路：检查天线和光纤配置是否出错，若为 20M 带宽小区，8 根天线全配，则需要 2 对光纤；若为 10M 带宽小区，则光纤必须插在 BBU 光口 0 上；在上述配置无误的情况下，单根天线配置为分布式天线类型，多根天线配置为智能天线；以上均无问题，则尝试更换 RRU。

3. RRU 驻波比告警

故障现象：后台出现驻波比告警。

排查思路：检查外部射频线缆连接不良，线缆断开，或者线缆质量存在问题；重新连接故障通道的线缆或者更换该通道射频线缆；如果 8 个通道同时出现驻波告警，请重新连接校正通道的线缆或者更换校正通道射频线缆；如果以上步骤没有解决问题，内部线缆可能出现问题，需要更换 RRU 整机。

8.2.2　案例一：RRU 链路异常

1. 故障现象

网管 OMMB 的告警监视界面存在光 / 电上行链路中断、基站退服等故障，如图 8-15 所示。

图 8-15　告警界面

2. 故障排查

① 在动态查询进行光口的状态查询，发现 BPL1 单板的 0 号端口存在故障，如图 8-16 所示。

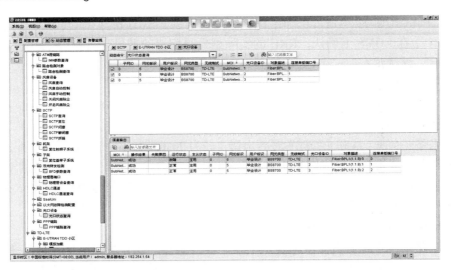

图 8-16　光口的状态查询

②检查光模块，安装正确。

③检查光纤，没有损坏。

④检查 RRU 设备，检查发现 RRU 的指示灯不亮，RRU 断电导致光 / 电上行链路中断，如图 8-17 所示。

⑤给 RRU 上电一段时间后，光 / 电上行链路告警消失了，单板通信链路断和基站退服告警也同时消失如图 8-18 所示。动态查询中，光口状态、小区状态和基站状态也都变为正常，如图 8-19、图 8-20 和图 8-21 所示。

图 8-17　未上电 RRU

图 8-18　告警消失

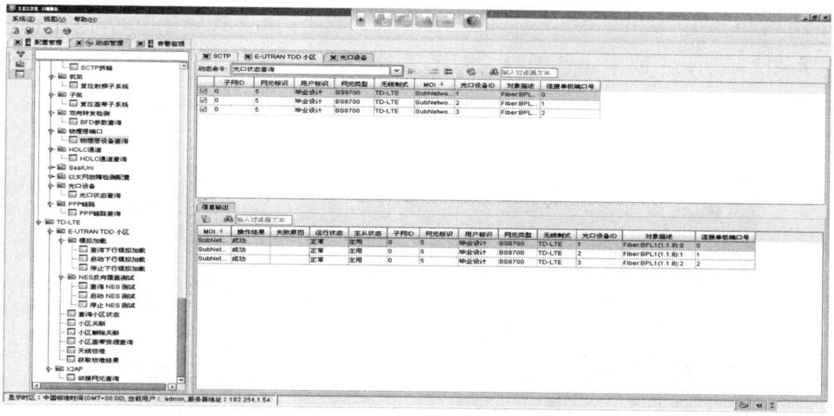

图 8-19　上电后的光口状态

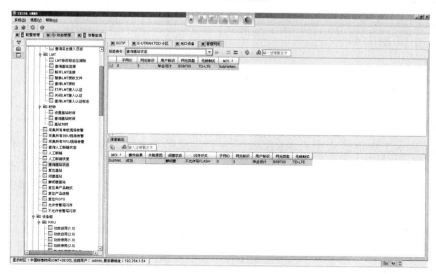

图 8-20　小区状态

图 8-21　基站状态

⑥ 此外还可以通过 telnet CC（192.254.1.16），然后 pad 到平台进程 878 里面查看小区状态，如图 8-22 所示，其中 wCellId：8 代表小区标识为 8 的小区（对应前面设置的小区标识），UCCellState：2（1 表示失败）表示小区 8 已经成功建立。

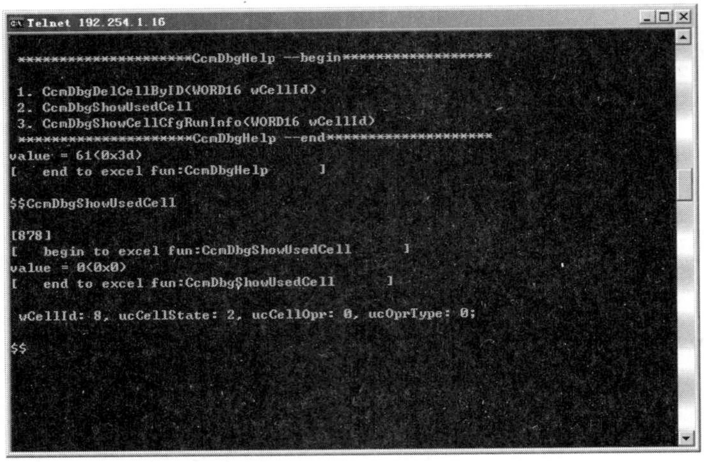

图 8-22　小区信息

8.2.3　案例二：RRU 驻波比告警

1. 故障现象

RRU 上报驻波比告警，且自动关闭功放，通道无输出，承载的业务中断。

2. 故障排查

① 检查网管当前驻波比配置，一级门限配置为 4.0。

② 检查 RRU 与天线直连的工程连接情况，RRU 已
经正确连接天线，天馈各接头已拧紧，如图 8-23 所示。

③ 排除天线故障，更换天线后，告警仍未消除。

④ 重启 RRU 后告警依旧，判断可能是 RRU 内部
硬件损坏，更换 RRU 后告警消失。

图 8-23　天馈各接头连接

8.3　任务三：操作维护相关故障剖析

【任务描述】

Willa：在 8.2 节中，我们对 RRU 相关常见故障的处理思路和方法进行了学习和总结。常见的 RRU 相关故障包括有 RRU 链路异常故障、RRU 无法进入工作状态、RRU 驻波比告警等。在 LMT 和网管 OMC 的安装与配置过程中，我们也经常会遇到与操作维护相关的故障。

Wendy：操作维护的常见故障包括 eNode B 与 OMC 断链、LMT 无法登录、远程LMT 登录出现 FTP 上传失败、网管软件无法启动等。我们来看下，关于操作维护相关类故障的处理思路和方法吧。

8.3.1 操作维护相关故障处理思路

操作维护的常见故障包括 eNode B 与 OMC 断链、LMT 无法登录、远程 LMT 登录出现 FTP 上传失败、网管软件无法启动等。

1. eNode B 与 OMC 断链

故障现象：网管界面上，前后台无法正常建链。

排查思路：检查物理线缆连接及硬件单板是否存在异常；检查全局端口中对应操作维护的 VLANID 是否配置正确；检查 IP 参数中配置的操作维护 IP 地址是否配置正确，并与全局端口中的操作维护 VLAN 对应正确；检查 OMC 参数中的基站内部 IP 与 OMC 的 IP 地址等是否配置正确；检查 OMC 配置管理中创建 eNode B 时后 IP 地址是否与 eNode B 的操作维护 IP 一致，如图 8-24 所示。

图 8-24 创建 eNode B 时 IP 地址

2. LMT 无法登录

故障现象：LMT 无法登录成功。

排查思路：确认网线是否存在故障；确认 ETH1 口工作正常；确认测试 PC 的 IP 地址配置正确，与基站在同一网段；确认 LMT 版本与基站版本一致；确认测试 PC 未开启其他 FTP 服务器程序；重启基站。

3. 远程 LMT 登录出现 FTP 上传失败

故障现象：远程 LMT 登录基站，出现 FTP 上传失败故障。

排查思路：远程 PC 的 21 号端口被占用，在这种情况下，打开 PC 的任务管理器查看是否已经启动过 ftp 服务器进程，类似"ftpserver"名称，如果出现此现象，关闭这个进程，然后重新打开 EOMS，如果任务管理器中没有找到其他的 ftp 服务器进程，也可以重启 PC。BBU 出现故障，尝试复位基站。

4. 网管软件无法启动

故障现象：网管软件无法正常启动。

排查思路：数据库连接失败，查看系统服务中，是否已经启动 Oracle 相关服务（OracleDBConsole***，OracleOraDb10g_home1TNSlistener，OracleService*** 等（*** 为数据库实例名）），确保相关服务改为自动启动；利用 Sqlplus 命令连接数据库查看，如能够进入数据库中表明连接正常；如果不能进入需要查看监听程序以及服务程序配置是否成功；使用 lsnrctl stat 命令检查监听状态；杀毒软件或防火墙导致启动故障。

8.3.2 案例一：eNode B 与 OMC 断链

1. 故障现象

网管界面上，前后台无法正常建链，如图 8-25 所示。

图 8-25 前后台断链

2. 故障排查

① 检查物理线缆连接及硬件单板，没有发现异常。

② 检查全局端口中对应操作维护的 VLANID，配置正确。

③ 检查 IP 参数配置中的 IP 配置等，发现网关 IP 配置错误。修改该参数后，故障仍然存在，如图 8-26 所示。

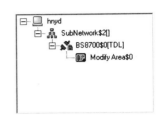

IP Layer Configured Object ID	MO Description	IP parameter link No.	Used PPP link	Used Ethernet link	VLAN ID	IP a
1	IPLinkNo=0	0		EthernetLinkNo=0	101	10.1

Property name	Value planned	Actual value
Parent Description		
IP Layer Configured Object ID	1	
MO Description	IPLinkNo=0	
IP parameter link No.	0	
Used PPP link		
Used Ethernet link	EthernetLinkNo=0	
VLAN ID	101	
IP address	10.10.11.12	
Network mask	255.255.255.0	
Gateway IP	10.10.11.14	
Prefix length	16	
Domain	Invalid	

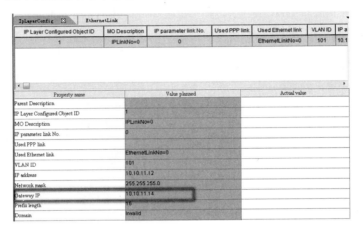

图 8-26 IP 参数配置

④ 检查 OMC 参数中的基站内部 IP 与 OMC 的 IP 地址等参数，发现 OMC 服务器 IP 配置错误，修改该参数后，故障仍然存在，如图 8-27 所示。

Object ID of OMC Channel	MO Description	OMC interface link No.	Interface type of operation and maintenance	Bas
1	ItfUniBtsNo=0	0	Independent Networking	

Property name	Value planned	Actual value
Parent Description		
Object ID of OMC channel	1	
MO Description	ItfUniBtsNo=0	
OMC interface link No.	0	
Interface type of operation and maintenance	Independent Networking	
Base station inner IP	10.10.11.12	
OMC gateway IP	192.192.10.1	
OMC server IP	192.192.10.10	
OMC subnet mask	255.255.255.255	
DSCP	46	
IPOA address	0.0.0.0	
OMC Prefix Length	16	
Used IP Layer Configuration	IPLinkNo=0	
Used SaalUni		

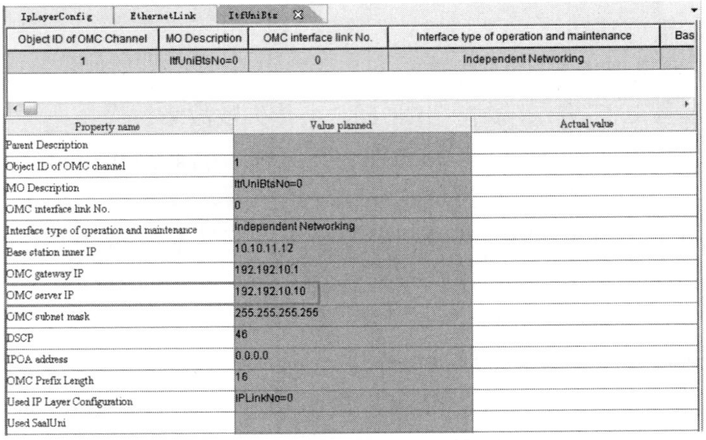

图 8-27 OMC 参数配置

⑤ 检查 OMC 配置管理中创建 eNode B 时 IP 地址（见图 8-28）是否与 eNode B 的操作维护 IP 一致，发现网元 IP 地址配置错误，修改该参数后，前后台成功建链，如图 8-29 所示。

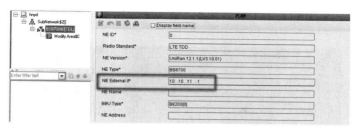

图 8-28　创建 eNode B 时 IP 地址配置

图 8-29　前后台成功建链

8.3.3　案例二：网管服务器无法启动

1. 故障现象

网管服务器无法启动。

2. 故障排查

① 检查数据库连接。

系统服务中，OracleDBConsoleTDLTE，OracleOraDb10g_home1TNSlistener，OracleService TDLTE 已经启动，如图 8-30 所示。

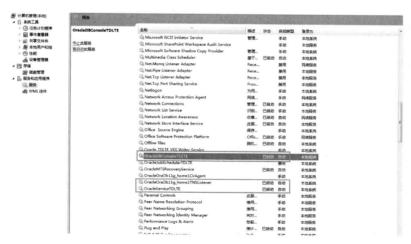

图 8-30　ORACLE 服务启动

利用 SQLPLUS 命令查看数据库连接，数据库已经连接，如图 8-31 所示。

检查监听，监听程序已经启动，如图 8-32 所示。

② 检查杀毒软件和防火墙设置。发现防火墙未关闭导致网管服务器启动失败，关闭

防火墙后网管服务器启动成功。

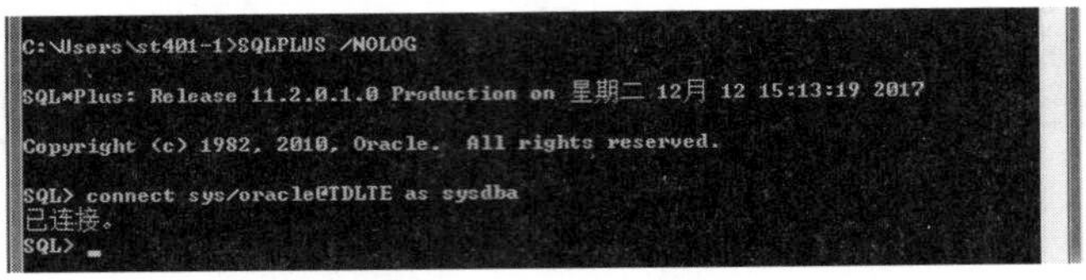

```
C:\Users\st401-1>SQLPLUS /NOLOG

SQL*Plus: Release 11.2.0.1.0 Production on 星期二 12月 12 15:13:19 2017

Copyright (c) 1982, 2010, Oracle.  All rights reserved.

SQL> connect sys/oracle@TDLTE as sysdba
已连接。
SQL> _
```

图 8-31　检查数据库连接

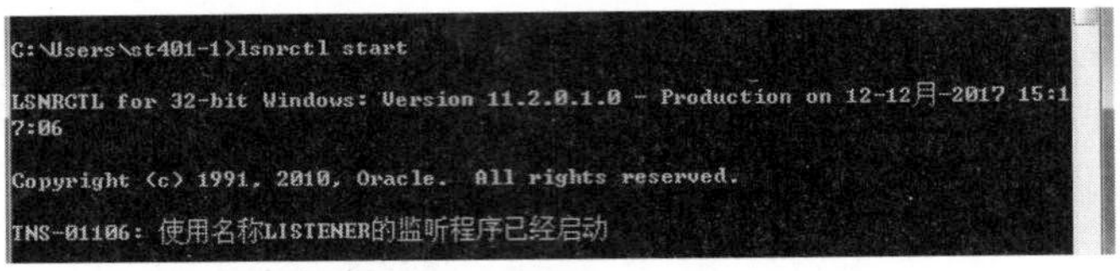

```
C:\Users\st401-1>lsnrctl start

LSNRCTL for 32-bit Windows: Version 11.2.0.1.0 - Production on 12-12月-2017 15:1
7:06

Copyright (c) 1991, 2010, Oracle.  All rights reserved.

TNS-01106: 使用名称LISTENER的监听程序已经启动
```

图 8-32　检查监听

8.4　任务四：业务类相关故障剖析

【任务描述】

Willa：在 8.3 节任务中，我们对操作维护相关常见故障的处理思路和方法进行了学习和总结。操作维护的常见故障包括 eNode B 与 OMC 断链、LMT 无法登录、远程 LMT 登录出现 FTP 上传失败、网管软件无法启动等。数据配置完成进行业务验证时，我们也经常会遇到业务故障，如没有网络、无法注册等。

Wendy：业务类的常见故障主要包括小区建立故障、UE 搜不到网络、UE 无法接入、S1/X2 切换失败等。我们来看下，关于业务相关类故障的处理思路和方法吧。

8.4.1　业务类相关故障处理思路

业务类的常见故障主要包括小区建立故障、UE 搜不到网络、UE 无法接入、S1/X2 切换失败等。

1. 小区建立失败

故障现象：小区建立失败。

原因分析：物理层故障主要指单板状态异常，RRU 状态异常或光口链路不通导致故障；子系统异常主要指小区建立时各个子系统反馈给 RNLC 的响应消息不是成功响应，可能是各子系统异常；参数配置异常主要指小区参数配置异常，小区建立涉及参数较广，需要根据告警信息和子系统反馈响应结合排查。

排查思路：检查物理连接是否正常，单板的指示灯是否都正常，确保物理层连接正常；检查单板状态是否正常，通过查看后台单板状态检测图，也可以查看告警信息是否存在单板状态异常告警；检查光口链路，通过后台告警信息，查看是否存在光口链路告警信息。

2. UE 搜不到网络

故障现象：UE 搜不到网络。

原因分析：UE 下行同步有两种概念，一种是下行主辅同步，另一种是在此基础上考虑广播信息是否解对；下行主辅同步依赖于小区的频点，如果主辅同步成功，可以获得小区的带宽和物理小区 ID，如果失败，原因可能是频点设置不对；属于小区广播接收不到的情况，可以查看 MIB 和 SIB 信息，MIB 信息包括小区带宽和功率参数等内容，如果 MIB 解不到，有可能是高层的信息包存在参数异常。

排查思路：检查光纤是否插对位置，小区索引要和光口号保持一致（光口从左至右分别为 2、1、0），同时注意 BPL 板上的光纤指示灯，间隔 1s 的闪烁表示光纤链路正常；确认 eRRU 的射频工作正常，工作带宽及频点设置在允许的动态范围内；检查控制面小区、FPGA 小区是否建立成功；更换终端。

3. UE 无法接入

故障现象：UE 无法接入。

原因分析：小区没有建立起来；小区资源不足；功率过载；UE 没有放号；用户余额不足。

排查思路：查看小区是否建立成功；在核心网上查看该 UE 的信息，看该用户能否可以接入；查看小区是否有功率过载等告警信息；在 OMC 上对该 UE 进行业务观察，看具体因什么导致失败，如果接纳失败，查看小区资源是否不足，如果定时器超时，确认是否无线信号覆盖差。

4. S1/X2 切换失败

故障现象：用户在移动过程中，或者在某些交叉路口时，UE 的流量时好时断，时大时小。

原因分析：无线环境不好，存在干扰；邻区漏配；切换门限配置不合理。

排查思路：在 OMC 上查看切换的业务观察，看该 UE 是否切换失败；如果该 UE 有切换失败的业务观察，则确认切换的失败原因，　如果接纳失败，查看小区资源是否不足或者功率不足等，如果定时器超时，确认切换门限配置是否合理。

8.4.2　案例一：小区建立故障

1. 故障现象

网管告警监视中出现 LTE 小区退出服务，RRU 未配置，光模块不可用告警，如图 8-33 所示。

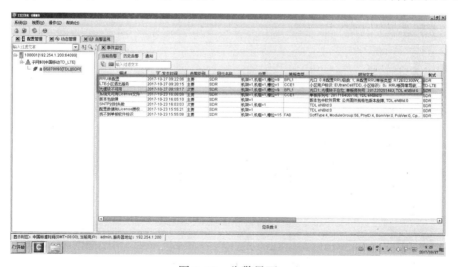

图 8-33　告警界面

告警详细信息：BPL1 单板 0 号关口没有配置 RRU（见图 8-34）。小区标识为 0 的小区退出服务，原因为 RRU 板异常导致（见图 8-35）。BPL1 单板 1 号关口光模块不在位（见图 8-36）。

动态管理、光口设备查询、BPL 单板光口运行状态为故障，如图 8-37 所示。

图 8-34　RRU 未配置

图 8-35　LTE 小区退出服务

图 8-36　光模块不在位

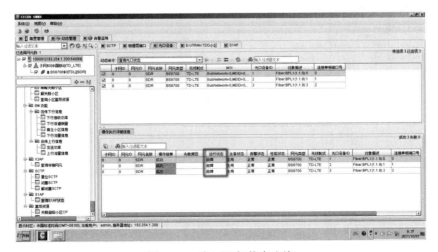

图 8-37　光口运行状态查询

2. 故障排查

① 首先排查 RRU 故障和光模块故障。检查光模块，BPL 单板的 1 号和 2 号光口没有配置光模块，实验室中只安装了 1 个 RRU，配置在 BPL 单板的 0 号光口。检查 BPL 和 RRU 端光模块，没有问题。

② 检查 RRU 状态，上电正常，没有告警。

③ 对网管参数进行检查，在设备配置中，BPL 单板和 RRU 配置均正确，如图 8-38 所示。

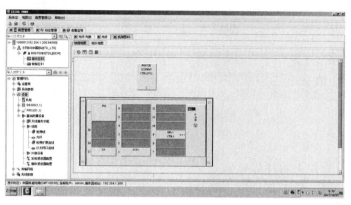

图 8-38　设备配置

④ 检查网管参数，光纤配置。发现光纤配置中，拓扑结构中的上级光口配置与实际设备安装不一致。在实际设备安装中，RRU 连接到 BPL 单板的 0 号光口，而网管配置中是连接到 BPL 单板的 1 号光口。光纤配置如图 8-39 所示。

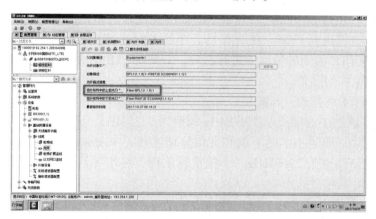

图 8-39　光纤配置

⑤ 修改光纤配置后，动态管理中，光口状态查询（见图 8-40），BPL 单板 0 号光口运行状态为正常。LTE 小区退出服务，RRU 未配置，光模块不可用告警消失。

8.4.3　案例二：UE 无法接入

1. 故障现象

某室分站 UE 无法接入，不能做业务。

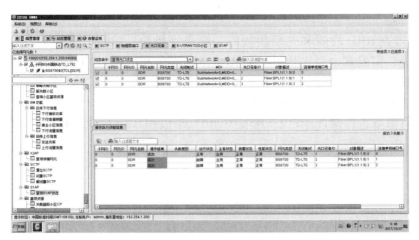

图 8-40 光口状态查询

2. 故障排查

① 核查告警，发现未有任何告警。

② 核查数据配置，特别是与核心网对接的参数，未发现参数错误。

③ 在网管上，用统一信令跟踪，跟踪 UE 的接入信令流程。发现整个接入过程终止于从 eNode B 发出到 UE 的 RRCConnectionRelease 消息。说明问题出现在 UE 与 eNode B 之间，可能是上行的无线干扰。

④ 用网管内置的频谱扫描，对该站进行扫描。发现 NI 低噪在 –80dBm 左右。上行干扰严重，那么，就要排查干扰源了，确定是内部干扰还是外部干扰。现场发现该站内存在很多 WLAN 信号，虽然频段不同，但不排除 WLAN 设备故障跑偏的情况。

一是使用频谱仪进行扫频。在所有 LTE 小区开启的情况下进行扫频，未发现明显的尖峰现象；在所有 LTE 关闭的情况下进行扫频，未发现 LTE 室分 2320 ~ 2370MHz 的频段，从而排除系统外干扰的因素。

二是系统内部干扰排查。从频段、邻区以及周边小区入手。

● 首先，将该站中心频点从 2360MHz 调整为 2330MHz，底噪均达 –115dBm，干扰消除，各项业务正常，问题小区的下载和上传分别达到了 40Mbit/s 和 7.5Mbit/s 以上；其次，将其中心频点重新调整为 2360MHz，干扰重新出现，终端无法驻留在 LTE 网络上，从而判断出周边小区可能存在的影响。

● 核查该站周边小区参数，发现其周边基站，与其共机柜的室分小区，其中有 5 个，基带板（BPL1）光口属性的"是否自动调整数据帧头配置的是 N。正确的配置是 F 频段和 E 频段的站点选择 Y，D 频段站点选择 N。修改这些参数，改成 Y 后，问题解决。

知识总结

1. RRU 的调试方法。

2. RRU 链路异常故障排查思路。

3. RRU 无法进入工作状态排查思路。

4. RRU 驻波比告警排查思路。

5. CC 单板运行异常排查思路。

6. BPL 单板无法正常上电排查思路。

7. 传输接口状态查看方式。

8. 偶联建立失败排查思路。

9. S1 建立故障排查思路。

10. X2 建立故障排查思路。

11. IP 地址冲突故障排查思路。

12. GPS 常见故障处理方法。

13. eNode B 与 OMC 断链故障排查思路。

14. LMT 无法登录排查思路。

15. 远程 LMT 登录出现 FTP 上传失败问题排查思路。

思考与练习

1. 常见的 RRU 相关故障包括哪些?

2. RRU 的调试可以从 BBU 侧远程登录并进行调试，RRU 支持 Telnet 从 CC 远程登录，IP 由 CC 分配给 RRU 的光口 IP 决定。如"telnet 200.X.0.1"，第二位为_____，第三位为_____，依次为 0、1、2。

3. 写出 RRU 驻波比告警的排查思路。

4. 小区建立故障排查思路。

5. UE 搜不到网络排查思路。

6. UE 无法接入排查思路。

7. S1/X2 切换失败排查思路。

8. 查看 CC 单板是否正常上电，观察 RUN 灯是否_____Hz 闪烁。

9. 写出 BPL 单板无法正常上电的排查思路。

10. 传输物理接口可以是_____和_____。

11. 查看传输接口状态，需要在 CC 中输入命令"BspPhystateShow X"，查看当前网口的工作模式。X 为网口编号，0 表示_____，1 表示_____。

12. 下图显示传输接口为_____，接口工作正常且工作模式为_____Mbit/s 全双工。

13. 传输参数配置不正确时，配置的_____参数、静态路由、_____参数和对端不对应，会导致偶联不能正常建立。

14. GPS 常见故障现象有哪些？

15. 操作维护的常见故障包括哪些？

16. eNode B 与 OMC 断链时，需要检查在 OMC 配置管理中观察创建 eNode B 时 IP 地址是否与_____IP 一致。

17. 写出 LMT 无法成功登录的排查思路。

18. LMT 无法登录时，需要确认测试 PC 的 IP 地址是否配置正确，与_____要在同一网段。

19. 写出小区建立故障排查思路。

20. 简单描述 UE 搜不到网络排查思路。

21. 主辅同步，可以获得小区的_____和_____。

22. UE 无法接入的原因有哪些？

拓展训练：TDD-LTE基站开局和运行过程中典型工程案例分析和讲解

一、实践目的

1. 了解故障案例描述中的故障现象，对案例有初步的了解。

2. 熟悉工程师实地故障处理的过程。

3. 掌握处理各种相关故障案例的思路和方法。

二、实践要求

1. 要有与案例相关的基本知识点和分析思路的讲解。

2. 案例分析部分要包括故障现象描述和故障排查步骤。

3. PPT 制作要求简洁、严谨、美观。

4. PPT 讲解要求语言简洁、严谨，言行举止大方得体，说话有感染力，能深入浅出。

三、实践内容

1. PPT 的制作。

a）PPT 结构完整，简洁美观。

b）知识点：正确无误，相关知识点准备充分，重点突出。

c）案例分析：故障现象描述和故障分析详细，图表数据准备充分。

2. PPT 的讲解和演示。

a）发言人语言简洁、严谨，言行举止大方得体。

b）知识点讲解：正确无误，讲解详细，能够深入浅出。

c）案例分析讲解：思路清晰，讲解详细。

3. 分组选题（每组 2 ~ 3 人），采取课内发言分析及 PPT 演示，时间要求 5min。

参考文献

[1] 宋铁成 . 移动通信技术 [M]. 北京：人民邮电出版社，2018.

[2] 江林华 .5G 物联网及 NB-IoT 技术详解 [M]. 北京：电子工业出版社，2018.

[3] 杨峰义 .5G 网络架构 [M]. 北京：电子工业出版社，2017.

[4] 易著梁 .4G 移动通信技术与应用 [M]. 北京：人民邮电出版社，2017.

[5] 何晓明 . 移动通信技术 [M]. 成都：西南交通大学出版社，2017.

[6] Erik Dahlman.4G 移动通信技术权威指南 [M]. 北京：人民邮电出版社，2015.

[7] 斯科特·斯奈德 .4G 革命：无线新时代 [M]. 北京：中国人民大学出版社，2014.

[8] 许圳彬，王田甜 .TDD-LTE 移动通信技术 [M]. 深圳：中兴通讯股份有限公司内部参考资料，2013.

[9] 张海君 . 大话移动通信 [M]. 北京：清华大学出版社，2012.

缩略语

缩写	英文全称	中文全称
BCH	Broadcast Channel	广播信道
BPSK	Binary Phase Shift Keying	二相制相移键控
CDD	Cyclic Delay Diversity	循环延时分集
CFI	Control Format Indicator	控制格式指示
CP	Cyclic Prefix	循环前缀
CQI	Channel Quality Indicator	信道质量指示
CRC	Cyclic Redundancy Check	循环冗余校验
DCI	Downlink Control Information	下行控制信息
DL-SCH	Downlink Shared Channel	下行共享信道
eNode B	Evolved Node B	演进性Node B
EUTRAN	Evolved-Universal Terrestrial Radio Access	演进性通用移动通信系统地面无线接入
FDD	Frequency Division Duplex	频分双工
HARQ	Hybrid Automatic Repeat Request	混合自动重传请求
HI	HARQ Indicator	HARQ指示
LMT	Local Maintenance Terminal	本地维护终端
LTE	Long Term Evolution	长期演进
MAC	Medium Access Control	媒体接入控制
MBMS	Multimedia Broadcast and Multicast Service	多媒体广播和多播业务
MBSFN	Multicast/Broadcast over Single Frequency Network	单频网多播/广播
MCH	Multicast Channel	多播信道
MIMO	Multiple Input Multiple Output	多入多出

（续表）

缩写	英文全称	中文全称
OFDM	Orthogonal Frequency Division Multiplexing	正交频分复用
PBCH	Physical Broadcast Channel	物理广播信道
PCFICH	Physical Control Format Indicator Channel	物理控制格式指示信道
PCH	Paging Channel	寻呼信道
PDCCH	Physical Downlink Control Channel	物理下行控制信道
PDSCH	Physical Downlink Shared Channel	物理下行共享信道
PHICH	Physical Hybrid ARQ Indicator Channel	物理混合ARQ指示信道
PMCH	Physical Multicast Channel	物理多播信道
PMI	Precoding Matrix Indicator	预编码矩阵指示
PRACH	Physical Random Access Channel	物理随机接入信道
PUCCH	Physical Uplink Control Channel	物理上行控制信道
PUSCH	Physical Uplink Shared Channel	物理上行共享信道
QAM	Quadrature Amplitude Modulation	正交调幅
QPP	Quadratic Permutation Polynomial	二次置换多项式
QPSK	Quadrature Phase Shift Keying	四相移相键控
RACH	Random Access Channel	随机接入信道
RAT	Radio Acess Technology	无线接入技术
RI	Rank Indication	秩指示
RLC	Radio Link Control	无线链路控制
RRC	Radio Resource Control	无线资源控制
RSRP	Reference Signal Received Power	参考信号接收功率
RSRQ	Reference Signal Received Quality	参考信号接收质量
RSSI	Received Signal Strength Indicator	接收信号场强指示
SAP	Service Access Point	服务接入点
SC-FDMA	Single Carrier-Frequency Division Multiple Access	单载波频分复用
SRS	Sounding Reference Signal	信号探测参考信号
TDD	Time Division Duplexing	时分双工
TDD	Time Division Duplex	时分双工
TPC	Transmission Power Control	发送功率控制
TPMI	Transmitted Precoding Matrix Indicator	发射预编码矩阵指示
TX Diversity	Transmit Diversity	传输分集
UCI	Uplink Control Information	上行控制信息
UE	User Equipment	用户设备